SOLIDWORKS 2016 中文版模具设计从入门到精通

三维书屋工作室

胡仁喜　刘昌丽　等编著

机械工业出版社

本书分为 15 章：第 1 章介绍模具的分类和特点及模具设计的要求。第 2 章介绍了 SOLIDWORKS 模具工具功能。第 3 章通过几个实例介绍如何利用模具工具。第 4 章介绍了 IMOLD 模具设计初始化。第 5 章介绍了 IMOLD 的分型设计。第 6 章通过两个实例介绍如何利用 IMOLD 进行分模。第 7 章介绍了 IMOLD 在布局和浇注系统设计的应用。第 8 章介绍了 IMOLD 在模具抽芯方面的应用。第 9 章介绍了 IMOLD 的模架设计。第 10 章介绍了 IMOLD 在模具顶出机构设计中的应用。第 11 章介绍了 IMOLD 在冷却系统设计中的应用。第 12 章介绍了 IMOLD 标准件设计。第 13 章介绍 IMOLD 在模具设计方面的一些辅助功能。第 14 章介绍了薄壳的模具设计过程。第 15 章介绍了播放器盖的模具设计过程。

本书可以作为模具设计工程人员自学和参考指导用书，也可以作为 SOLIDWORKS 自学爱好者的学习教材。

图书在版编目（CIP）数据

solidworks 2016 中文版模具设计从入门到精通/胡仁喜等编著. —4 版. —北京：机械工业出版社，2018.4
ISBN 978-7-111-59644-8

Ⅰ. ①s… Ⅱ. ①胡… Ⅲ. ①模具—计算机辅助设计—应用软件 Ⅳ. ①TG760.2-39

中国版本图书馆 CIP 数据核字(2018)第 073143 号

机械工业出版社（北京市百万庄大街 22 号　邮政编码 100037）
责任编辑：曲彩云　　　　责任校对：刘秀华
责任印制：孙　炜
北京中兴印刷有限公司印刷
2018 年 5 月第 4 版第 1 次印刷
184mm×260mm · 20 印张 · 479 千字
0001—2500 册
标准书号：ISBN 978-7-111-59644-8
　　　　　ISBN 978-7-89386-1-42(光盘)
定价：69.00 元（含 1DVD）

凡购本书，如有缺页、倒页、脱页，由本社发行部调换
电话服务　　　　　　　　　网络服务
服务咨询热线：010-88361066　机工官网：www.cmpbook.com
读者购书热线：010-68326294　机工官博：weibo.com/cmp1952
　　　　　　　010-88379203　金 书 网：www.golden-book.com
封面无防伪标均为盗版　　　教育服务网：www.cmpedu.com

前　言

SOLIDWORKS 是三维机械设计软件市场中的主流软件，是终端工程应用的通用 CAD 平台。SOLIDWORKS 已经成功地用于机械设计、机械制造、电子产品开发、模具设计、汽车工业和产品外观设计等方面。IMOLD 是 SOLIDWORKS 软件的模具插件，专门用来进行注射模的三维设计工作。本书以 IMOLD V13 版本为依托，该软件可以运行于 SOLIDWORKS 2016 及其以上平台中。

模具作为重要的工艺装备，在消费品、电子电器、汽车、飞机制造等工业部门中占有举足轻重的地位。目前工业产品零件粗加工的 75%，精加工的 50% 及塑料零件的 90% 由模具完成。

一、本书特色

SOLIDWORKS 学习书籍浩如烟海，读者要挑选一本自己中意的书反而很困难，真是"乱花渐欲迷人眼"。那么，本书为什么能够在您"众里寻她千百度"之际，于"灯火阑珊处"让您"蓦然回首"呢?因为本书有以下 5 大特色:

- 作者权威

  本书作者有多年的计算机辅助设计领域工作经验和教学经验。本书是作者总结多年的设计经验以及教学的心得体会，历时多年精心编著，全面细致地展现了 SOLID WORKS 在模具设计应用领域的各种功能和使用方法。

- 实例专业

  本书中的很多实例本身就是模具工程设计项目案例，经过作者精心提炼和改编，不仅保证读者能够学好知识点，而且能帮助读者掌握实际的操作技能。

- 提升技能

  本书从全面提升 SOLIDWORKS 模具设计能力的角度出发，结合大量案例讲解如何利用 SOLIDWORKS 进行模具设计，真正让读者学会计算机辅助模具设计并能够独立地完成各种模具工程设计。

- 内容独特

  本书是专门讲述 SOLIDWORKS 模具设计的书籍中的一本非常出色的图书。本书不仅有透彻的讲解，还有丰富的实例.通过这些实例的演练，能够帮助读者找到一条学习 SOLIDWORKS 模具设计的捷径。

- 知行合一

  结合大量的模具设计实例详细讲解 SOLIDWORKS 模块知识要点，让读者在学习案例的过程中潜移默化地掌握 SOLIDWORKS 模具设计方法和技巧，同时培养自己模具工程设计实践能力。

二、本书的组织结构和主要内容

本书以最新 SOLIDWORKS 2016 中文版本和 IMOLD V13 为演示平台，全面介绍 SOLIDWORKS 模具设计从基础到实例所涉及的知识，帮助读者从入门走向精通。全书分为 15 章:

第 1 章主要介绍 SOLIDWORKS 模具设计基础。

第 2 章主要介绍 SOLIDWORKS 模具工具功能。

第 3 章主要通过实例介绍如何利用模具工具。

第 4 章主要介绍 IMOLD 模具设计初始化的操作。

第 5 章主要介绍 IMOLD 软件的分型设计。

第 6 章主要通过两个实例介绍如何利用 IMOLD 进行分型。

第 7 章主要介绍 IMOLD 在布局和浇注系统设计中的应用。

第 8 章主要介绍 IMOLD 在滑块和抽芯设计方面的功能。

第 9 章主要介绍 IMOLD 的模架系统的设计功能。

第 10 章主要介绍 IMOLD 在模具顶出机构设计中的应用。

第 11 章主要介绍 IMOLD 在冷却系统设计中的应用。

第 12 章主要介绍 IMOLD 标准件设计。

第 13 章主要介绍 IMOLD 软件在模具设计方面的一些辅助功能。

第 14 章主要介绍薄壳的模具设计过程。

第 15 章主要介绍播放器盖的模具设计过程。

三、光盘使用说明

本书随书配送多媒体学习光盘。光盘中包含全书讲解实例和练习实例的源文件素材，还包括所有实例操作演示的视频文件。为了增强教学的效果，更进一步方便读者的学习，编者亲自对实例动画进行了配音讲解。

光盘中有两个重要的目录希望读者关注，"源文件"目录下是本书中所有实例操作需要的原始文件和结果文件，请读者在使用时将其复制到计算机硬盘中。"动画演示"目录下是本书中所有实例操作过程的视频文件。

本书由三维书屋工作室策划，胡仁喜、刘昌丽老师主要编写，参加本书编写的还有：董伟、周冰、张俊生、王兵学、王渊峰、李瑞、王玮、王敏、王义发、王玉秋、王培合、袁涛、闫聪聪、张日晶、路纯红、康士廷、李鹏、王艳池、卢园、杨雪静、孟培、孙立明、阳平华。本书在编写过程中得到了有关工厂、科研院所和兄弟学校的大力支持和帮助，编者在此一并表示衷心感谢。

由于编者水平有限，书中不足之处在所难免，望广大读者批评指正，编者将不胜感激。有任何问题可以登录网站 www.sjzswsw.com 或发送邮件到 win760520@126.com 批评指正。也欢迎加入三维书屋图书学习交流群 QQ：379090620 交流探讨。

编　者

目 录

SOLIDWORKS 模具设计基础

 本章导读

　　SOLIDWORKS/IMOLD 插件应用于塑料注射模具设计及其他类型的模具设计过程。IMOLD 的高级建模工具可以创建型腔、型芯、滑块以及镶块等，而且非常容易使用。同时它可以提供快速、全相关、三维实体的注射模具设计解决方案，所提供的设计工具和程序可自动完成高难度的、复杂的模具设计任务。

　　本章首先给出了塑料模具设计和模具 CAD 的基本概念，并应用于 SOLIDWORKS/IMOLD 的模具设计过程。具体应用参见最后几章的综合实例。

 **学习要点**

　　📂 注射模具 CAD 简介
　　📂 IMOLD 模具设计流程

1.1 注射模具 CAD 简介

注射模向导（Mold Wizard）是一种计算机辅助模具设计工具，本节介绍注射模具 CAD 的基本概念。

📖 1.1.1 CAX 技术

1. 模具 CAD

运用 CAD 技术，Mold Wizard 帮助广大模具设计人员由注射制品的零件图迅速设计出该制品的全套模具图，使模具设计师从繁琐、冗长的手工绘图和人工计算中解放出来，将精力集中于方案构思、结构优化等创造性工作。

利用 Mold Wizard 软件，用户可以选择软件提供的标准模架或建立适合自己的标准模架库，在选好模架的基础上，从系统提供的诸如整体式、嵌入式、镶拼式等多种形式的动、定模结构中，依据自身需要灵活地选择并设计出动、定模部件装配图，采用参数化的方式设计浇口套、拉料杆、斜滑块等通用件，然后设计推出机构和冷却系统，完成模具的总装图，最后利用 Mold Wizard 系统提供的编辑功能，方便地完成明细表及各零件图的尺寸标注。

2. CAE 的概念

CAE 技术借助于有限元法、有限差分法和边界元法等数值计算方法，分析型腔中塑料的流动、保压和冷却过程，计算制品和模具的应力分布，预测制品的翘曲变形，并由此分析工艺条件、材料参数及模具结构对制品质量的影响，达到优化制品和模具结构、优选成型工艺参数的目的。

塑料注射成型 CAE 软件主要包括流动保压模拟、流道平衡分析、冷却模拟、模具刚度强度分析和应力计算、翘曲预测等功能。其中流动保压模拟软件能提供不同时刻型腔内塑料熔体的温度、压力、切应力分布，其预测结果能直接指导工艺参数的选定及流道系统的设计；流道平衡分析软件能帮助用户对一模多腔模具的流道系统进行平衡设计，计算各个流道和浇口的尺寸，以保证塑料熔体能同时充满各个型腔；冷却模拟软件能计算冷却时间、制品及型腔的温度分布，其分析结果可以用来优化冷却系统的设计；刚度强度分析软件能对模具结构进行力学分析，帮助用户对型腔壁厚和模板厚度进行刚度和强度校核；应力计算和翘曲预测软件则能计算出制品的收缩情况和内应力的分布，预测制品出模后的变形。

3. CAM 的概念

CAM 技术能将模具型腔的几何数据转换为各种数控机床所需的加工指令代码，取代手工编程。例如，自动计算钼丝的中心轨迹，将其转化为线切割机床所需的指令（如 3B 指令、G 指令等）。对于数控铣床，则可以计算轮廓加工时铣刀的运动轨迹，并输出相应的指令代码。采用 CAM 技术能显著提高模具加工的精度及生产管理的效率。Mold Wizard 系统能够帮助节省设计的时间，并提供完整的 3D 模型给 CAM 系统。

4. 模具 CAD 的发展

近 20 年来，以计算机技术为代表的信息技术的突飞猛进为注射成型采用高新技术提供了强有力的条件，注射成型计算机辅助软件的发展十分引人注目。CAD 方面，主要是在通用的机械 CAD 平台上开发注射模设计模块。随着通用机械 CAD 的发展经历了从二维到三维、从简单的线框造型系统到复杂的曲面实体混合造型的转变，模具 CAD 也有了较大的发展。目前国际上占主流地位的注射模 CAD 软件主要有 UG NX/Mold Wizard、SOLIDWORKS/IMOLD、CATIA/Mold Tooling Design 和 TopSolid/Mold 等。

1.1.2 模具 CAD 技术

1. 注射模 CAD 系统的主要功能

（1）注射制品构造。将注射制品的几何信息以及非几何信息输入计算机，在计算机内部建立制品的信息模型，为后续设计提供信息。

（2）模具概念设计。根据注射制品的信息模型采用基于知识和基于实例的推理方法，得到模具的基本结构形式和初步的注射工艺条件，为随后的详细设计、CAE 分析、制造性评价奠定基础。

（3）CAE 分析。运用有限元的方法，模拟塑料在模具型腔中流动、保压和冷却过程，并进行翘曲分析，以得到合适的注射工艺参数和合理的浇注系统与冷却系统结构。

（4）模具评价。包括可制造性评价和可装配性评价两部分。注射件可制造性评价在概念设计过程中完成，根据概念设计得到的方案进行模具费用估计来实现。模具费用估计可分为模具成本的估计和制造难易估计两种模式。成本估计是直接得到模具的具体费用，而制造难易估计是运用人工神经网络的方法得到注射件的可制造度，以此判断模具的制造性。可装配性评价是在模具详细设计完成后，对模具进行开启、闭合、勾料、抽芯、工件推出动态模拟，在模拟过程中自动检查零件之间是否干涉，以此来评价模具的可装配性。

（5）模具详细结构设计。根据制品的信息模型、概念设计和 CAE 分析结果进行模具详细设计，包括成型零部件设计和非成型零部件设计。成型零件包括型芯、型腔、成型杆和浇注系统，非成型零部件包括脱模机构、导向机构、侧抽芯机构以及其他典型结构的设计。同时提供三维模型向二维工程图转换的功能。

（6）CAM。主要是利用支撑系统下挂的 CAM 软件完成成型零件的虚拟加工过程，并自动编制数控加工的 NC 代码。

2. 应用注射模 CAD 系统进行模具设计的通用流程

注射模 CAD 系统具有类似的设计流程，如图 1-1 所示的流程。

（1）制品的造型。可直接采用通用的三维造型软件。

（2）根据注射制品采用专家系统进行模具的概念设计，专家系统包括模具结构设计、模具制造工艺规划、模具价格估计等模块，在专家系统的推理过程中，采用基于知识与基于实例相结合的推理方法，推理的结果是注射工艺和模具的初步方案。方案设计包括型腔数目与布置、浇口类型、模架类型、脱模方式和抽芯方式等。其过程如图 1-2 所示的模具结构详细设计的流程图。

（3）在模具初步方案确定后，用 CAE 软件进行流动、保压、冷却和翘曲分析，以确定合适的浇注系统、冷却系统等。如果分析结果不能满足生产要求，那么可根据用户的要求修改注射制品的结构或修改模具的设计方案。

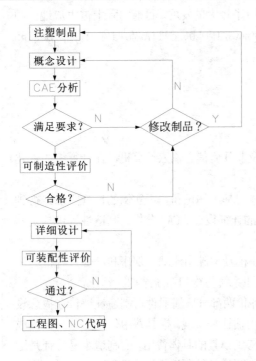

图 1-1 设计流程图

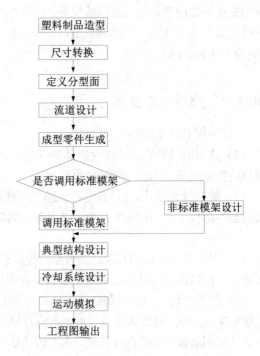

图 1-2 模具结构详细设计的流程图

1.2 IMOLD 模具设计流程

IMOLD 作为一种注射模具 CAD 工具系统,其工作方式同图 1-1 和图 1-2 给出的流程基本一致。

📖 1.2.1 SOLIDWORKS/IMOLD 插件概况

SOLIDWORKS 是三维机械设计软件市场中的主流软件,易学易用的特点使它成为大部分设计人员及从业者的首选三维软件,成为中端工程应用的通用 CAD 平台,在国内模具制造业具有相当多的装机量。另外,在世界范围内有数百家公司基于 SOLIDWORKS 开发了专业的工程应用系统作为插件集成到 SOLIDWORKS 的软件界面中,其中包括模具设计、制造、分析、产品演示、数据转换等,使它成为具有实际应用解决方案的软件系统。

IMOLD 插件是应用于 SOLIDWORKS 软件中的一个 Windows 界面的第三方软件,用来进行注射模的三维设计工作。它是由众多的软件工程师和具有丰富模具设计、制造经验的工程师合作开发出来的,它的设计过程最大程度地满足了加工的需要。在开发过程中利用了 UG 中的 MoldWizard 模具设计技术并进一步加强了它的功能。IMOLD 软件提供给模具设计者一系列必需的工具,来对任何类型的产品进行模具设计。它完全集成于 SOLIDWORKS 的界面中,成为一个造型设计的整体,模具设计师通过它可以在一个装配方案中进行包括设计方案管理、模具设计过程、加工和模具装配的整个处理过程。它无缝集成的特点使得用户在工作时不需要离开 SOLIDWORKS 软件或同时使用其他的设计软件。IMOLD 提供的一整套功能对模具设计者来说都是必不可少的,它们将帮助经验丰富的设计师减少产品从设计到制造完成所需的时间,从而大幅提高生产率,它的界面直观、友好并且具有互动性，这使得软件的学习和使用成为一件愉快的事，减少了学习和使用过程中的弯路。同时它的设计过程和方法所包含的设计理论对模具初学者也具有极强的指导意义。

1.2.2 IMOLD 菜单/工具

选择菜单栏中的"工具"→"插件"命令，弹出如图 1-3 所示的"插件"对话框，选取 IMOLD V13 选项，加载如图 1-4 所示的 IMOLD 操控面板。下面对该操控面板的内容进行介绍。

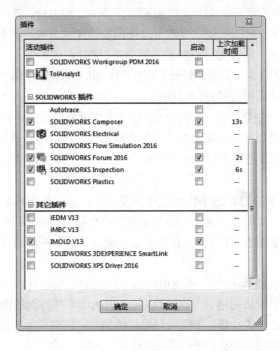

图 1-3　SOLIDWORKS "插件" 对话框

图 1-4　注射模向导操控面板

（1）"数据准备"按钮：数据准备模块的功能是进行原始模型文件的调用、定位、复制等操作，以便为后续的设计提供合乎要求的三维模型。

（2）"项目管理"按钮：在模型数据准备阶段后，所有的设计方案都将从这一步开始进行。可以通过它开启一个已经存在的设计方案或者创建一个新的设计方案，在它的设置界面中还可以对设计方案所用的单位、塑料材料及相关文件的命名进行定义，还可以根据材料、外形等因素对零件设置不同方向上的不同收缩率。

（3）"型芯/型腔设计"按钮：该模块提供了创建型芯和型腔零件的功能，在模具业为数控加工提供型腔成型面这个过程一般称为分型，在每一个模具设计软件中都提供有这个功能。在 SOLIDWORKS 中，这个模块的功能非常强，它首先创建用于型芯和型腔零件的模块，然后从模型零件上自动提取曲面进行分型，包含了两种分型方式：标准分型和进阶分型。根据产品模型的具体情况可以使用任一种或两种方法来创建型芯和型腔零件。并且这些创建的方法均能保证在产品模型和创建的型芯、型腔零件间的关联。

（4）"模腔布局"按钮▲▼：该模块提供了在多型腔布局的模具中安排各个型腔位置的功能，它的编辑功能还可以对已有的布局结构进行编辑、平移等操作，它的设置界面与 SOLIDWORKS 的功能设置界面相似。

（5）"浇注系统"按钮：这个模块用于创建注射模的浇口和流道系统，与以往的版本相比，该功能的界面已经完全更新，成为浇口和流道设计的专用工具。其中包含了各种常见的浇口种类，并且对于潜伏式浇口和扇形浇口等都可以使用参数化的方式进行创建，这样用户可以对它们进行快速方便的设计并且能够实时观察到设置效果。同时它还提供了直线形和 S 形等各种流道种类，以满足不同的设计需求。而且，设计完成的浇口和流道能够使用模块提供的功能，自动地在模块上通过布尔运算减除相应的材料体积。

（6）"模架设计"按钮：这个模块可以从系统提供的模架库中调入设计所需的模架，并且在调用前有示意图可以观察并对模架参数（如模板厚度、定位螺钉等）进行设置，在所有的模具设计工作完成后，该模块提供了对模板上的所有零件进行槽腔创建的功能，同时对不需要的模板等组件进行清理删除。

（7）"顶杆设计"按钮：这个模块能够在模架中指定的位置添加不同类型的顶杆，也可以通过它的设置界面自定义适合当前设计方案的顶杆。在这个模块中还提供有修剪功能，用于将所有的顶杆修剪到型芯曲面上，在顶杆设置完成后还提供了从顶杆所通过的模板中自动生成槽腔的功能。

（8）"滑块设计"按钮：这个模块中提供了标准的滑块组件，设计者可以很方便地加入一个或几个侧型芯（用于滑块前端），这样可以加工出用于零件外侧的内陷区域的成形部分。设计时软件能够自动考虑滑块的位置、行程和斜导柱的角度之间的关系。该模块提供的数据库中有两种滑块类型（标准型和通用型）用于模具设计。

（9）"内抽芯设计"按钮：这个模块同样用于产品上内陷区域的成型，与滑块的设计过程类似，只是它应用在产品的内部表面上。在设置中也需要进行定位、行程和斜顶角度等的考虑。在这个模块提供的数据库中，也包括标准型和通用型两种。

（10）"标准件库"按钮：这个模块提供了标准件中的大部分零件用于设计过程，可以从其中的设置界面中选择标准尺寸的零件并方便地添加到设计组件中，同时针对不同的零件提供了合适的约束条件以确保放置在正确的位置上，并且这些添加的零件可以自动创建槽腔。

（11）"冷却通路设计"按钮：这个模块提供了按照指定截面创建冷却管道的功能，定义冷却环路后，还可以根据需要对它进行修改。另外，模块中还从制造的角度考虑增加了许多功能，如钻孔、延伸管道等。创建的冷却管道能从所在的模块中自动创建相应槽腔。

（12）"智能螺钉"按钮：在这个模块中可以将标准类型的螺钉通过尺寸定义后方便的添加进模具结构中。可以定义长度或使它自动达到合适的尺寸。此外，对使用这个模块加入的每一个螺钉，系统都会自动去除它所在零件上的槽腔。

（13）"出图"按钮：这个模块提供了创建模具工程图的功能，应用它可以大大提高出图的效率，通过一次点击即可创建两部分的模具草图（定模部分和动模部分）。同时设计者可以根据需要在两个视图间进行零件的转移。另外还可以方便地建立模具结构的剖视图，它的视图创建界面与 SOLIDWORKS 的特征创建类似。

（14）"镶块设计"按钮■：镶块用于型芯或型腔容易发生消耗的区域，类似于一种小型芯结构，该功能用于在主模坯和侧型芯里面形成镶块，并且可以在一定间隙条件下创建镶块的空腔实体。

（15）"热流道设计"按钮■：利用加热或者绝热以及缩短喷嘴至模腔距离等方法，使浇注系统里的熔料在注射和开模过程中始终保持熔融状态，形成热流道模具，该功能用于生成热流道模具所需的零件系统。

（16）"IMOLD 工具"按钮■：IMOLD 中含有设计模具的其他辅助功能，如材料表、智能螺钉、槽腔、智能点、指定、全部存储、视图管理和最佳视图等。

（17）"智能点子"按钮■：智能点功能大量应用于其他的模块中，辅助对某些功能进行点的定位，它可以在一个边或一个面上产生一个点，通过它设置条件可以很方便地在任何位置创建点。

（18）"显示管理器"按钮■：通过一个界面方便地控制各个组件的显示属性，包括显示/隐藏、透明性设置等。

（19）"适宜显示"按钮■：这是 IMOLD 中默认的视图，它定义了一个方便在 IMOLD 中观察整个模具设计的视图，点击该按钮后，IMOLD 把模具装配体调整到顶出方向上的视角。

2

SOLIDWORKS 模具工具

本章导读

　　SOLIDWORKS 本身内嵌一系列控制模具生成过程的集成工具来生成模具。可以使用这些模具工具来分析并纠正塑件模型的不足之处。模具工具覆盖从初始分析到生成切削分割的整个过程。切削分割的结果为一个多实体零件，包含模具零件、型芯和型腔，以及侧型芯等其他可选的独立实体。这样，基于多实体零件的文件保存方式可以方便地保留设计者的设计意图。

　　本章基于模具工具的类型特点，分类讲述了 SOLIDWORKS 提供的模具工具的使用方法，并提供了部分范例。其中的分型工具是模具工具的核心工具，用于分模设计。而其他工具即为模具设计的辅助工具，起辅助作用。

学习要点

　　📂 模具设计工具概述
　　📂 曲面实体工具
　　📂 分析诊断工具
　　📂 修正工具
　　📂 分模工具

SOLIDWORKS 2016

2.1 模具设计工具概述

SOLIDWORKS 本身提供了"模具工具"操控面板来进行模具设计。如图 2-1 所示，该操控面板包含了用于模具设计的常用工具按钮。这些命令也可以通过菜单工具实现，选择"插入"→"模具"命令，如图 2-2 所示。总的来说 SOLIDWORKS 提供了 4 种类型的工具集合用于模具设计，即曲面工具、分析诊断工具、修正工具和分型工具。

图 2-1 "模具工具"操控面板

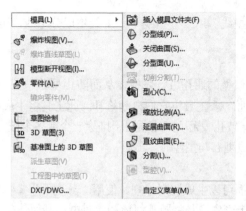

图 2-2 "模具"菜单

SOLIDWORKS 模具工具的设计初衷遵循典型的模具设计任务，并提供了方案和功能帮助完成这些任务，任务类别包括：

（1）程序任务。程序工具用于生成模具，提供能够在不同阶段显示模型的工具。

（2）诊断任务。诊断工具用于显示模型上有问题的区域。生成模具后，可以检查模型存在的潜在问题，可防止型芯和型腔分割。

（3）修正任务。修正工具用于修正诊断工具发现的缺陷，如曲面间隙。

（4）管理任务。管理工具用于管理模型，确保设计者、工程师、制造者和管理人员之间的信息流通顺畅。

2.1.1 程序任务

一般来说，使用 SOLIDWORKS 进行模具设计包含如下几个部分的任务。同时，SOLIDWORKS 提供了相关程序工具用于生成模具。

1. 导入零件至 SOLIDWORKS

使用不是由 SOLIDWORKS 生成的模型时，将零件输入 SOLIDWORKS。使用"输入/输出"工具将模型从另一应用程序输入到 SOLIDWORKS 中。输入零件中的模型几何体可能带有缺陷，如曲面之间的间隙。SOLIDWORKS 软件包括一个针对这些问题的"输入诊断"工具。

2. 检查模型是否有特征不能拔模

确定模型是否包括不能拔模的特征，这里包括输入的和在 SOLIDWORKS 中构建的模型。使用"拔模分析"工具检查各个面以确保充分拔模。其他功能还有，"面分类"选项可以分色显示正拔模面、负拔模面、拔模不充分的面和跨立面的面数。"逐渐过渡"选项可以随着拔模角在每个面中的变化，显示拔模角度。

3. 检查底切区域

使用"底切分析"工具设置分析参数和颜色设定，以识别并直观地显示铸模零件上可能会阻止零件从模具弹出的围困区域。

4. 缩放模型

用"比例缩放"工具调整模型几何体的大小，考虑的是塑料冷却时的收缩因素。对于畸形零件和玻璃填充塑料，可以指定非线性值。

5. 创建分型线

选择生成分型面的分型线。用"分型线"工具生成分型线，可以随意围绕模型选择分型线。

6. 修补破孔

生成关闭曲面从而对模型的通孔进行修补，从而防止型芯与型腔之间发生渗漏。检查可能的孔组，然后用"关闭曲面"工具将它们自动修补。此工具将生成曲面，可以使用"不填充""相触"和"相切"来填充破孔。无填充选项用于排除一个或多个破孔，最后手动或自动生成其关闭曲面。随后就可以生成型芯与型腔。

7. 创建分型面

生成分型面，使用该面可以生成切削分割。使用"分型面"工具从先前生成的分型线处拉伸出曲面。这些曲面用于产生模具型腔几何体和模具型芯几何体。

8. 添加互锁曲面

添加互锁曲面至模型。连锁曲面以与垂直方向成 5° 锥形围绕在分型面的周边。如同所有的拔模面一般，连锁曲面拔离于分型线。连锁曲面主要用于在模具成型过程中将模具引导至正确位置。可以使用"切削分割"工具中的"连锁曲面"自动选项，或者使用"直纹曲面"工具生成连锁曲面。

9. 进行切削分割

执行切削分割以产生型芯与型腔。用"切削分割"工具自动生成型芯和型腔。切削分割工具使用分型线、关闭曲面和分型面信息生成型芯和型腔，还可以指定块的大小。

10. 创建型芯

生成侧型芯滑块、内抽芯和剪裁顶杆。使用"型芯"工具从实体中抽取几何体来生成侧型芯特征。除此之外，还可以生成内抽芯和剪裁顶杆。

📖2.1.2 诊断任务

1. 输入零件的完整性

确认输入零件的完整性。对于输入的零件或 SOLIDWORKS 零件时，可以使用"比例缩放"

工具来进行合法性检查。使用"输入诊断" （"工具"工具栏）来诊断并修复输入的特征上的间隙和坏面。使用"愈合边线"来修复输入特征上的短边线。使用"检查" 工具来检查输入的模型。对于有较严重缺陷的模型，SOLIDWORKS 应用程序提供了其他诸如"填充曲面"和"替换面"之类的工具。

2. 确保面对之间的相切性

使用"误差分析" 工具计算面与面之间的角度，并测量其边界。边线可以是在曲面上的两个面之间，或位于实体上的任何边线上。分析基于沿边线所选的范例点数。

3. 检查底切区域

使用"底切分析" 工具查找模型中不能从模具中顶出的被围困区域。此类区域需要一种叫"侧型芯"的结构以减少底切。侧型芯在模具打开时会从模具中抽出。

4. 分析缝合面操作失败的原因

某些复杂的模型可能要使用建模技术（如填充曲面）将替换面与恰当的曲面区域对接。当缝合这些曲面时，可能会因为面与面之间存在间隙或干涉而失败。为了分析失败的原因，可以使用"检查" 工具来对模型进行检查。

5. 模具分析

分析塑料零件及其模具可以：

（1）检查模具是否在允许的时间内填充。

（2）评估所产生零件的品质。

（3）优化浇注口的位置。

SOLIDWORKS 模具工具提供了 MoldflowXpress 分析向导，可以根据几何体、材质、温度和浇注口位置对塑料零件及其模具进行分析。

2.1.3 修正任务

完成对产品模型上有问题的区域做出诊断后，需要根据诊断结果做出进一步的修正。

1. 修正输入模型的缺陷

对于输入的模型，可以使用诊断工具"输入诊断" 修复间隙和坏面。如果间隙对于诊断工具来说过于严重，则采用其他解决方案，即使用 SOLIDWORKS 提供的一系列"曲面工具"来修正模型中存在的缺陷，可以在"曲面"面板中找到。包括：

（1）"填充曲面" 工具：在现有的模型边线、草图或曲线定义的边界内生成带任何边数的曲面来进行修补。

（2）"替换面" 工具：使用新的曲面实体来替换曲面或实体中的面。

（3）"删除面" 工具：删除和修补，即从曲面实体或实体中删除一个面，并自动修补和剪裁实体；删除和填充，删除面并生成单个面以封闭任何间隙。

（4）"扫描曲面" 工具：从边线开始生成曲面扫描，必要时使用引导曲线。

（5）"放样曲面" 工具：使用现有轮廓生成曲面放样，必要时使用引导曲线。

2. 缝合曲面

使用"缝合曲面" 工具将两个或多个面和曲面组合成一个。缝合面通常与其他建模操作一起将新的曲面添加到现有的零件上。

3. 增加拔模

添加拔模到包含拔模角度不够的面的模型。对于某些输入的模型和 SOLIDWORKS 构建的模型，可以使用"拔模" 🔲 工具来添加拔模。对于其他模型，需要移动或生成曲面才能更改拔模角度，例如可以使用"移动面"工具应用拔模从而把面旋转到指定的拔模角度。可以使用 SOLIDWORKS 曲面技术应用拔模。运用 SOLIDWORKS 曲面技术可以通过用正确的拔模角度构建新的曲面方式来更正拔模。然后可以使用"替换面"工具将这些曲面合并到零件中。采用的曲面工具有：

（1）"直纹曲面"工具：生成垂直于选定边线或从该边线拔锥的曲面。

（2）"填充曲面"工具、"扫描曲面"工具以及"放样曲面"工具。

4. 分割跨立面

使用"分割线"工具 🔲 把所选的面分割为多个分离的面，这样就可以分割零件并能够生成分型线。使用"分型线"工具 🔲 的"分割面"选项。

2.2 曲面实体工具

首先介绍作为模具设计辅助工具的曲面实体工具集合。曲面实体为一统称术语，描述相连的零厚度几何体，如单一曲面、缝合的曲面、剪裁和圆角的曲面等。能在一个单一的零件中拥有多个曲面实体，这样就可以生成修补曲面、创建分型曲面和互锁曲面等，为分型设计做准备。

📖 2.2.1 延展曲面

延展曲面工具通过沿所选定的平面方向延展实体的边线，或者曲面的边线来生成曲面。

单击"模具工具"面板中的"延展曲面"按钮 🔲，打开图 2-3 所示的"延展曲面"属性管理器。

图 2-3 "延展曲面"属性管理器

首先要为"延展方向参考"在图形区域中选择一个与曲面延展的方向平行的面或基准面。图形区域中的箭头垂直指向所选参考，但曲面平行于所选参考而延展。

为"要延展的边线" 🔲 在图形区域中选择一条边线或一组连续的边线。

如有必要，单击"反转延展方向" 🔲 以相反方向延展曲面。

如果模型有相切面并且希望延展的曲面沿这些面继续，选择"沿切面延伸"。

在"距离" 🔲 设定一个数值来定义延展的曲面宽度。

Chapter 02

2.2.2　直纹曲面

对于输入的几何体，如果不能使用 SOLIDWORKS 中的"拔模工具"来纠正需要拔模的曲面，就可以使用"直纹曲面"生成垂直或与所选边线成梯度的直纹曲面，同时也可使用"直纹曲面"来生成连锁曲面。

单击"模具工具"面板中的"直纹曲面"按钮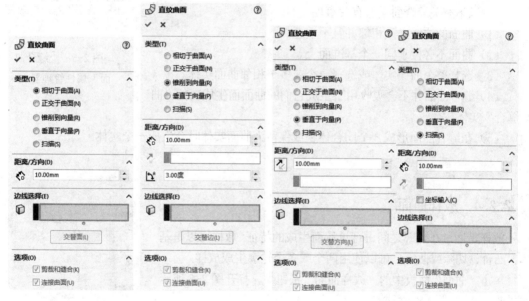，打开图 2-4 所示的"直纹曲面"属性管理器。

1."类型"选项组

"相切于曲面"选项：直纹曲面和与其共享一边线的曲面相切。

"正交于曲面"选项：直纹曲面和与其共享一边线的曲面正交。

"锥削到向量"选项：直纹曲面锥削到所指定的向量。

"垂直于向量"选项：直纹曲面与所指定的向量垂直。

"扫描"选项：直纹曲面通过使用所选边线为引导曲线来生成一扫描曲面。

图 2-4　"直纹曲面"属性管理器

2."距离/方向"选项组

在"距离"设定一个数值。使用"锥削到向量""垂直于向量"或"扫描"选项：

（1）选择一条边线、面或基准面作为参考向量。

（2）如果需要，单击反向按钮，更改参考向量的方向。

（3）如仅选择"锥削到向量"选项，需要设定一角度。

（4）如选择"扫描"选项，可以选择坐标输入，并为参考向量指定坐标，这里用 X、Y 和 Z 方向矢量来指定扫描的方向。

3."边线选择"选项组

这里选择用作直纹曲面基体的边线或分型线。

如果必要请单击"交替"按钮。

4. "选项"选项组

消除选择"剪裁和缝合"后，可以用手工剪裁和缝合曲面。

消除选择"连接曲面"以移除任何连接曲面，连接曲面通常在尖角之间生成。

2.2.3 缝合曲面

使用缝合曲面工具可以把两个或多个面和曲面组合成一个曲面。

单击"模具工具"面板中的"缝合曲面"按钮，打开图 2-5 所示的"缝合曲面"属性管理器。

为"要缝合的曲面和面"选择面和曲面。如果想从闭合的曲面生成一个实体模型，选择"合并实体"选项。

注意以下有关缝合曲面的有关事项：

（1）曲面的边线必须相邻并且不重叠。

（2）曲面不必位于同一个基准面上。

（3）选择整个曲面实体或选择一个或多个相邻曲面实体。

（4）缝合曲面并不会吸收用于生成它们的曲面而生成新的"曲面缝合"实体。

（5）在缝合曲面形成一个闭合体积或保留为曲面实体时会生成一个实体。

图 2-5 "缝合曲面"属性管理器

2.2.4 放样曲面

放样是通过在轮廓之间进行过渡而生成的特征。放样可以是基体、凸台、切除或曲面。可以使用两个或多个轮廓生成放样。

单击"曲面"面板中的"放样曲面"按钮，打开图 2-6 所示的"曲面-放样"属性管理器。

1. "轮廓"选项组

"轮廓"区域决定用来生成放样的轮廓。选择要连接的草图轮廓、面或者边线。放样根据轮廓选择的顺序而生成。对于每个轮廓，可以选择想要放样路径经过的点。

"上移"和"下移"按钮调整轮廓的顺序，选择一个"轮廓"并调整轮廓顺序。如果放样预览显示不理想的放样结果，重新选择或将草图重新组序以在轮廓上连接不同的点。

2. "选项"选项组

"合并切面"选项：如果对应的线段相切，那么就在所生成的放样中的曲面保持相切。

"闭合放样"选项：沿着放样方向生成一闭合实体，此选项会

图 2-6 "曲面-放样"属性管理器

自动连接最后一个和第一个草图。

“显示预览”选项：显示放样的上色预览，消除此选项则只观看路径和引导线。

2.2.5 延伸曲面

通过选择一条边线、多条边线或者一个面来延伸曲面。单击“曲面”面板中的“延伸曲面”按钮，打开图 2-7 所示的“延伸曲面”属性管理器。

1.“拉伸的边线/面”选项组

在“拉伸的边线/面”下，在图形区域中为所选面/边线选择一条或多条边线或面。对于边线，曲面沿边线的基准面延伸。对于面，曲面沿面的所有边线延伸（除那些连接到另一个面的边线以外）。

2.“终止条件”选项组

（1）“距离”选项：按在距离中所指定的数值延伸曲面。

（2）“成形到某一点”选项：将曲面延伸到顶点在图形区域中所选择的点或顶点。

（3）“成形到某一面”选项：将曲面延伸到曲面/面在图形区域中所选择的曲面或面。

3.“延伸类型”选项组

“同一曲面”选项：沿曲面的几何体延伸曲面，如图 2-8 左图所示。

“线性”选项：沿边线相切于原有曲面来延伸曲面，如图 2-8 右图所示。

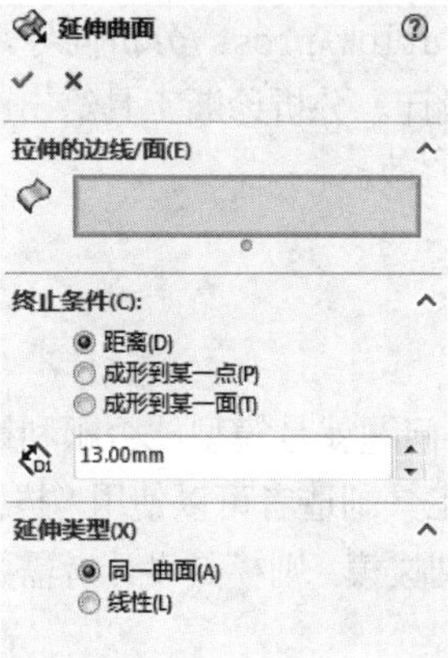

图 2-7 “延伸曲面”属性管理器

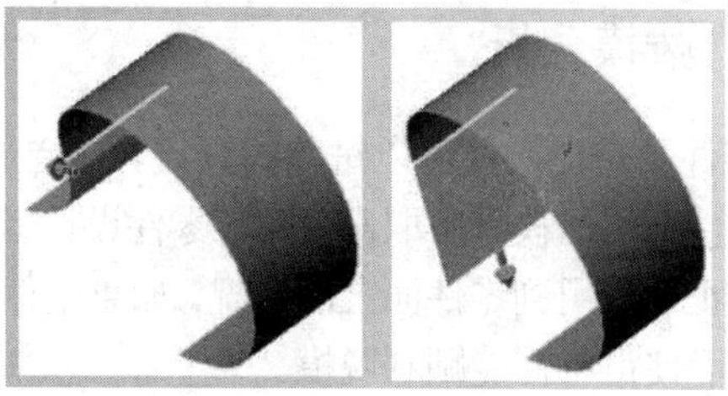

图 2-8 延伸类型

2.2.6 剪裁曲面

剪裁曲面一般需要工具来剪裁曲面对象，可以使用曲面、基准面或草图作为剪裁工具来剪裁相交曲面，也可以将曲面和其他曲面联合使用作为相互的剪裁工具。要剪裁曲面，首先生成与一个或多个点相交的两个或多个曲面，或生成一个与基准面相交或在其面有草图的曲面。

单击“曲面”面板中的“剪裁曲面”按钮，打开“剪裁曲面”属性管理器。

1.“剪裁类型”选项组

“标准”选项：使用曲面、草图实体、曲线、基准面等来剪裁曲面，如图 2-9 所示。

“相互”选项：使用曲面本身来剪裁多个曲面。

2. "选择"选项组

"剪裁工具" （选择"标准"剪裁类型时可用）：在图形区域中选择曲面、草图实体、曲线或基准面作为剪裁其他曲面的工具。

"曲面"（选择"相互"剪裁类型选择时可用）：在图形区域中选择多个曲面以让剪裁曲面用来剪裁自身。

"保留选择"选项：保留在要保留的部分下所列举的曲面，未在要保留的部分下所列举的交叉曲面被丢弃。

"移除选择"选项：丢弃在要移除的部分下所列举的曲面，未在要移除的部分下所列举的交叉曲面被保留。

根据剪裁操作，在"要保留的部分"或在"要移除的部分"中选择曲面。

3. "曲面分割选项"选项组

"分割所有"选项：显示曲面中所有的分割。

"自然"选项：强迫边界边线随着曲面的形状而变化。

"线性"选项：强迫边界边线随着剪裁点的线性方向而变化。

图 2-9 "标准"类型剪裁曲面

2.3 分析诊断工具

分析工具包括拔模分析工具、底切检查工具以及 MoldflowXpress 分析向导，这些工具由 SOLIDWORKS 提供，用于分析产品模型是否可以进行模型设计。分析诊断工具给出产品模型不适合模具设计的区域，然后提交给修正工具对产品模型进行修改。

2.3.1 拔模分析

有了零件的实体，便可以进行模具设计。首要考虑的问题就是模型能否顺利地拔模，否则模型内的零件无法从模具中取出。塑料零件设计者和铸模工具制造者可以使用"拔模分析"工具来检查拔模正确应用到零件面上的情况。如果塑件无法顺利拔模，则模具设计者需要考虑修改零件模型，从而使得零件能顺利脱模。

单击"模具工具"面板中的"拔模分析"按钮，打开图 2-10 所示"拔模分析"属性管理器。

1. "分析参数"选项组

其中"拔模方向"用来选择一个平面、一条线性边线或轴来定义拔模方向。单击反向按钮以更改拔模方向。"拔模角度"用来输入一个参考拔模角度，将该参考角度与模型中现有的角度进行比较。

"面分类"选项：当被选择时，分析根据拔模角度检查模型上的每个面。当单击"计算"按钮时，每个面以不同的颜色显示。表 2-1 给出了面分类的定义。

"查找陡面"选项：当选中该选项时，如果模型包含曲面，就会显示一些面，这些面局部分比给定的拔模方向的拔模斜度更小的角度。

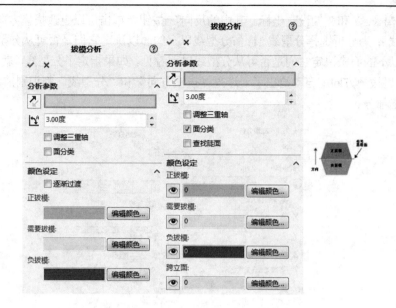

图 2-10 "拔模分析"属性管理器

表 2-1 面分类的定义

面 分 类	描　述
正拔模	根据指定的参考拔模角度,显示带正拔模的任何面。正拔模是指面的角度相对于拔模方向大于参考角度
需要拔模	显示需要校正的任何面。这些为成一角度的面。此角度大于负参考角度但小于正参考角度
负拔模	根据指定的参考拔模角度,显示带负拔模的任何面,负拔模是指面的角度相对于拔模方向小于负参考角度
跨立面	显示同时包含正拔模和负拔模的任何面。通常,这些是需要生成分割线的面
正陡面	面中既包含正拔模又包含需要拔模的区域,只有曲面才能显示这种情况
负陡面	面中既包含负拔模又包含需要拔模的区域,只有曲面才能显示这种情况

2."颜色设定"选项组

按下"计算"按钮后,就会在"颜色设定"区域里面显示得到的面分类结果。其中面的数量包括在面分类的范围中,显示为属于此范围颜色块上的数字。使用显示/隐藏⊙图标切换显示计算得到的面分类。可以更改默认显示颜色。

最后单击"确定"按钮✔,保存零件绘图区的颜色分类。

2.3.2　底切分析

底切分析工具用来查找模型中不能从模具中顶出的被围困区域,此区域需要侧型芯。当主型芯和型腔分离时,侧型芯以与主型芯和型腔的运动垂直的方向滑动,从而使零件可以顶出。一般底切检查只可用于实体,不能用于曲面实体。

单击"模具工具"面板中的"底切分析"按钮🔧,打开图 2-11 所示的"底切分析"属性管理器。

1."分析参数"选项组

其中"拔模方向"可以选择一个平面、一条线性边线或轴来定义拔模方向。也可以选择"坐标输入"，并沿 X、Y 和 Z 轴设定坐标。其中的反向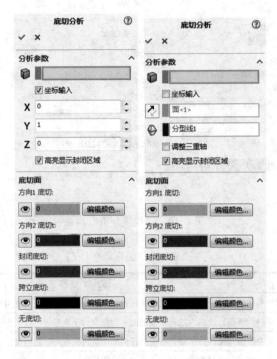按钮，单击可以更改拔模方向。

"分型线"：为分析选择分型线。评估分型线以上的面以决定它们是否可从分型线以上看见。评估分型线以下的面来决定它们是否可从分型线以下看见。如果指定了分型线，就不必指定"拔模方向"，这里拔模方向就自动给出了。这里"拔模方向"和"分型线"都识别需要侧型芯的零件壁中的凹陷部分。

图 2-11 "底切分析"属性管理器

2. "底切面"选项组

按下"计算"按钮后，就会在"底切面"有不同分类的面在图形区域中以不同颜色来显示。面分类的方法如下：

"方向 1 底切"，从零件或分型线以上不可见的面；"方向 2 底切"，从零件或分型线以下不可见的面；"封闭底切"，从零件以上或以下不可见的面；"跨立底切"，以双向拔模的面。

同样可以使用显示/隐藏 图标切换显示计算得到的面分类。可以更改默认的显示颜色。最后单击"确定"按钮 ，保存零件绘图区的颜色分类。

2.4 修正工具

使用诊断工具完成对产品模型上有问题的区域做出分析后，就可以对模型进行修改，使其满足分型要求。修正工具提供了一系列的相关工具。

2.4.1 分割线

分割线工具将实体（草图、实体、曲面、面、基准面或曲面样条曲线）投影到曲面或平面，从而可以将所选的面分割为多个分离的面。也可将草图投影到曲面实体。这里用分割线分割零件的曲面并生成分型线，一般用作分割跨立面。单击"模具工具"面板中的"分割线"按钮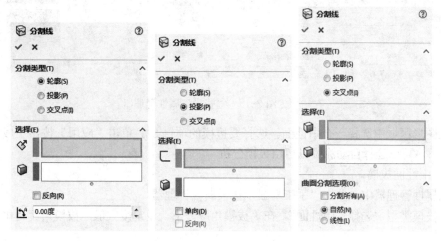，打开图 2-12 所示的"分割线"属性管理器。

在"分割类型"区域下，选择"投影"选项。"投影"选项会将草图投影到曲面上。"轮廓"选项在一个圆柱形零件上生成一条分割线。"交叉点"选项以交叉实体、曲面、面、基准面或曲面样条曲线分割面。这里在分型设计选中"投影"选项即可。

单击"要投影的草图"框，然后在弹出的 FeatureManager 设计树中或图形区域内选择草图。单击"要分割的面"框，并且选择零件周边所有希望分割线经过的面。这里选择跨立面作为要分割的面进行分割。于是这些同时包含正拔模和负拔模的面，就可以分开来成为独立的正拔模面和负拔模面。

选择"单向"复选框只以一个方向投影分割线。如果需要，可选择"反向"复选框反向投影分割线。

图 2-12　"分割线"属性管理器

2.4.2　拔模

拔模以指定的角度斜削模型中所选的面。其应用就是可使型腔零件更容易脱出模具。可以在现有的零件上插入拔模，或者在拉伸特征时进行拔模。

单击"模具工具"面板中的"拔模"按钮，打开图 2-13 所示的"拔模"属性管理器。

1. 拔模特征管理器

拔模特征管理器在生成或编辑拔模特征时出现。特征管理器根据生成的拔模类型显示合适的选项。这里有两个特征管理器切换按钮供使用：

（1）手工。使用该特征管理器在特征层次保持控制。

（2）DraftXpert（只对于中性面拔模）。当想要用 SOLIDWORKS 软件管理内在特征的结构时，使用该特征管理器。当使用"编辑特征"编辑拔模时，特征管理器不会再有"DraftXpert"按钮出现。

2. DraftXpert

DraftXpert 管理中性面拔模的生成和修改。DraftXpert 可以试验并解决拔模过程中的错误。只需选择拔模角度和拔模参考，DraftXpert 将负责管理剩下的工作。

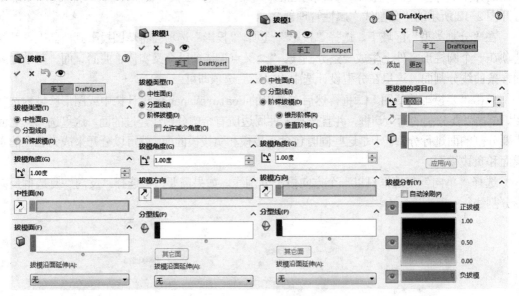

图 2-13   "拔模"属性管理器

在图形区域中选择一个中性面。选择要拔模的项目 □。单击"应用"按钮生成拔模。在拔模分析下，可以选择自动涂刷以启用拔模分析。

3．中性面拔模

在属性管理器中，单击"手工"显示拔模属性管理器。

在拔模类型中选择"中性面"。在"拔模角度"下，设定度数值。拔模角度是垂直于中性面测量的。

为"中性面"选择一个面或基准面。如有必要，选择"反向"后向相反的方向倾斜拔模。最后在图形区域中选择要拔模的面。如果想将拔模延伸到额外的面，请在"拔模沿面延伸"中选择项目：

（1）"无"：只有所选的面才会进行拔模。

（2）"沿切面"：将拔模延伸到所有与所选面相切的面，面相交的地方会成为圆角。

（3）"所有面"：所有与中性面相邻的面以及从中性面拉伸的面都进行拔模。

（4）"内部的面"：所有从中性面拉伸的内部面都进行拔模。

（5）"外部的面"：所有与中性面相邻的外部面都进行拔模。

4．分型线拔模

使用分型线拔模，可以首先插入一条分割线来分离要拔模的面，或者也可以使用现有的模型边线。然后再指定拔模方向，也就是指定移除材料的分型线一侧。

在"拔模类型"下选择"分型线"。在某些条件下，选择"允许减少角度"复选框。在"拔模角度"下输入拔模角。在"拔模方向"下，在图形区域中选择一条边线或一个面来指示开模的方向。请注意箭头的方向，如果需要，可以单击"反向"按钮。

在"分型线"下，在图形区域中选择分型线，注意箭头方向。如要为分型线的每一线段指定不同的拔模方向，单击分型线方框中的边线名称，然后单击"其他面"按钮。

Chapter 02

选择"拔模沿面延伸"类型：

（1）"无"：只有所选的面才会进行拔模。

（2）"沿切面"：将拔模延伸到所有与所选面相切的面。

2.4.3 比例特征

可以相对于产品模型的重心或模型原点来进行缩放。"比例缩放"特征仅缩放模型几何体，在数据输出，模具设计中使用。该特征不会缩放尺寸、草图或参考几何体。对于多实体零件，可缩放一个或多个模型的比例。

"比例缩放"特征与 FeatureManager 设计树中的任何其他特征相似，它操纵几何实体，但不改变在添加之前所生成的特征的定义。如要暂时恢复模型为缩放前的大小，可以退回或压缩比例缩放特征。

单击"模具工具"面板中的"比例缩放"按钮，打开"缩放比例"属性管理器，如图 2-14 所示。

首先要为缩放比例的模型所在的实体在"比例缩放点"中选择几种缩放方式，包括重心方式、原点方式和坐标系方式。然后设定比例缩放类型和比例缩放因子。可以选择"统一比例缩放"选项并设定比例因子参数，或者清除选择"统一比例缩放"，并为 X 比例因子、Y 比例因子及 Z 比例因子设定单独的数值。最后单击"确定"按钮，完成缩放比例的设定。

图 2-14 "缩放比例"属性
管理器

2.5 分型工具

模具工具用于分型设计，这些工具和 IMOLD 的一些插件类似，只不过是提供了简易的模块。包括"分型线""关闭曲面""分型面"和"切削分割"工具等。

2.5.1 分型线

分型线位于模具零件的边线上，位于型芯和型腔曲面之间。用分型线来生成分型面并建立模仁的分开曲面。一般模型缩放比例应用了适当的拔模后再生成分型线。运用"分型线"工具可以在单一零件中生成多个分型线特征，以及生成部分分型线特征。

单击"模具工具"面板中"分型线"按钮，打开图 2-15 所示"分型线"属性管理器。

1. "模具参数"选项组

其中"拔模方向"定义型腔实体拔模以分割型芯和型腔的方向。选择一基准面、平面或边线。一箭头会显示在模型上。单击其中的"反向"按钮，可以更改拔模方向。

"拔模角度"定一个值，所有小于此数值的拔模的面在分析结果中报告为无拔模。

"用于型芯/型腔分割"选项选择以生成一定义型芯/型腔分割的分型线。

"分割面"选项选择以自动分割在拔模分析过程中找到的跨立面。包括"于+/-拔模过渡"，分割正负拔模之间过渡处的跨立面；"于指定的角度"，按指定的拔模角度分割跨立面。

图 2-15　"分型线"属性管理器

2. "拔模分析"选项组

单击"拔模分析"按钮并生成分型线。在单击"拔模分析"按钮以后，在拔模分析下出现 4 个块，表示正、无拔模、负及跨立面的颜色。在图形区域中，模型面更改到相应的拔模分析颜色。

这里应有正和负拔模组合。可以直接添加拔模，单击"取消" ✖按钮，退出"分型线"属性管理器，然后进行以下操作之一进行拔模：

（1）对于 SOLIDWORKS 模型，单击"模具工具"面板上的"拔模"按钮 ⬛。

（2）对于输入的模型，单击"模具工具"面板上的"直纹曲面"按钮 ◯。

3. "分型线"选项组

在"分型线" ⬥中显示为分型线所选择的边线的名称，在"分型线"中，可以：

（1）选择一个名称以标注在图形区域中识别的边线。

（2）在图形区域中选择一边线从"分型线"中添加或移除。

（3）用右键单击并选择"消除选择"选项以清除"分型线"中的所有选择的边线。

如果分型线不完整，那么会在图形区域中有一红色箭头在边线的端点出现，表示可能有下一条边线，并在"分型线"会出现如下选项：

（1）"添加所选边线" 🖱，将由红色箭头指示的边线添加到"分型线" ⬥中。可以按 Y 键来代替添加所选边线到"分型线" ⬥中。

（2）"选择下一边线" 🔄，更改红色箭头以指出下一条不同的可能边线。可以按"N"键来代替选择下一条边线。

（3）"放大所选边线" 👁，在绘图区放大所选边线。

4. "要分割的实体"选项组

"顶点或草图线段" 🔲，在图形区域中选择顶点、草图线段或样条曲线来定义在何处进行面分割。一般草图进行草图分割所需的草图线段需要事先绘出。

5. 分型线选择

如果模型包括一个在正拔模面和负拔模面之间（即不包括跨立面）穿越的边线链，则分型线线段自动被选择，并列举在"分型线"中。

如果模型包括多个边线链，最长的边线链自动被选择。

如果对不同的边线链进行自动选择，则：

（1）右键单击边线并选择"消除选择"。

（2）选择某一个边线，并单击在绘图区边线周围显示的方向箭头 ➡ 图标，弹出相切图标 🔄。

（3）在绘图区单击相切 🔄 图标，以在"分型线"中选中和该边线相切的所有边线。

如果想手工选择每条边线进行分型线的添加，则：

（1）右键单击边线并选择"消除选择"。

（2）选择希望成为分型线的边线。

（3）"添加所选边线" 🔄，将由红色箭头指示的边线添加到"分型线" ⟳ 中，或者"选择下一边线" 🔄，更改红色箭头以指出下一条不同的可能边线，直到需要的所有边线出现在"分型线"中。

📖 2.5.2 修补破孔

若想将切削块切割为两块，需要两个无任何通孔的完整曲面，即型芯曲面和型腔曲面。"关闭曲面"（Shut Off Surfaces）功能可关闭这样的通孔，该通孔会连接型芯曲面和型腔曲面，一般称作破孔。一般要在生成分型线后生成关闭曲面。关闭曲面通过如下两种方式生成一曲面修补来闭合一通孔：形成连续环的边线和先前生成一定义环的分型线。

单击"模具工具"面板中的"关闭曲面"按钮 👍，打开图2-16所示"关闭曲面"属性管理器。

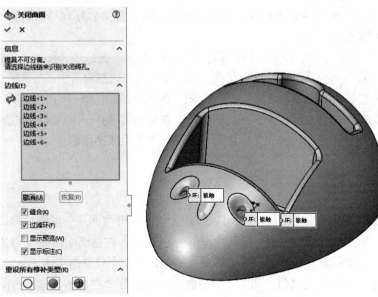

图 2-16 "关闭曲面"属性管理器

当生成关闭曲面时，软件以适当曲面增加型腔曲面实体 🔲 和型芯曲面实体 🔲。

1. "边线"选项组

这里列举出为关闭曲面所选择的边线或分型线的名称。在边线选项中，可以：

（1）在绘图区域中选择一条边线或分型线以从"边线" ⟳ 中添加或移除。

（2）选择一个名称以标注在绘图区域中已经识别边线。

（3）用右键单击并选择"清除选择"选项以清除"边线" ⟳ 中的所有选择。

（4）在图形区域中右键单击一所选环，然后选取"消除选择环"，可以把该环从"边线"

中移除。

（5）可以手工选择边线。在图形区域中选择一边线，然后使用选择工具依次选择边线来完成环。

（6）可以在分型线属性管理器中为通孔定义分型线，然后在此将之选择为关闭曲面的边线。

选中"缝合"选项，将每个关闭曲面连接成型腔和型芯曲面，这样型腔曲面实体 ◙ 和型芯曲面实体 ◙ 分别包含一曲面实体。当消除选择时，曲面修补不缝合到型芯及型腔曲面，这样型腔曲面实体 ◙ 和型芯曲面实体 ◙ 包含许多曲面。如果有很多低质量曲面（如带有 IGES 输入问题），可能需要消除选择此选项，以免出现缝合失败的问题，并在使用"关闭曲面"工具后再手工分析并修复问题。

"过滤环"选项用于过滤不是有效孔的环，如果模型中有效的孔被过滤，则消除此选项。

"显示预览"用于在图形区域中显示修补曲面的预览。

"显示标注"用于为每个环在图形区域中显示标注。

2."关闭曲面填充类型"选项组

这里可以选择不同的填充类型（接触、相切或无填充）来控制修补的曲率。在绘图区单击一个标注可以把环的填充类型从"全部相触"更改到"全部相切"或"全部不填充"来填充破孔。

（1）"全部相触"选项 ●：在所选边界内生成曲面，此为所有自动选择的环的曲面填充默认类型。

（2）"全部相切"选项 ⊕：在所选边界内生成曲面，但保持修补到相邻面的相切。可以单击箭头来更改相切使用哪些面。

（3）"全部不填充"选项 ○：不生成曲面（通孔不修补），此选项告知 SOLIDWORKS 应用程序在确定型芯和型腔能否分离时忽略这些边线。若想将切削块切割为两块，需要两个无任何通孔的完整曲面（一为型芯曲面和一为型腔曲面）。关闭曲面工具最好能够自动识别并填充所有通孔。有时，软件不能为某一通孔生成曲面。在此情况下，需要通过选择一个边线环并选择"不填充"选项来识别通孔。在关闭"关闭曲面"属性管理器后，手工生成曲面修补。

📖2.5.3　分型面

在创建分型线并生成关闭曲面后，就可以生成分型面。分型面从分型线拉伸，用来把模具型腔从模仁分离。若想生成切削分割（模具过程中的下一步），在曲面实体 ◙ 文件夹中需要至少三个曲面实体：一个型芯曲面实体、一个型腔曲面实体以及一个分型面实体。

在创建分型面时，模具工具将自动生成分型面实体文件夹 ◙ 并以增加适当的曲面。

单击"模具工具"面板中的"分型面"按钮 ⊕，打开图 2-17 所示的"分型面"属性管理器。

1."模具参数"选项组

"相切于曲面"选项：分型面与分型线的曲面相切。

"正交于曲面"选项：分型面与分型线的曲面正交。

"垂直于拔模"选项：分型面与拔模方向垂直，此为最普通类型，为默认值。

2."分型线"选项组

在"分型线" ⊕ 中显示为分型线所选择的边线的名称，在"分型线"中，可以：

（1）选择一个名称以标注在图形区域中识别的边线。

（2）在图形区域中选择一边线从"分型线"中添加或移除。

（3）用右键单击并选择"消除选择"选项以清除"分型线"中的所有选择的边线。

可以手工选择边线。在图形区域中选择一条边线，然后使用一系列的"选择工具"来完成环。

3．"分型面"选项组

"距离"为分型面的宽度设定数值，单击"反向" 按钮以更改从分型线延伸的方向。

"角度" 可以（对于"相切于曲面"或"正交于曲面"）设定一个值，这会将角度从垂直于曲面更改到拔模方向。

"平滑"实现在相邻曲面之间应用一个更平滑的过渡。其中"尖锐" 为默认值，"平滑" 为相邻边线之间的距离设定一数值，高的数值在相邻边线之间生成更平滑过渡。

4．"选项"选项组

选中"缝合所有曲面"选项，选择以自动缝合曲面。对于大部分型型，曲面正确生成。

如果需要修复相邻曲面之间的间隙，消除此选项以阻止曲面缝合。然后使用"模具工具"面板中的诸如"放样曲面" 或"直纹曲面" 的曲面工具来进行修复，最后使用"缝合曲面" 在修复后手工缝合曲面。

"优化"（只对于"相切于曲面"）能够使分型面切削加工优化。当消除选择时，有些曲面可能生成。当被选择时，曲面生成被阻止。

"显示预览"选择在图形区域中预览曲面，消除选择以优化系统性能。

5．互锁曲面

对于大部分型具零件，还需要生成互锁曲面连接分型面。互锁曲面有助于防止型芯和型腔之间的移动，一般位于分型面的周边。它们通常有 5° 的斜度。对于简单的模型，可以使用与生成分型面相同的工具来生成互锁曲面。

2.5.4 切削分割

当定义完分型面以后，便可以使用"切削分割"工具为模型生成型芯和型腔块。欲生成切削分割，"曲面实体"的文件夹中需要最少三个曲面实体：一个型芯的曲面实体、一个型腔的曲面实体以及一个分型面实体。可生成切削分割用于多个实体，例如多件模。单击"模具工具"面板中的"切削分割"按钮，打开图 2-18 所示"切削分割"属性管理器。

图 2-17 "分型面"属性管理器

图 2-18 "切削分割"属性
管理器

　　1．模具组件选项组

　　首先绘制一个延伸到模型边线以外但位于分型面边界内的矩形作为模仁。在型芯❤下，型芯曲面实体出现。在型腔❤下，型腔曲面实体出现。在分型面❤下，分型面实体出现。另外，可以为一个切削分割指定多个不连续型芯和型腔曲面。

　　2．"块大小"选项组

　　为方向1深度❤设定一数值。为方向2深度❤设定一数值。如果要生成一个可帮助阻止型芯和型腔块移动的曲面，选择"连锁曲面"选项，这样将沿分型面的周边生成一连锁曲面。可以为拔模角度设定一数值。连锁曲面通常有5°拔模。对于大部分型型，手工生成连锁曲面比在这里使用自动生成连锁曲面更好一些。单击"确定"按钮✔，型芯实体和型腔实体出现。可使用"特征"工具栏"移动/复制实体"❤来分离切削分割实体以方便观察模具组件。

SOLIDWORKS 模具工具设计实例

本章导读

　　本章基于前面介绍的 SOLIDWORKS 模具工具的类型特点，给出了 4 个典型范例来介绍 SOLIDWORKS 模具工具进行模具设计的基本方法和技巧，其核心内容为模具工具的分模功能。当然，这些基本功能也可以通过第三方的 IMOLD 插件来很方便地实现。

学习要点

　📁 变压器壳体设计实例

　📁 钻机盖设计实例

　📁 充电器座设计实例

　📁 仪器盖设计实例

3.1 变压器壳体设计实例

打开"TransBox.sldprt"零件,如图 3-1 所示。该图为变压器壳体零件,本例使用 SOLIDWORKS 模具工具进行该零件的模具设计。

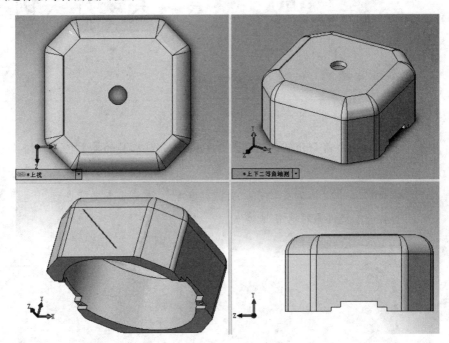

图 3-1 变压器壳体零件

 光盘\动画演示\第 3 章\变压器壳体设计实例.avi

3.1.1 拔模分析

01 单击"模具工具"面板中的"拔模分析"按钮 ,打开"拔模分析"属性管理器,如图 3-2 所示。

02 其中"拔模方向"用来选择一个平面、一条线性边线或轴来定义拔模方向。单击反向 按钮以更改拔模方向,如图 3-2 所示选中模型上端面。"拔模角度" 用来输入一个参考拔模角度,将该参考角度与模型中现有的角度进行比较,这里输入 1.00 度。

03 勾选"面分类"选项:当被选择时,分析根据拔模角度检查模型上的每个面。

04 在"颜色设定"区域里面显示得到的面分类结果。其中面的数量包括在面分类的范围中,显示为属于此范围颜色块上的数字。使用"显示/隐藏" 切换显示计算得到的面分类,可以更改默认显示颜色。

05 单击"旋转视图"("视图"工具栏)来观察带负拔模的面。最后单击"确定"按钮 ,

保存零件绘图区的颜色分类。

图 3-2　拔模分析

3.1.2　拔模

01 重新设置模型参数。如图 3-3 所示，对模型的"拉伸特征"和"切除特征"进行编辑，其目的在于增加拔模角度。"拔模开/关"用来输入一个拔模角度，这里输入 1.00 度。

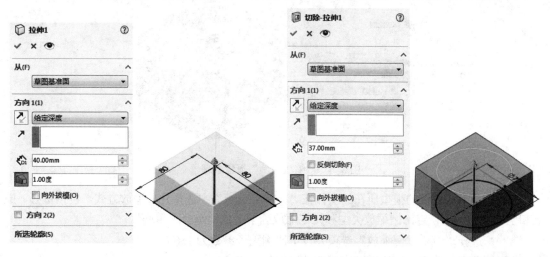

图 3-3　重新设置模型参数

02 进行拔模分析。单击"模具工具"面板中的"拔模分析"按钮。这次可以看到"需要拔模"区域的变化情况，注意到其数值的变化在于改动的拔模角度，使其重新归属于"正拔模"面和"负拔模"面，如图 3-4 所示。

这里"需要拔模"区域仅仅剩下短直面，可以做为型芯和型腔面使用。

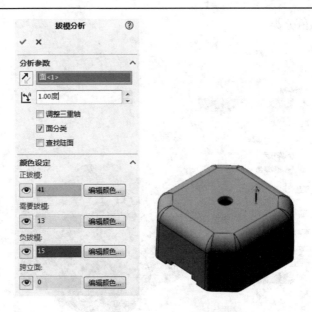

图 3-4　拔模分析

3.1.3　使用比例特征

01 单击"模具工具"面板中的"缩放比例"按钮，弹出"缩放比例"属性管理器，如图 3-5 所示。

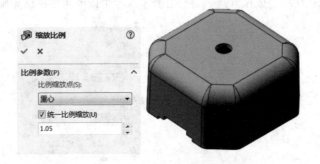

图 3-5　"缩放比例"属性管理器

02 为缩放比例的模型所在的实体在"比例缩放点"中选择几种缩放方式，包括重心、原点和坐标系。然后设定比例缩放类型和比例缩放因子，这里选择"重心"。

03 选择"统一比例缩放"选项并设定比例因子参数为 1.05。

04 单击"确定"按钮，完成缩放比例的设定。

3.1.4　生成分型线

01 单击"模具工具"面板中"分型线"按钮，弹出"分型线"属性管理器，如图 3-6 所示。

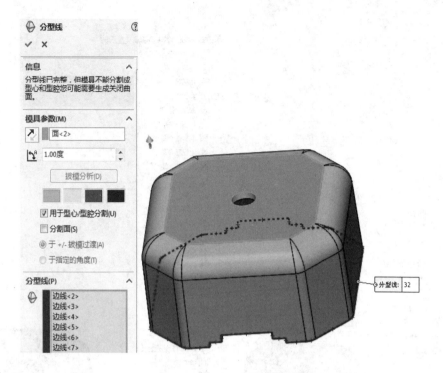

图 3-6 "分型线"属性管理器

02 其中"拔模方向"定义型腔实体拔模以分割型芯和型腔的方向，这里选择模型的上端面。其中的"反向" ↗ 按钮，单击可以更改拔模方向。"拔模角度" ↙ 设定一个值，这里输入1.00 度。

03 单击"拔模分析"按钮，进行分型线的创建。在"分型线"区域下，定义分型线路径的 32 条边线在边线 ⊕ 显示。在"信息"区域下，给出了提示信息，例如警告可能需要生成关闭曲面。

04 单击"旋转视图"（"视图"工具栏）来检查模型的反侧，参考在"拔模分析"下出现4 个块，表示正、无拔模、负及跨立面的颜色。在图形区域中，模型面更改到相应的拔模分析颜色。

05 单击"确定"按钮 ✔，完成分型线的创建。

3.1.5 生成关闭曲面

01 单击"模具工具"面板中的"关闭曲面"按钮 🏷，弹出"关闭曲面"管理器，如图3-7 所示。

02 在"边线" ↬ 中显示通孔的"边线<1>"，自动选择"全部相触"选项，即在所选边界内生成曲面，此为所有自动选择的环的曲面填充默认类型。

03 单击"确定"按钮 ✔，完成"关闭曲面"的创建过程，并注意到在 FeatureManager中增加了"关闭曲面"的特征，如图 3-8 所示。

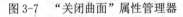

图 3-7 "关闭曲面"属性管理器   图 3-8 关闭曲面

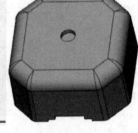

📖3.1.6 创建分型面

01 单击"模具工具"面板中的"分型面"按钮 ，弹出"分型面"属性管理器，如图 3-9 所示。在创建分型线并生成关闭曲面后，就可以生成分型面。分型面从分型线拉伸，用来把模具型腔从模仁分离。

02 选择"垂直于拔模"选项，使得分型面与拔模方向垂直，此为最普通类型，为默认值。

03 在"分型线" 中显示为分型线所选择的边线的名称，这里选中"分型线 1"。

04 "距离"为分型面的宽度设定数值，单击"反向" 按钮以更改从分型线延伸的方向，这里设置为 40.00mm。"平滑"实现在相邻曲面之间应用一个更平滑的过渡，按其中"平滑" 为默认值。

05 选中"缝合所有曲面"选项，选择以自动缝合曲面。"显示预览"选择在图形区域中预览曲面，这里看到绘图区域显示的分型面的预览结果。

06 单击"确定"按钮 ，完成分型面的创建，如图 3-10 所示。

图 3-9　"分型面"属性管理器

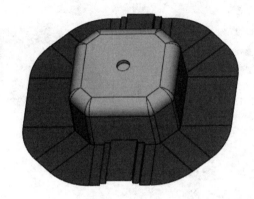

图 3-10　创建分型面

📖 3.1.7　切削分割

当定义完分型面以后，便可以使用"切削分割"工具为模型生成型芯和型腔块。

01 切削分割准备。

❶单击"特征"面板"参考几何体"下拉列表中的"基准面"按钮📐，弹出如图 3-11 所示的"基准面"属性管理器。

❷选择"上视基准面"作为"参考实体"📦，并把距离📏设置为 2.00mm。选择"反转等距"选项将基准面放到参考面之下。单击"确定"按钮✓，完成基准面的创建。

❸在该基准面上创建草图，该草图为一个延伸到模型边线以外但位于分型面边界内的矩形，并作为模仁"拉伸实体"的草图。矩形边线距离产品模型底边的厚度均为 18mm，如图 3-12 所示。该数值这里仅仅凭借经验设定，可以在设计后分析校核。

02 切削分割。

❶单击"模具工具"面板中的"切削分割"按钮🔩，弹出"切削分割"属性管理器。

❷在型芯🔖下，生成的型芯曲面实体出现。在型腔🔖下，生成的型腔曲面实体出现。在分型面🔖下，生成的分型面实体出现。为方向 1"深度"🔽设定一数值为 50.00mm。为方向 2"深度"🔼设定一数值为 20.00mm，如图 3-13 所示。

❸单击"确定"按钮✓，型芯实体和型腔实体出现。

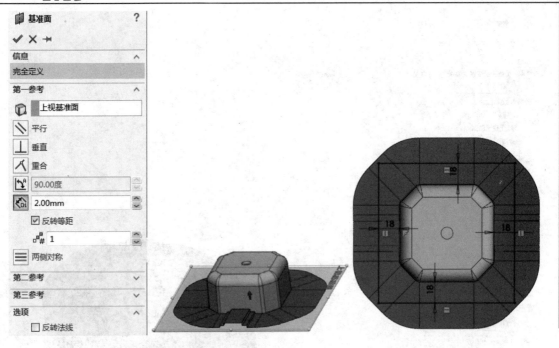

图 3-11　创建草图基准面　　　　　　　　　　图 3-12　创建草图

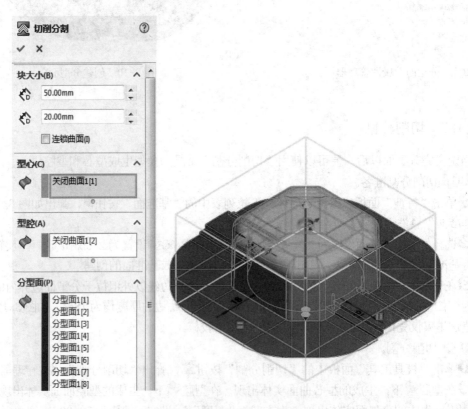

图 3-13　"切削分割"属性管理器

03 把型腔移离型芯。利用"移动/复制"命令分离切削分割实体以方便观察模具组件。

❶选择菜单栏中的"插入"→"特征"→"移动/复制"命令，弹出如图 3-14 所示的"移动/复制实体"属性管理器，在图形区域中，如图 3-14 所示选择型腔实体。型腔高亮显示，"移动/复制实体"属性管理器中为要移动/复制的实体和曲面或图形实体 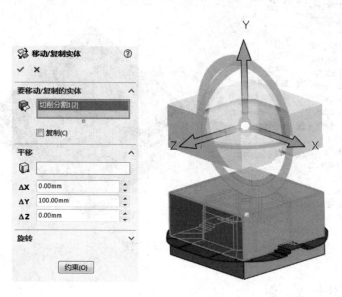 显示。

❷在"平移"下，将 **ΔY** 设定为 100.00mm。最后单击"确定"按钮 ✔，完成型腔移离型芯。

图 3-14   "移动/复制实体"属性管理器

04 强化模具显示状态。

❶在 FeatureManager 设计树中，在实体 和曲面实体 中进行选择，并使用"隐藏实体"和"隐藏曲面实体"选项显示不带额外实体或曲面的型芯和型腔实体。

❷若想隐藏实体：在实体(3) 下，用右键单击"分型线 1"并选择"隐藏"。

❸若想隐藏型腔、型芯及分型线：在曲面实体(4) 下用右键单击以下文件夹之一，然后选择"隐藏"：

型腔曲面实体(1) 。

型芯曲面实体(1) 。

分型面实体(1) 。

3.1.8 生成切削装配体

现有一个多实体零件的模具文件，可将设计意图保留在一个方便文件位置。变压器壳体模型的更改自动在切削实体中反映出。然后可以根据型芯实体和型腔实体生成装配体特征。如图 3-15 所示，在单独零件文档中保存型芯实体的步骤如下所述，保存型腔实体的过程类似。

01 在 FeatureManager 设计树中，在"实体" 右键单击"实体-移动/复制"节点，然后选择"插入到新零件"。

02 在弹出的"另存为"对话框中，命名文件名称为"TransBox-Core.sldprt"，并保存零件。

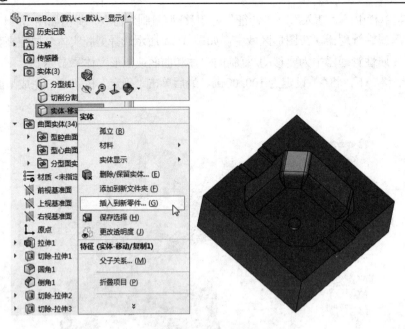

图 3-15　生成型芯零件

3.2　钻机盖设计实例

打开"DrillCover.sldprt"零件，如图 3-16 所示。该图为钻机盖零件，本例继续使用 SOLIDWORKS 模具工具进行该零件的模具设计。

本例流程除了包含上例所使用的模具设计工具之外，增加了"删除面"和"增加面"的设计过程。其目的在于删除模型中无法拔模的曲面，并通过增加面的方法使得可以拔模。

图 3-16　钻机盖零件

光盘\动画演示\第 3 章\钻机盖设计实例.avi

📖 3.2.1　拔模分析

01 单击"模具工具"面板中的"拔模分析"按钮 🔲，弹出"拔模分析"属性管理器。

02 其中"拔模方向"用来选择一个平面、一条线性边线或轴来定义拔模方向。单击"反向"按钮 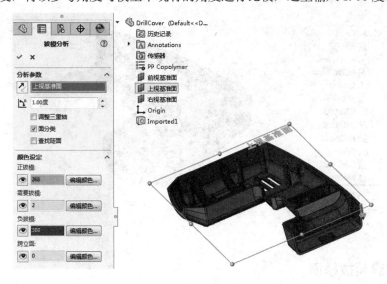 以更改拔模方向，如图 3-17 所示选中"上视基准面"。"拔模角度" 用来输入一个参考拔模角度，将该参考角度与模型中现有的角度进行比较，这里输入 1.00 度。

图 3-17 "拔模分析"属性管理器

03 勾选"面分类"选项：当被选择时，分析根据拔模角度检查模型上的每个面。

在"颜色设定"区域里面显示得到的面分类结果。其中面的数量包括在面分类的范围中，显示为属于此范围颜色块上的数字。

04 虽然在"需要拔模"的区域给出了两个的结果，但是通过单击"旋转视图"（"视图"工具栏）来观察带"需要拔模"的面，会发现这些面均为短直面，不会对拔模过程造成威胁。

05 单击"确定"按钮 ✓ ，保存零件绘图区的颜色分类。

3.2.2　删除面

01 单击"曲面"面板中的"删除面"按钮 ，弹出"删除面"属性管理器。用来从曲面实体删除面，或从实体中删除一个或多个面来生成曲面。

02 如图 3-18 所示，选择要删除的面的名称出现在要删除的面 下。在"选项"下，单击"删除"选项，最后单击"确定"按钮 ✓ ，完成面的删除。

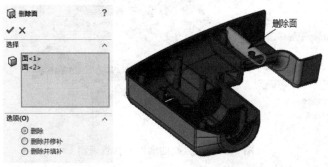

图 3-18 "删除面"属性管理器

03 这样，便把零件中无法拔模的面进行了删除。如图 3-19 所示，该零件不再是原来的实体了。从特征管理器中可以看到"删除面 1"特征。

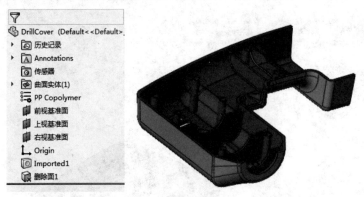

图 3-19　删除面

3.2.3　创建新拔模面

01 建立直纹面。

❶单击"模具工具"面板中的"直纹曲面"按钮 ，弹出如图 3-20 所示的"直纹曲面"属性管理器。这里没有使用 SOLIDWORKS 的应用程序中的"拔模工具"来纠正需要拔模的曲面，而是使用"直纹曲面" 指令生成垂直或与所选边线成梯度的直纹曲面。

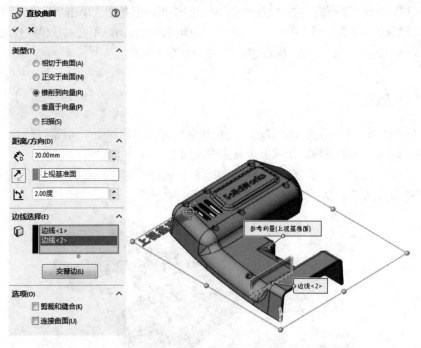

图 3-20　"直纹曲面"属性管理器

❷在"类型"选项组，选择"锥削到向量"选项，使得直纹曲面锥削到所指定的向量。

❸在"距离" 🔧 设定一个数值为 20.00mm，应用于"锥削到向量"选项。选择"上视基准面"作为参考向量。因为选择了"锥削到向量"选项，设定锥削角度 📐 为 2.00 度。

❹在"边线选择"选项组，选择用作直纹曲面基体的边线或分型线。如果必要请单击"交替边"按钮，这样就可以改变面夹角的方向。

❺在"选项"选项组，消除选择"剪裁和缝合"后，可以用手工剪裁和缝合曲面，消除选择"连接曲面"以移除任何连接曲面，连接曲面通常在尖角之间生成。

❻单击"确定"按钮 ✓，完成直纹面的创建。

02 修剪直纹曲面。

❶单击"曲面"面板中的"剪裁曲面"按钮 ⬦，使用曲面、基准面或草图作为剪裁工具来剪裁相交的曲面。这里使用模型的内侧面来裁剪创建的直纹曲面。

❷在如图 3-21 所示的"剪裁曲面"属性管理器里面，在"剪裁类型"选择"标准"类型。使用生成的"删除面 1"作为"剪裁工具" ⬦。选择"保留选择"选项，保留在要保留的部分下所列举的曲面，这里要保留的是内侧的直纹曲面。

❸单击"确定"按钮 ✓，完成直纹面的剪裁。

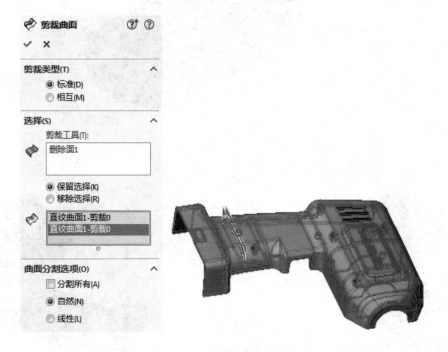

图 3-21　"剪裁曲面"属性管理器

03 相互修剪剪裁曲面。

❶单击"曲面"面板中的"剪裁曲面"按钮 ⬦，在如图 3-22 所示的"剪裁曲面"属性管理器里面，在"剪裁类型"选择"相互"类型。

❷"剪裁曲面" ⬦ 里面，选择两个直纹曲面和模型的内侧面。

❸在"保留的部分" ⬦ 里面，选择三组要保留的曲面。

❹单击"确定"按钮 ✓，完成直纹面的剪裁，如图 3-23 所示。

04 缝合曲面并添加圆角。

❶单击"曲面"面板中的"缝合曲面"按钮，弹出图 3-24 所示的"缝合曲面"属性管理器。因为需要生成实体，单击"合并实体"。在"要缝合的曲面和面"里面，选择第二次裁剪的对象和修剪后的两个直纹曲面。最后单击"确定"按钮，完成曲面加厚操作。

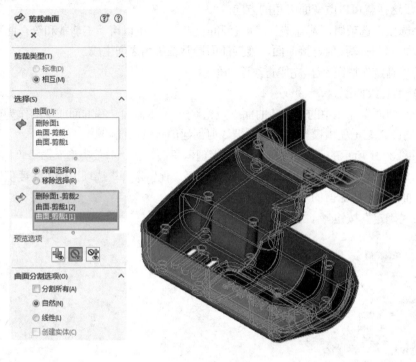

图 3-22　相互剪裁曲面

图 3-23　裁剪曲面

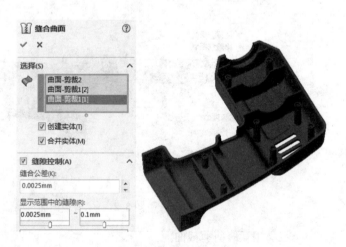

图 3-24　"加厚"属性管理器

❷单击"曲面"面板中的"圆角"按钮，打开"圆角"属性管理器，如图 3-25 所示，在新生成的筋面加入半径为 0.8mm 的圆角，增加圆角后的结果如图 3-26 所示。

05 拔模分析。单击"模具工具"面板中的"拔模分析"按钮，弹出"拔模分析"属性管理器，重新进行拔模分析。如图 3-27 所示，"需要拔模"的区域显示结果为 0，原来显示为"需要拔模"的筋板区域转变到"负拔模"的区域。

图 3-25　"圆角"属性管理器

图 3-26　添加圆角

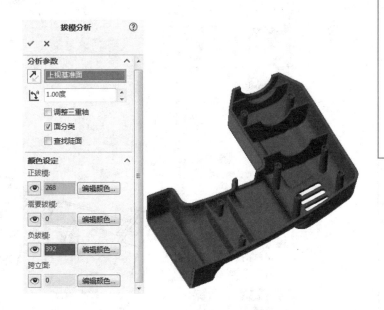

图 3-27　"拔模分析"属性管理器

3.2.4　使用比例特征

01 单击"模具工具"面板中的"比例缩放"按钮，弹出"缩放比例"属性管理器，如图 3-28 所示。

图 3-28 "缩放比例"属性管理器

02 为缩放比例的模型所在的实体在"比例缩放点"中选择几种缩放方式，包括重心、原点方和坐标系。然后设定比例缩放类型和比例缩放因子。这里选择"重心"。

03 选择"统一比例缩放"选项并设定比例因子参数为"1.05"。

04 单击"确定"按钮 ✔，完成缩放比例的设定。

3.2.5 生成分型线

01 单击"模具工具"面板中的"分型线"按钮 ⊕，弹出"分型线"属性管理器，如图 3-29 所示。

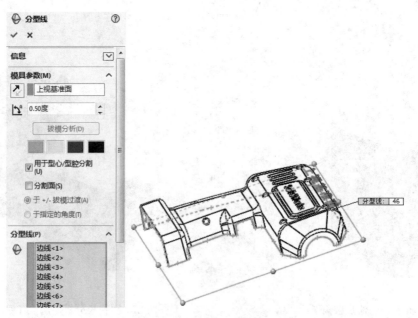

图 3-29 "分型线"属性管理器

02 其中"拔模方向"定义型腔实体拔模用以分割型芯和型腔的方向，这里选择"上视基准面"。其中的"反向"按钮 ↗，单击可以更改拔模方向。"拔模角度" ⅃ 设定一个值，这里输入 1.00 度。

03 单击"拔模分析"按钮，进行分型线的创建。在"分型线"区域下，定义分型线路径的几条边线在边线 ⌒ 显示。在"信息"区域下，给出了提示信息，例如警告可能需要生成关闭曲面。这里分析得到 46 条分型线的片段。

04 单击"确定"按钮 ✓，完成分型线的创建，如图 3-30 所示。

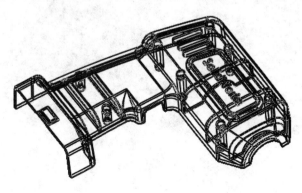

图 3-30　分型线

3.2.6　生成关闭曲面

01 单击"模具工具"面板中的"关闭曲面"按钮 ，弹出"关闭曲面"属性管理器，如图 3-31 所示。

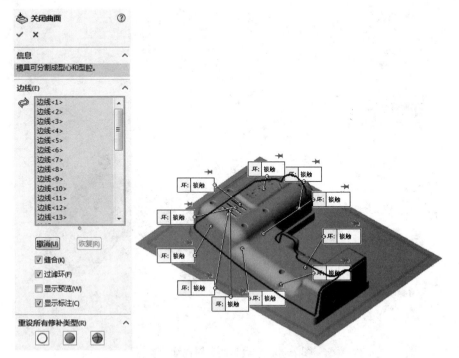

图 3-31　"关闭曲面"属性管理器

02 "边线" 中显示通孔的"边线<1>"至"边线<32>",选择"全部相触"选项 ,即在所选边界内生成曲面,此为所有自动选择的环的曲面填充默认类型。

03 单击"确定"按钮 ,完成"关闭曲面"的创建过程,并注意到在 FeatureManager 中增加了"关闭曲面"的特征,如图 3-32 所示。

图 3-32 关闭曲面

3.2.7 创建分型面

01 单击"模具工具"面板中的"分型面"按钮 ,弹出"分型面"属性管理器,如图 3-33 所示。

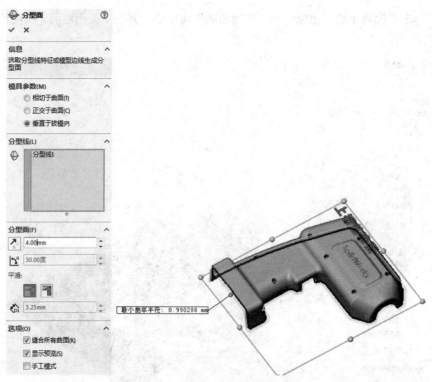

图 3-33 "分型面"属性管理器

02 选择"垂直于拔模"选项,使得分型面与拔模方向垂直,此为最普通类型,为默认值。

03 在“分型线”中显示为分型线所选择的边线的名称，这里自动选中创建的分型线。

04 “距离”为分型面的宽度设定数值，单击反向按钮以更改从分型线延伸的方向，这里设置为4.00mm，选中“缝合所有曲面”选项，选择以自动缝合曲面。“显示预览”选择在图形区域中预览曲面，这里看到绘图区域显示的分型面的预览结果。

05 单击“确定”按钮，完成分型面的创建，如图3-34所示。

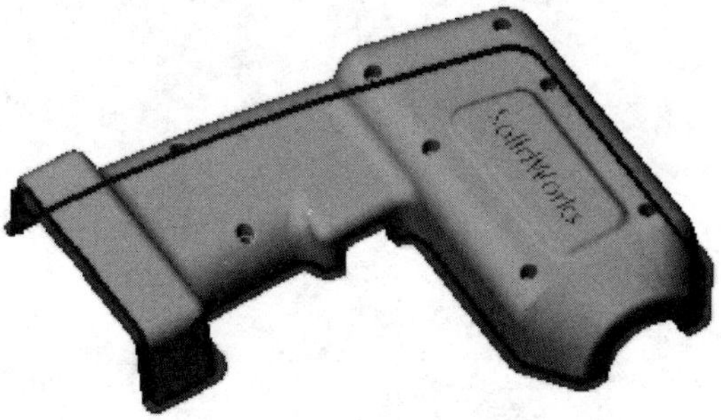

图3-34 创建分型面

3.2.8 建立互锁曲面

01 建立直纹曲面。

❶单击“模具工具”面板中的“直纹曲面”按钮，弹出图3-35所示的“直纹曲面”属性管理器。这里使用“直纹曲面”命令生成垂直或与所选边线成梯度的直纹曲面，从而形成互锁曲面。

❷在“类型”选项组，选择“锥削到向量”选项，使得直纹曲面锥削到所指定向量。

❸在“距离”设定一个数值为16.00mm，应用于“锥削到向量”选项。选择“上视基准面”作为参考向量。设定锥削角度为5.00度。

❹在“边线选择”选项组，如图3-35所示，选择用作直纹曲面基体的边线或分型线。如果必要请单击“交替边”按钮，这样就可以改变夹角的方向。

❺在“选项”选项组，选择“剪裁和缝合”选项和“连接曲面”选项。

❻单击“确定”按钮，完成直纹曲面的创建。

02 建立放样曲面。

❶单击“曲面”面板中的“放样曲面”按钮，弹出图3-36所示的“曲面-放样”属性管理器。这里使用“放样曲面”修补，填补建立的直纹曲面形成的空隙，从而形成互锁曲面。

❷在“轮廓”区域决定用来生成放样的轮廓。选择要连接的草图轮廓、面或者边线。放样根据轮廓选择的顺序而生成。这里依次选择直纹曲面边线，形成放样曲面，如图3-37所示。

03 建立延伸曲面。“延伸曲面”功能通过选择一条边线、多条边线或一个面来延伸曲面。

❶单击“曲面”面板中的“延伸曲面”按钮，弹出图3-38所示的“延伸曲面”属性管理器。在图形区域中为所选边线选择“延伸曲面”的边线，这里选择了前面生成的放样曲面的顶部边线。

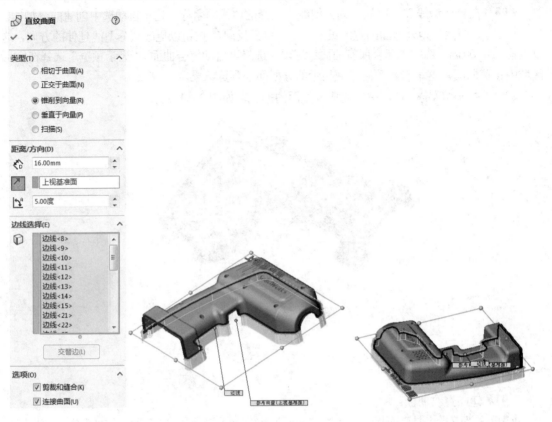

图 3-35　建立直纹曲面

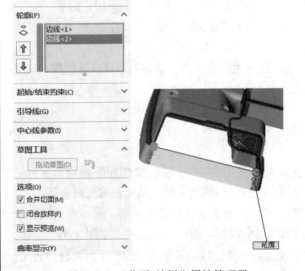

图 3-36　"曲面-放样"属性管理器

图 3-37　放样曲面

❷在"距离" 设定一个数值为40.00mm。

❸单击"确定"按钮 ，完成延伸曲面的创建。同样完成其他几个延伸曲面的创建，如图

3-39 所示。

图 3-38 "延伸曲面"属性管理器

图 3-39 延伸曲面

04 修剪延伸曲面。

❶单击"曲面"面板中的"剪裁曲面"按钮 ，在如图 3-40 所示的"剪裁曲面"属性管理器里面，在"剪裁类型"选择"相互"类型。

图 3-40 "剪裁曲面"属性管理器

图 3-41 裁剪曲面

❷"剪裁曲面" 里面，选择三个延伸曲面和分型面。

❸在"保留的部分" 里面，选择如图 3-40 所示的部分。

❹单击"确定"按钮 ，完成延伸曲面的剪裁。剪裁延伸曲面的结果，如图 3-41 所示。

05 缝合曲面。使用"缝合曲面" 工具将两个或多个面和曲面组合成一个。使用缝合面把创建的几种曲面组合成一个互锁曲面，一起将新的曲面添加到现有的零件上。

❶单击"曲面"面板中的"缝合曲面"按钮🗐，在如图 3-42 所示的"缝合曲面"属性管理器里面，选择创建的"剪裁曲面"以及用作互锁曲面的直纹面，并取消"合并实体"选项。

❷单击"确定"按钮✔，完成曲面缝合。

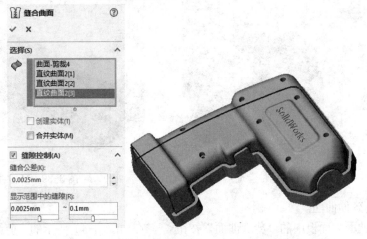

图 3-42　"缝合曲面"属性管理器

📖3.2.9　切削分割准备

01 创建基准面。单击"特征"面板"参考几何体"下拉列表中的"基准面"按钮🗐，弹出如图 3-43 所示的"基准面"属性管理器。选择"上视基准面"作为"参考实体"🗐，并把距离🗐设置为 10mm。选择"反转等距"将基准面放到参考面之下。单击"确定"按钮✔，完成基准面的创建。在该基准面创建的草图会同先前创建的直纹曲面相交，发生剪裁后成为分型的底平面。

02 绘制底平面草图。在该基准面上创建草图，该草图为一个延伸到模型边线以外但位于分型面边界内的矩形，并作为底平面"平面区域"的草图。矩形边线距离产品模型底边的厚度均为 30mm，如图 3-44 所示。

03 建立平面。"平面区域"🗐可以从一个非相交的、单一轮廓的闭环草图生成一个平面区域。

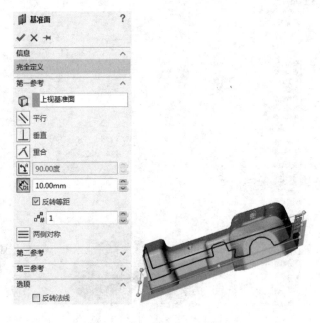

图 3-43　"基准面"属性管理器

❶单击"曲面"面板中的"平面区域"按钮，在如图 3-45 所示的"平面"属性管理器中"边界实体"选择上一步创建的草图。

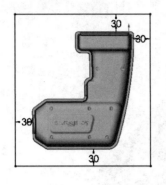

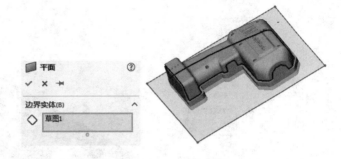

图 3-44　绘制草图　　　　　　　　　　　图 3-45　　"平面"属性管理器

❷单击"确定"按钮✔，完成平面区域的创建，如图 3-46 所示。

图 3-46　创建平面区域

04 修剪曲面。

❶单击"曲面"面板中的"剪裁曲面"按钮，在如图 3-47 所示的"剪裁曲面"属性管理器里面，在"剪裁类型"选择"相互"类型。

❷"剪裁曲面"里面，选择刚刚创建的底平面和缝合的互锁曲面。

❸在"保留的部分"里面，选择如图 3-47 所示的部分。

❹单击"确定"按钮✔，完成延伸曲面的剪裁，如图 3-48 所示。

05 绘制模仁草图。

❶单击"特征"面板"参考几何体"下拉列表中的"基准面"按钮，弹出"基准面"属性管理器。选择第 **01** 步中生成的基准面作为"参考实体"，并把距离设置为 2.00mm。单击"确定"按钮✔，完成基准面的创建。

❷选择新绘制的草图，如图 3-49 所示，使用"等距实体"功能绘制模仁的草图。并把距离设置为 10.00mm，等距实体边线为第 **03** 步中创建的平面区域的边线。

❸单击"确定"按钮✔，完成模仁草图的绘制。

图 3-47 "剪裁曲面"属性管理器

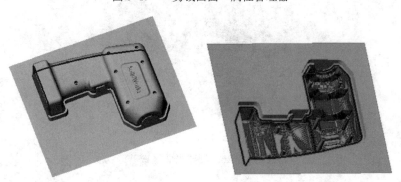

图 3-48 完成延伸曲面的剪裁

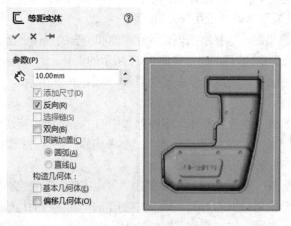

图 3-49 绘制模仁草图

3.2.10 切削分割

01 切削分割。

❶ 单击"模具工具"面板中的"切削分割"按钮🎆，弹出"切削分割"属性管理器。

❷ 在型芯🞕下，生成的型芯曲面实体出现。在型腔🞕下，生成的型腔曲面实体出现。

❸ 在分型面🞕下，选择创建的经过互相剪裁的底平面和互锁曲面作为分型面。为方向1"深度"🞕设定一数值为60.00mm。为方向2"深度"🞕设定一数值为15mm。

❹ 单击"确定"按钮✔，型芯实体和型腔实体出现，如图3-50所示。

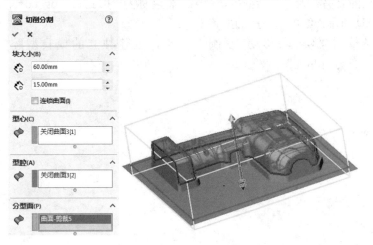

图3-50 "切削分割"属性管理器

02 把型腔移离型芯。

❶ 选择菜单栏中"插入"→"特征"→"移动/复制"命令，打开如图3-51所示的"移动/复制实体"属性管理器，在图形区域中，如图3-51所示选择型腔实体。

❷ 在"平移"下，将**ΔY**设定为"120.00mm"。

❸ 单击"确定"按钮✔，完成型腔移离型芯，如图3-52所示。

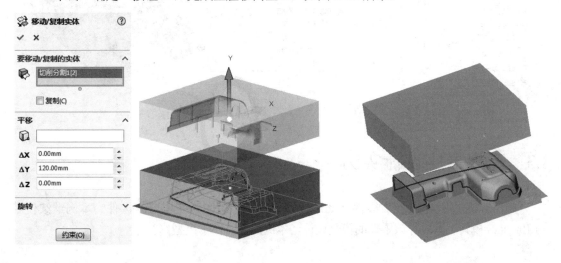

图3-51 "移动/复制实体"属性管理器   图3-52 型腔移离型芯

03 强化模具显示状态。在 FeatureManager 设计树中，在实体 回 和曲面实体 回 中进行选择，隐藏分型线和分型面。

📖 3.2.11 生成模具零件

在单独零件文档中保存型芯实体的步骤如下所述，保存型腔实体的过程类似。

01 在 FeatureManager 设计树中，在"实体"回 中用右键单击"切削分割"节点，然后选择"插入到新零件"，如图 3-53 所示。

02 在弹出的"另存为"对话框中，命名文件名称为"DrillCover-Core.sldprt"，并保存零件。如图 3-54 所示，给出了生成的型芯零件。

同理，右键单击"实体-移动/复制"节点，创建独立的模具型腔零件，取名为"DrillCover-Cavity.sldprt"。

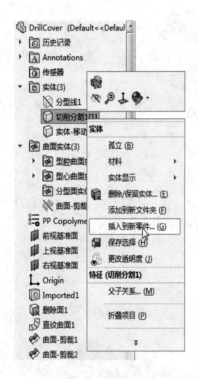

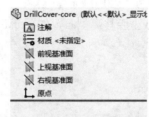

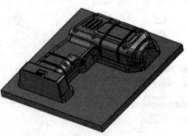

图 3-53　快捷菜单　　　　　　　　图 3-54　生成的型芯零件

3.3　充电器座设计实例

打开"Charger.sldprt"零件，如图 3-55 所示。该图为充电器座零件。本例继续使用 SOLIDWORKS 模具工具进行该零件的模具设计，本例的特点在于模型修补。

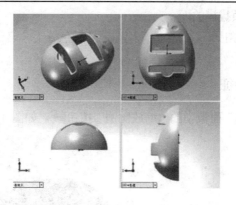

图 3-55　充电器座零件

　参见光盘　光盘\动画演示\第 3 章\充电器座设计实例.avi

3.3.1　拔模分析

01　单击"模具工具"面板中的"拔模分析"按钮，弹出"拔模分析"属性管理器。

02　其中"拔模方向"用来选择一个平面、一条线性边线或轴来定义拔模方向。单击"反向"按钮以更改拔模方向，如图 3-56 所示，选中模型的"前视基准面"。"拔模角度"用来输入一个参考拔模角度，将该参考角度与模型中现有的角度进行比较，这里输入 1.00 度。

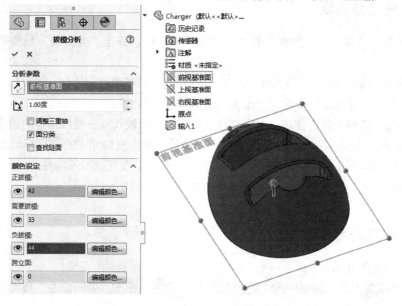

图 3-56　"拔模分析"属性管理器

03　选择"面分类"选项。在"颜色设定"区域里面显示得到的面分类结果。其中面的数量包括在面分类的范围中，显示为属于此范围颜色块上的数字。如图 3-56 所示，给出了"需要拔模"的区域。可以发现这些面均为短直面，不会对拔模过程造成威胁。单击"视图"工具栏中的"旋转视图"来观察带负拔模的面。

04 单击"确定"按钮 ✓，保存零件绘图区的颜色分类。

3.3.2 使用比例特征

01 单击"模具工具"面板中的"缩放比例"按钮 。如图 3-57 所示，弹出"缩放比例"属性管理器。

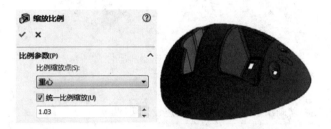

图 3-57 "缩放比例"属性管理器

02 为缩放比例的模型所在的实体在"比例缩放点"中选择几种缩放方式，包括重心、原点和坐标系。然后设定比例缩放类型和比例缩放因子。这里选择"重心"方式。

03 选择"统一比例缩放"选项并设定比例因子参数为 1.03。

04 单击"确定"按钮 ✓，完成缩放比例的设定。

3.3.3 生成分型线

01 单击"模具工具"面板中的"分型线"按钮 ，弹出"分型线"属性管理器，如图 3-58 所示。

02 其中"拔模方向"定义型腔实体拔模以分割型芯和型腔的方向，这里选择模型的"前视基准面"。在"拔模角度" 设定一个值，这里输入 1.00 度。

03 单击"拔模分析"按钮，并没有在"分型线"区域找到分型线路径的边线 。这里需要手工设置选择，选择模型底部最外侧的一条边线后，单击相切弹出的 图标以在"分型线"中选中和该边线相切的所有边线，并且在"信息"区域，会改变提示的信息。

04 单击"确定"按钮 ✓，完成分型线的创建，如图 3-59 所示。

3.3.4 生成关闭曲面

01 自动关闭曲面。

❶单击"模具工具"面板中的"关闭曲面"按钮 ，弹出"关闭曲面"属性管理器，如图 3-60 所示。

❷"边线" 中显示通孔的"边线<1>"至"边线<6>"，自动选择"相触"选项，即在所选边界内生成曲面，此为所有自动选择的环的曲面填充默认类型。

❸在"信息"区域下，给出了提示信息，告知"模具不可分离"，表明需要进行进一步的修

补工作。

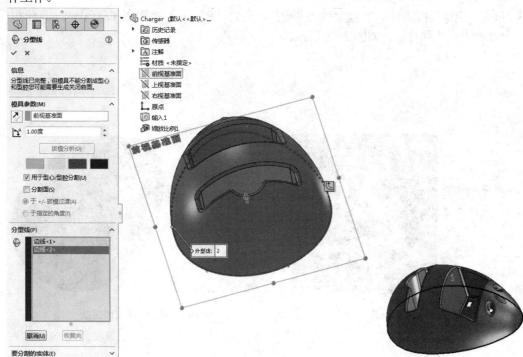

图 3-58 "分型线"属性管理器   图 3-59 创建分型线

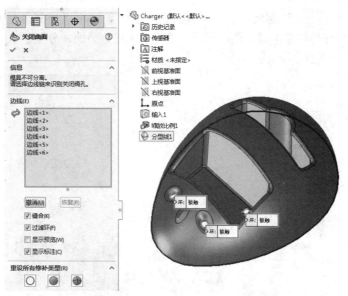

图 3-60 "关闭曲面"属性管理器

02 手工关闭曲面。一般如果修补边线不完整，那么可以在图形区域中选择待修补区域的一条边线，然后通过下列选项进行选择：

❶将箭头指示的边线添加到"边线" ✐中，如图 3-61 所示。

❷如图 3-61 所示，通过添加边线的方法使得模具可以分离。依次选择孔洞的边线后，发现

在"信息"区域下，给出了新的提示信息，告知"模具可分割成型芯和型腔"。

❸单击"确定"按钮 ✓ ，完成"关闭曲面"的创建过程，并注意到在 FeatureManager 中增加了"关闭曲面"的特征，如图 3-62 所示。

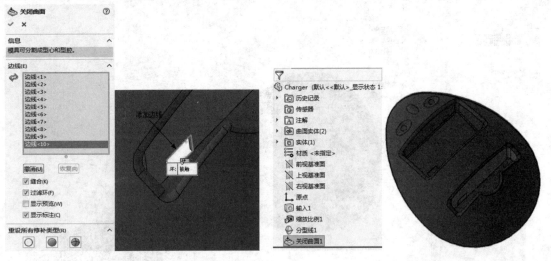

图 3-61　添加关闭曲面边线　　　　　图 3-62　创建关闭曲线

3.3.5　创建分型面

01 单击"模具工具"面板中的"分型面"按钮 ⬦ ，弹出"分型面"属性管理器，如图 3-63 所示。在创建分型线并生成关闭曲面后，就可以生成分型面。分型面从分型线拉伸，用来把模具型腔从模仁分离。

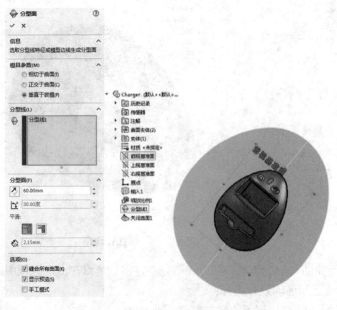

图 3-63　"分型面"属性管理器

Chapter 03

02 在"模具参数"中选择"垂直于拔模"选项，使得分型面与拔模方向垂直，此为最普通类型，为默认值。

03 在"分型线"🖱中显示为分型线所选择的边线的名称，这里选中"分型线1"。

"距离"为分型面的宽度设定数值，单击"反向"按钮🡕以更改从分型线延伸的方向，这里设置为60.00mm。单击"尖锐"▢。

04 选中"缝合所有曲面"选项，选择以自动缝合曲面。"显示预览"选择在图形区域中预览曲面，这里看到绘图区域显示的分型面的预览结果。

05 单击"确定"按钮✓，完成分型面的创建，如图3-64所示。

图 3-64　创建分型面

📖 3.3.6　切削分割

当定义完分型面以后，便可以使用"切削分割"工具为模型生成型芯和型腔块。

01 切削分割准备。

❶单击"特征"面板"参考几何体"下拉列表中的"基准面"按钮🔲，弹出图3-65所示的"基准面"属性管理器。

❷选择创建的"分型面"直面作为"参考实体"🔲，并把距离🔲设置为2mm。单击"确定"按钮✓，完成基准面的创建，如图3-65所示。

❸在该基准面上创建草图，该草图为一个延伸到模型边线以外但位于分型面边界内的矩形，并作为模仁"拉伸实体"的草图。矩形边线的宽度为120.00mm，长度为160.00mm，如图3-66所示。该数值仅仅凭借经验设定，可以在设计后作分析校核。

02 切削分割。

❶单击"模具工具"面板中的"切削分割"按钮🖼。弹出"切削分割"属性管理器，如图3-67所示。

❷在型芯🖱下生成的型芯曲面实体出现。在型腔🖱下，生成的型腔曲面实体出现。

❸在分型面🖱下生成的分型面实体出现。为方向1深度🔃设定一数值为60.00mm。为方向2深度🔃设定一数值为15.00mm。

❹单击"确定"按钮✓，型芯实体和型腔实体出现，结果如图3-68所示。

03 把型腔移离型芯。利用"移动/复制"命令，来分离切削分割实体以方便观察模具组件。

❶选择菜单栏中的"插入"→"特征"→"移动/复制"命令，弹出"移动/复制实体"属性管理器，如图 3-69 所示。

❷在图形区域中，如图 3-69 所示选择型腔实体。

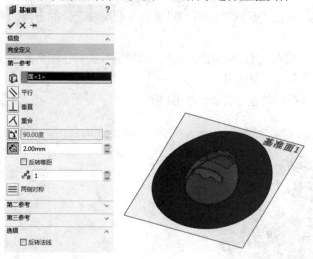

图 3-65　创建草图基准面

图 3-66　创建草图

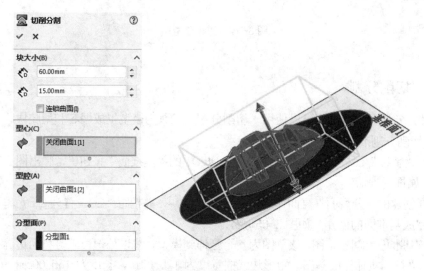

图 3-67　"切削分割"属性管理器

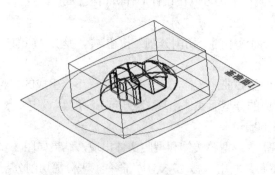

图 3-68　创建切削分割

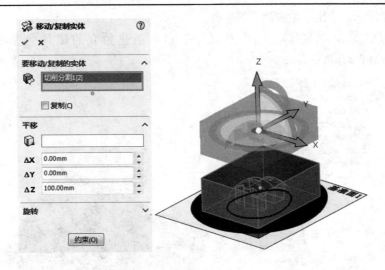

图 3-69 "移动/复制实体"属性管理器

❸在"平移"选项下，将 ΔZ 设定为 100mm。最后单击"确定"按钮 ✓，完成型腔移离型芯，如图 3-70 所示。

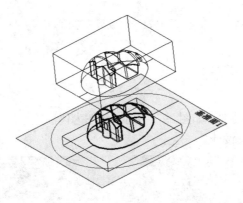

图 3-70 平移实体

04 强化模具显示状态。在 FeatureManager 设计树中，在实体 🔘 和曲面实体 🔘 中进行选择，使用"隐藏实体"和"隐藏曲面实体"选项，显示不带额外实体或曲面的型芯和型腔实体。

📖3.3.7 生成模具零件

一个有多实体零件的模具文件，可将设计意图保留在一个文件位置。变压器壳体模型的更改自动在切削实体中反映出。然后可以根据型芯实体和型腔实体生成装配体特征。

如图 3-71 所示，在单独零件文档中保存型芯实体的步骤如下所述，保存型腔实体的过程类似。

01 在 FeatureManager 设计树中，在"实体" 🔘 右键单击"切削分割"节点，然后选择"插入到新零件"菜单。

02 在弹出的"另存为"对话框中，命名文件名称为"charger-Core.sldprt"，并保存零件。如图 3-71 所示，给出了生成的型芯零件。

同理，右键单击"实体-移动/复制"节点，创建独立的模具型腔零件，取名为"charger-Cavity.sldprt"。

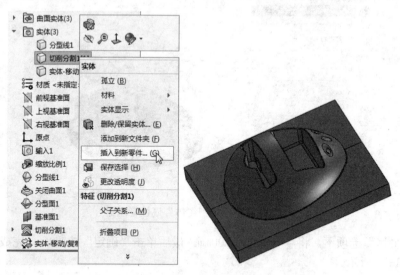

图 3-71　生成型芯零件

3.4　仪器盖设计实例

打开"Cover.sldprt"零件，如图 3-72 所示。该图为仪器盖零件，本例继续使用 SOLIDWORKS 模具工具进行该零件的模具设计。

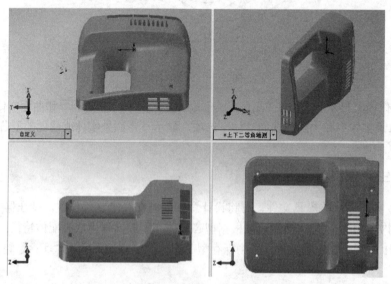

图 3-72　仪器盖零件

光盘\动画演示\第 3 章\仪器盖设计实例.avi

📖 3.4.1 拔模分析

01 单击"模具工具"面板中的"拔模分析"按钮🔵，弹出"拔模分析"属性管理器。

02 其中"拔模方向"用来选择一个平面、一条线性边线或轴来定义拔模方向。单击"反向"按钮↗以更改拔模方向，如图 3-73 所示选中"右视基准面"。"拔模角度"↙用来输入一个参考拔模角度，将该参考角度与模型中现有的角度进行比较，这里输入 0.50 度。

03 选择"面分类"选项：当被选择时，分析根据拔模角度检查模型上的每个面。当单击"计算"按钮时，每个面以不同的颜色显示。

04 在"颜色设定"区域里面显示得到的面分类结果。其中面的数量包括在面分类的范围中，显示为属于此范围颜色块上的数字。如图 3-73 所示，虽然在"需要拔模"的区域给出了大量的结果，但是通过单击"旋转视图"（视图工具栏）来观察带"需要拔模"的面，会发现这些面均为短直面，不会对拔模过程造成威胁。

05 单击"确定"按钮✔，保存零件绘图区的颜色分类。

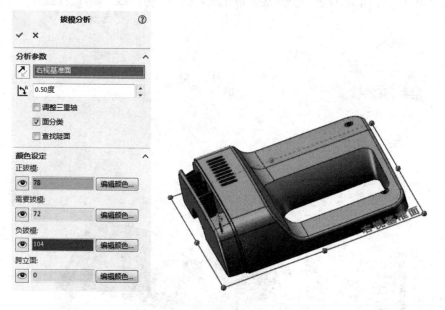

图 3-73 "拔模分析"属性管理器

📖 3.4.2 使用比例特征

01 单击"模具工具"面板中的"缩放比例"按钮🔷，弹出"缩放比例"属性管理器，如图 3-74 所示。

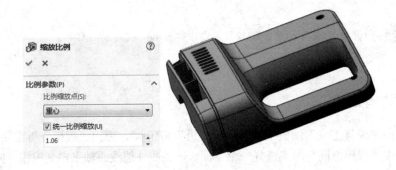

图 3-74 "缩放比例"属性管理器

02 为缩放比例的模型所在的实体在"比例缩放点"中选择几种缩放方式，包括重心、原点和坐标系。然后设定比例缩放类型和比例缩放因子。这里选择"重心"方式。

03 选择"统一比例缩放"选项并设定比例因子参数为1.06。

04 单击"确定"按钮 ✓，完成缩放比例的设定。

3.4.3 生成分型线

单击"模具工具"面板中的"分型线"按钮 ⬚，弹出"分型线"属性管理器，如图 3-75 所示。

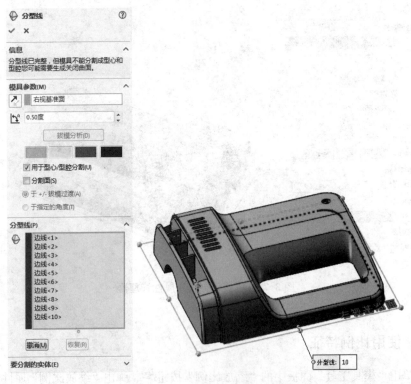

图 3-75 "分型线"属性管理器

01 自动定义分型线。

❶其中"拔模方向"定义型腔实体拔模用以分割型芯和型腔的方向，这里选择"右视基准面"。"拔模角度" 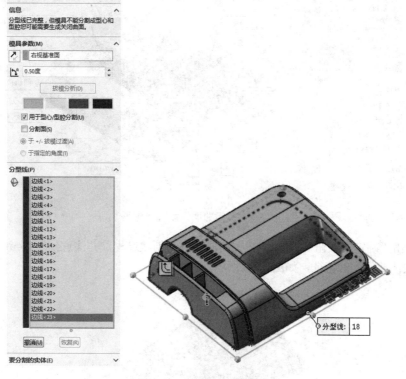设定一个值，这里输入 0.5 度。

❷单击"拔模分析"按钮，进行分型线的创建。在"分型线"区域下，定义分型线路径的几条边线为边线 显示。在"信息"区域下，给出了提示信息，例如警告可能需要生成关闭曲面。但是自动生成的分型线并不能满足我们的分型要求，需要手动定义分型线。

02 手工定义分型线。如图 3-76 所示，使用下列工具在"分型线" 中选中显示为分型线所选择的边线名称。

图 3-76　删除和添加分型线

❶选择一个名称以标注在图形区域中识别的边线。

❷在图形区域中选择一边线从"分型线"中添加或移除。

❸右键单击"分型线"选项卡中任一边线，并选择快捷菜单中的"消除选择"选项以清除"分型线"中的所有选择的边线。如图 3-76 所示。

❹单击"确定"按钮 ，完成分型线的创建。

3.4.4　生成关闭曲面

01 单击"模具工具"面板中的"关闭曲面"按钮 ，弹出"关闭曲面"属性管理器，如图 3-77 所示。

02 "边线" 中显示通孔的"边线<1>"至"边线<65>"，自动选择"自动相触"选项，即在所选边界内生成曲面，此为所有自动选择的环的曲面填充默认类型。

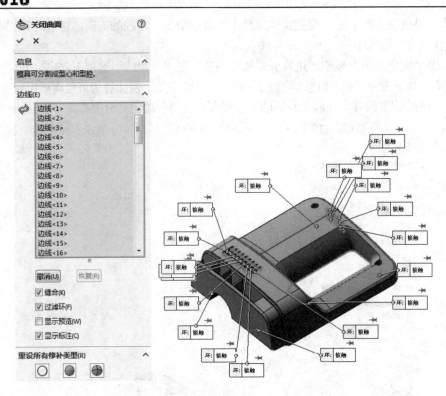

图 3-77 "关闭曲面"属性管理器

03 单击"确定"按钮 ✔ ，完成"关闭曲面"的创建过程，并注意到在 FeatureManager 中增加了"关闭曲面"的特征，如图 3-78 所示。

图 3-78 关闭曲面

📖3.4.5 创建分型面

01 单击"模具工具"面板中的"分型面"按钮 ，弹出"分型面"属性管理器，如图 3-79 所示。

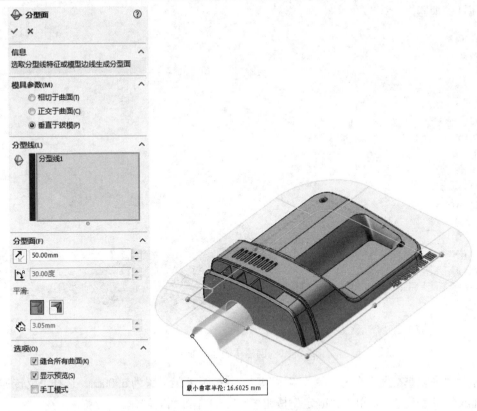

图 3-79 "分型面"属性管理器

02 选择"垂直于拔模"选项，使得分型面与拔模方向垂直，此为最普通类型，为默认值。

03 在"分型线"⊕中显示为分型线所选择的边线的名称，这里自动选中创建的分型线。

04 "距离"为分型面的宽度设定数值，单击"反向"按钮↗以更改从分型线延伸的方向，这里设置为50.00mm。选中"缝合所有曲面"选项，以自动缝合曲面。"显示预览"选择在图形区域中预览曲面，这里看到绘图区域显示的分型面的预览结果。

05 单击"确定"按钮✓，完成分型面的创建，如图3-80所示。

图 3-80 创建分型面

📖 3.4.6 切削分割

当定义完分型面以后，便可以使用"切削分割"工具为模型生成型芯和型腔块。

01 切削分割准备。

❶单击"特征"面板"参考几何体"下拉列表中的"基准面"按钮📄，弹出3-81所示的"基

准面"属性管理器。

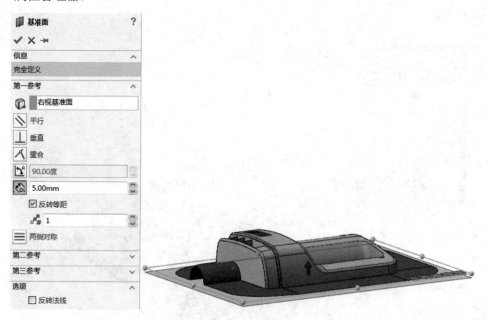

图 3-81　创建草图基准面

❷选择"右视基准面"作为"参考实体"⬜，并把距离⬛设置为 5.00mm。选择"反转等距"将基准面放到参考面之下。单击"确定"按钮✔，完成基准面的创建。

❸在该基准面上创建草图，该草图为一个延伸到模型边线以外但位于分型面边界内的矩形，并作为模仁"拉伸实体"的草图。矩形边线距离产品模型底边的厚度均为 20.00mm，如图 3-82 所示。该数值这里仅仅凭借经验设定，可以在设计后做分析校核。

图 3-82　创建草图

02 切削分割。

❶单击"模具工具"面板中的"切削分割"按钮⬛，弹出"切削分割"属性管理器，如图 3-83 所示。

❷在型芯⬛下，生成的型芯曲面实体出现。

❸在型腔⬛下，生成的型腔曲面实体出现。在分型面⬛下，生成的分型面实体出现。为方向 1"深度"⬛设定一数值为 80.00mm。为方向 2"深度"⬛设定一数值为 30.00mm。

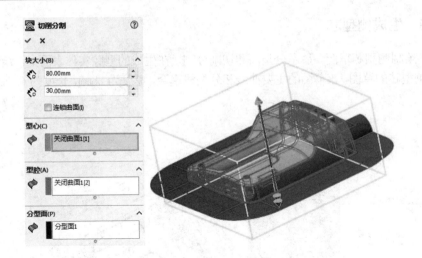

图 3-83　"切削分割"属性管理器

❹单击"确定"按钮 ✓，型芯实体和型腔实体出现。

📖 3.4.7　底切检查

底切检查工具用来查找模型中不能从模具中顶出的被围困区域，此区域需要侧型芯，先将分型面和切削分割隐藏。

01 单击"模具工具"面板中的"底切分析"按钮 🔧，弹出"底切分析"属性管理器。

02 选择"右视基准面"作为拔模的方向。单击其中的"反向"按钮 ↗，可以更改拔模方向。

03 如图 3-84 所示给出了计算结果，注意"封闭底切"的结果，即从零件以上或以下不可见的面，所辖区域的空间需要添加侧型芯成型。

04 单击"确定"按钮 ✓，完成底切检查的分析。

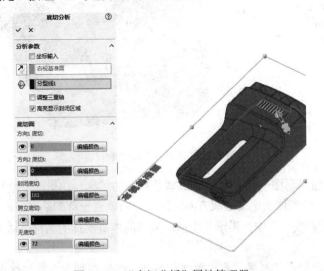

图 3-84　"底切分析"属性管理器

3.4.8 生成侧型芯

01 绘制侧型芯草图。显示分型面和切削分割，在生成的型腔实体表面上，绘制用于生成拉伸实体侧型芯的草图。该草图的主要曲线和分型线重合，厚度为25mm，长度为42mm，如图3-85所示。

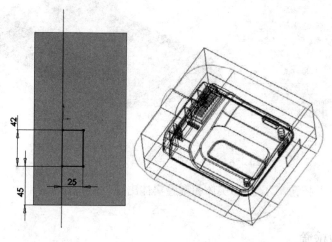

图 3-85 侧型芯草图

02 "侧型芯"属性管理器。

❶单击"模具工具"面板中的"型芯"按钮 🦑，弹出如图3-86所示的"型芯"属性管理器。

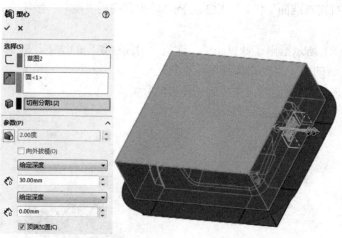

图 3-86 "型芯"属性管理器

❷在"型芯的边界草图" └，显示所选型芯草图的名称，这里选择绘制的侧型芯的草图。在图形区域中选择一个实体来定义抽取方向。默认方向垂直于草图基准面。

❸在"型芯/型腔实体"中，显示从中抽取型芯的模具实体的名称，这里选择的是"切削分割"。

❹在侧型芯参数设置的时候。要设置终止条件，即选择抽取方向的终止条件。如果选择了

给定深度，则设定沿抽取方向的深度。这里设定为30.00mm。

❺单击"确定"按钮 ✓ ，完成一个侧型芯的创建。

📖3.4.9 爆炸图显示模具

01 把型腔移离型芯。"移动/复制"来分离切削分割实体以方便观察模具组件。

❶选择菜单栏中的"插入"→"特征"→"移动/复制"命令，打开如图 3-87 所示的"移动/复制实体"属性管理器，在图形区域中，如图3-87所示选择型芯实体。

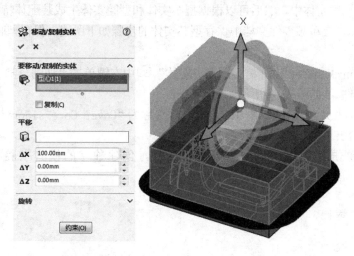

图 3-87　"移动/复制实体"属性管理器

❷在"平移"下，把**ΔX**设定为100.00mm。最后单击"确定"按钮 ✓ ，完成型腔移离型芯。

02 把侧型芯移离主型芯。

❶选择菜单栏中的"插入"→"特征"→"移动/复制"命令，在图形区域中，如图 3-88 所示选择侧型芯实体。

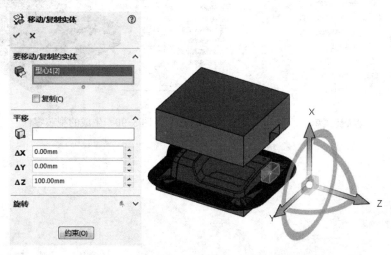

图 3-88　"移动/复制实体"属性管理器

❷在"平移"下,将**ΔZ**设定为100.00mm。最后单击"确定"按钮 ✓,完成侧型芯移离主型芯。

03 强化模具显示状态。在FeatureManager设计树中,在实体 回 和曲面实体 回 中进行选择,并使用"隐藏实体"和"隐藏曲面实体"选项,显示不带额外实体或曲面的型芯和型腔实体。

📖3.4.10 生成模具零件

一个有多实体零件的模具文件,可将设计意图保留在一个方便查找文件位置。散热盖模型的更改自动反映在切削实体中。然后可以根据型芯实体和型腔实体生成装配体特征。

如图3-89所示,在单独零件文档中保存型芯实体的步骤如下所述,保存型腔实体的过程类似。

01 在FeatureManager设计树中,在"实体" 回 中右键单击"切削分割1"节点,然后选择"插入到新零件",如图3-89所示。

02 在弹出的"另存为"对话框中,命名文件名称为"Cover-Core.sldprt",并保存零件。如图3-90所示,给出了生成的型芯零件。

同理,右键单击"实体-移动/复制 1"节点,创建独立的模具型腔零件,取名为"Cover-Cavity.sldprt"。

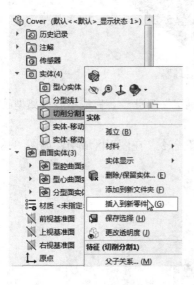

图 3-89 右键快捷菜单

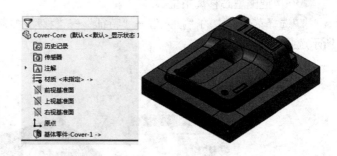

图 3-90 生成的型芯零件

Chapter 03

IMOLD 模具设计初始化

本章导读

  IMOLD 是应用于 SOLIDWORKS 软件中的一个插件，专门用来进行注塑模的三维设计工作。它是由 Manusoft Technologies Pte. Ltd 公司集合众多的优秀软件工程师和具有丰富模具设计、制造经验的工程师合作开发出来的用于注塑模具设计的软件。它以 SOLIDWORKS 为使用平台，极大地丰富和加强了 SOLIDWORKS 这一流行三维设计软件的应用能力。

  从本章起，将对这个 SOLIDWORKS 平台下的模具插件进行讲解。本章中先介绍该软件的主要菜单工具及其作用。

学习要点

 📂 数据准备

 📂 项目管理

 📂 全程实例——模具初始化

4.1 数据准备

"数据准备"是用来为模具设计项目准备产品模型的工具，用来对模具设计所用到导入模型进行处理，使其置于正确的方向上。虽然对产品模型进行衍生处理不是必需的，但是 IMOLD 推荐用户这么做。

在 IMOLD 中，开模方向定义为 Z 轴，数据准备功能将模型 Z 轴重新定位到与开模方向一致的方向上。通过将原始的模型零件变换（旋转和平移）方向后产生一个复制品，这个复制模型将用于整个模具设计的过程中。复制的零件与原始的产品零件间始终保持关联，这样即使在设计后期需要对原始模型进行修改，也可以通过对复制后的模型进行修改，实现对整个设计项目进行更新。特别是，如果模型零件的 Z 轴方向与软件内定的开模方向不一致，会导致后续设计过程中诸如模架等功能不能在正确的位置上定位。

通常为了稳妥起见，在进行模具设计之前需要进行数据准备工作，然后使用复制后的产品模型零件进行设计，此时除了对原始模型进行复制外，还需要调整产品零件的方位，使得其位置符合 IMOLD 中定义的模具开模方向。

4.1.1 数据准备过程

这里重新定位产品模型，使其 Z 方向和开模方向一致，然后使用复制的模型进行模具设计。模型零件数据准备过程如下。

1. 选择零件来源

单击"IMOLD"面板"数据准备" 下拉列表中的"数据准备"按钮 ，弹出"需衍生的零件名"对话框，选取原始的产品模型零件，如图 4-1 所示，单击"打开"按钮，将其调入，同时出现"衍生"属性管理器，如图 4-2 所示。

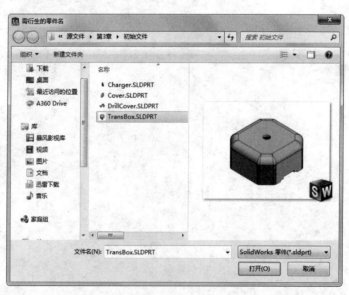

图 4-1 "需衍生的零件名"对话框

2. 衍生输出设置

在"衍生"属性管理器中的"输出"设置框中，输入用于复制后零件的文件名"衍生零件名"。"拔模分析"用于拔模分析。

3. 衍生原点设置

在"原点"输入框中选取一个草图作为新零件的原点位置，如果不设置，系统将保留原始模型的原点位置，如图4-2所示。在"平移"输入框下的3个输入值"ΔX""ΔY"和"ΔZ"分别代表相对于选取点位置的偏置值。

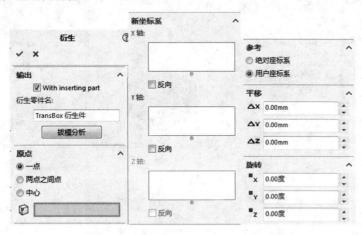

图4-2 "衍生"属性管理器

4. 新建坐标系统

在"新坐标系"设置框中，对产品模型零件的方向进行调整，在"X轴""Y轴"和"Z轴"3个坐标轴的设置框下，可以分别使用两点、一边、一个面或一个平面中的任何一种方法定义坐标轴的方向，还可以通过选择"反向"选项将指定的方向反向，如图4-2所示。

5. 旋转坐标系统

在"旋转"设置框中，可以通过在指定坐标轴方向上输入旋转角度对模型进行旋转，来使模型重新定位，如图4-2所示。

6. 完成零件衍生

设置完成后，单击属性管理器中的"确定"按钮 ✓ ，完成产品零件的定位和复制操作。

📖4.1.2 数据准备编辑

使用该功能对复制的模型重新定位，同时也可以对产品模型进行更新。

1. 单击"IMOLD"面板"数据准备" 🖼 下拉列表中的"编辑衍生零件"按钮 🖼 ，在弹出的"被编辑的衍生零件"对话框中，选择先前生成的衍生零件，单击"打开"按钮，如图4-3所示。

2. 弹出如图4-4所示的"编辑衍生零件"属性管理器，接下来的流程和前面4.1.1中所述的一样，可以重新定位零件模型。

3. 设置完成后，单击属性管理器中的"确定"按钮 ✓ ，完成衍生零件的重定位操作。

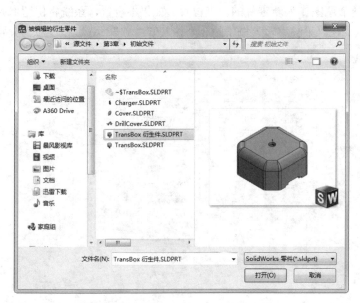 

图 4-3 "被编辑的衍生零件"对话框   图 4-4 "编辑衍生零件"属性管理器

4.1.3 拔模分析

塑料产品的设计者和制造者可以使用"拔模分析"工具来检查拔模面是否正确。使用该工具，可以验证拔模角，考察曲面的角度变化，同时可以确定分型线、型芯/型腔曲面、零拔模和零件的跨立面。

单击"IMOLD"面板"数据准备" 下拉列表中的"拔模分析"按钮 ，打开"拔模分析"属性管理器，如图 4-5 所示。

1."角度和方向"选项组

其中"拔模方向" 用来选择一个平面、一条线性边线或轴来定义拔模方向。单击反向 按钮以更改拔模方向。"拔模角度" 输入一个参考拔模角度，将该参考角度与模型中现有的角度进行比较。

2."分析项目"选项组

在该区域里面选择"静态分析"或者是"动态分析"，然后按下"分析"按钮进行拔模分析，在"结果"区域会给出各个面的计算结果。

若使用"动态分析"方法，会出现"动态分析设置"区域，这里可以设置"拔模角精度"和"拔模角范围"。其中"拔模角精度"用来指定在"拔模角范围"全范围内的拔模计算的增益值。

3."结果"选项组

按下"分析"按钮后，就会在"结果"区域里面显示得到的面分类结果。其中面的数量包括在面分类的范围中，显示为属于此范围颜色块上的数字。使用显示 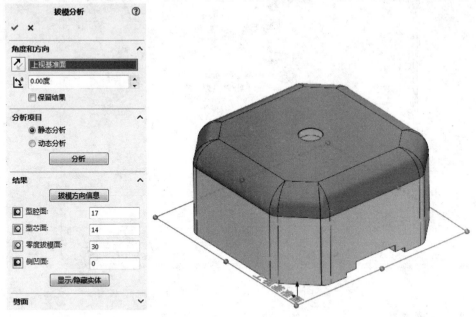或隐藏 切换显示计算得到的面分类。可以更改默认显示颜色。

对于跨立面，可以通过单击"劈开"按钮，分割跨立面。此时需要选择需要分割的面。

图 4-5　"拔模分析"属性管理器

4.2　项目管理

"项目管理"功能创建使用 IMOLD 软件进行模具设计时的总体设计项目，通过它可以创建一个新的设计项目，或打开、关闭一个已经存在的设计项目。

"项目管理"功能是所有 IMOLD 模具设计任务的入口，所有设计项目都要从这里启动。当进行一个新的模具设计项目时，首先通过 4.1 节中讲述的方法进行模型数据的准备，然后通过这个项目控制模块调入产品模型，用户可以在其中设置设计过程中所用到的各种参数，包括设计项目的名称、前缀、工作名录以及指定零件材料类型。这些信息将保存在设计项目中以便在后续过程中需要的时候自行调用。

4.2.1　创建新的项目

1. 进入"项目管理"对话框

单击"IMOLD"面板"项目管理" 下拉列表中的"新项目"按钮 ，弹出"项目管理"对话框，如图 4-6 所示。

2. 输入项目名称

在对话框"项目名"选项中输入项目的名称。

图 4-6　"项目管理"对话框

3．添加产品零件

在对话框中的"项目名"处输入设计项目名称后，然后单击"调入产品"按钮调入模型零件，然后设置所需要的文件名前缀和设计项目的单位。如果需要设计家族模具，可以通过"调入产品"按钮调入更多的产品零件到设计项目中。

这里任何时候加载一个新的产品模型，项目控制都会为产品模型创建一个"impression"装配体，一般叫作模组装配体。这样的装配体结构包含一个原始模型，型芯和型腔零件。

4．设置工作路径

在"工作路径"目录，可以看到 IMOLD 用来保存项目的文件夹目录。按照默认的情况，这个目录就是刚才导入产品模型的目录。通过单击旁边的"浏览" <u>...</u> 按钮，弹出"浏览"对话框，可以确定新的工作目录。

通常在启动"项目管理"模块前，首先在"数据准备"模块中准备好模型文件，这样在设计项目中可以调入已经调整过的原始零件的复制文件。

同时建议最好创建一个单独的文件夹用来存放设计项目中的所有文件，在设计时先将模型零件保存到这个文件夹中然后再调入到 IMOLD 中以方便管理。如果在一个包含设计项目的文件夹中启动一个新的设计项目，那么已经存在的项目将被忽略。

5．添加项目前缀代号

在"选项"设置中"代号"处输入一个前缀名字。前缀可以用来作为标签识别不同的设计项目，它将同时被用到以后创建的型芯和型腔零件的取名中。根据需要，可以选择"为所有标准件增加代号"选项，这样就可以把这个前缀添加到以后生成的其他标准零件中，包括模架中的模板以及从标准库和滑块、顶块设计中产生的任何零件。

这里定义设计项目名称时需要注意 SOLIDWORKS 的文件名不能超过 64 个字符，在对 IMOLD 中的零件命名时有一些字符是禁止使用的，包括："_"（连字符）、","（逗号）、"<"、">"、"@"

等。

6. 设置项目单位

在"项目单位"下，选取需要用于设计项目的单位，毫米和英寸。

7. 选择模组部件

在图4-7左侧的结构树中选择一个模组结构或其下的零件时，其参数变为可输入状态。

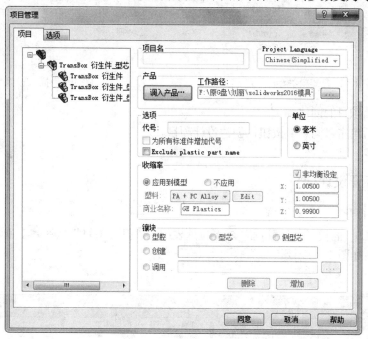

图4-7　选择模型组件

8. 设置收缩率

从左侧结构树中选择任意模组文件或零件，然后进入"收缩率"选项。如果不需要对产品模型采用任何收缩量，可选择"不应用"选项，这时仍然可以不应用收缩率设置。如果选择"应用到模型"选项，可以通过"非均衡设定"选项指定收缩率方式，并给出收缩率数值。

9. 设置塑料类型

"塑料"下拉框用于选择产品零件的材料类型，在系统数据库中包括了"ABS"等常用的十几种工程塑料的材料，在"商品名称"框中还可以为材料指定一个参考名称。选择了一种确定的材料后，在右侧的收缩率数值设置中会自动出现系统默认的此种材料的收缩率值。

"非均衡设置"表示应用收缩率时是否采用均匀收缩的方式，不选择该项时会出现"系数"整体收缩率数值设置框，其中设置模型以均匀方式进行收缩。如果选择此项将出现如图4-8所示的在X、Y、Z个方向的收缩率数值设置，这样可以根据实际应用情况在产品模型的不同方向上应用不同的收缩率数值。

10. 插入模组零件

在"镶块"选项中的各个选项与图 4-7 中左侧的结构树对应，用于模组结构中的各个零件的创建、改名和删除等操作，如图4-9所示。在"创建"选项中选择一个零件，然后通过"增加"和"删除"按钮可以将其进行所需的创建、删除等操作，也可以通过"增加"功能从外界输入。

如果需要从外界输入"型腔"和"型芯"零件,可以先选择模组结构中的文件名,然后通过"删除"按钮删除,再进行创建时就可以通过"调用"功能输入零件了。

在模组结构中已经存在相应零件的情况下,是不能进行创建和输入零件操作的,因此需要创建或输入模组结构中零件时,先将存在于结构中的项目删除。

图 4-8 设置塑料类型   图 4-9 插入模组零件

11. 完成新项目的创建

设置完成后单击"同意"按钮,创建设计项目。

4.2.2 打开设计项目

1. 进入"打开项目"对话框

单击"IMOLD"面板"项目管理" 下拉列表中的"打开项目"按钮 ,弹出"打开 IMOLD 项目"对话框,如图 4-10 所示。

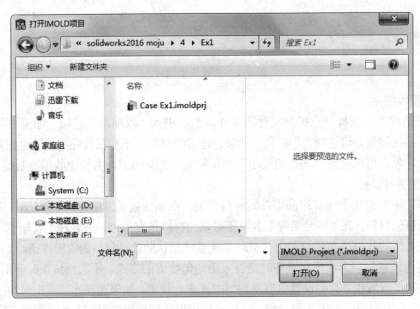

图 4-10 "打开 IMOLD 项目"对话框

2. 选择项目调入

选择已经存在的后缀为"imoldprj"的 IMOLD 项目文件调入到 IMOLD 设计系统。

注意:

    在 IMOLD 中创建的每个设计项目，都会有一个与设计项目唯一对应的项目文件，后缀为 imoldprj，在每次需要调用设计项目时，打开该文件即可将设计项目全部调用到系统中。

4.3 全程实例——模具初始化

参见光盘 光盘\动画演示\第 4-13 章\全程实例-散热盖模具设计.avi

📖 4.3.1 数据准备

这里使用数据准备功能对零件重新定位，使其 Z 轴方向与开模方向相同。

01 认识产品零件。启动 SOLIDWORKS2016 软件，调出光盘上的"Ex1\ex1.sldprt"零件，如图 4-11 所示，从中可以看出，它的开模方向应为前视基准面上，即图中所示的+Z 轴方向，不需要进行调整。

图 4-11 散热盖实例原产品模型

02 衍生模型零件。关闭产品模型零件。单击"IMOLD"面板"数据准备" 🔳 下拉列表中的"数据准备"按钮 🔳，弹出如图 4-12 所示的"需衍生的零件名"对话框，选择"ex1.sldprt"零件，单击"打开"按钮，将其调入，同时弹出"衍生"属性管理器，如图 4-13 所示。

03 衍生参数设置。

❶在"衍生"对话框里面，可以看到"输出"选项框 IMOLD 自动生成的装配体名称和派生的产品模型文件名称。在"原点"选项框里面，选中"中心"作为原点。

❷保持其他设置不变，单击"确定"按钮 ✔，进行产品模型的复制。

❸当前文件保存并关闭，文件名默认为"ex1 衍生件.sldprt"，它是原产品模型零件经过坐标调整后的复制零件，并且和原模型保存在同一个文件目录下。

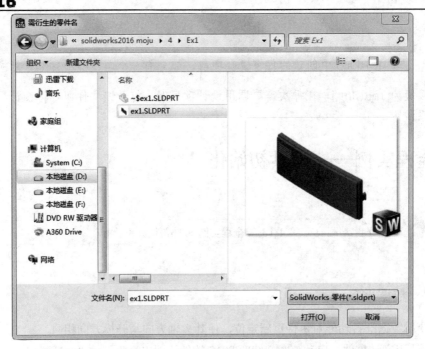

图 4-12　"需衍生的零件名"对话框

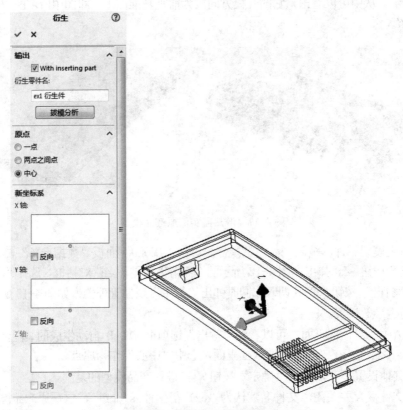

图 4-13　"衍生"属性管理器

📖4.3.2 项目控制

这里创建一个新的设计项目，在其中设置所有的设计参数。

01 开始一个新的设计项目。单击"IMOLD"面板"项目管理" 📗下拉列表中的"新项目"
按钮 📗，弹出"项目管理"对话框。

02 项目参数设置。

❶在对话框"项目名"选项中输入项目名称"Case Ex1"。单击"调入产品"按钮，弹出"选
择产品"对话框，选择派生零件"ex1 衍生件.sldprt"，如图 4-14 所示。单击"打开"按钮，
此时 IMOLD 自动创建了一个装配体结构。

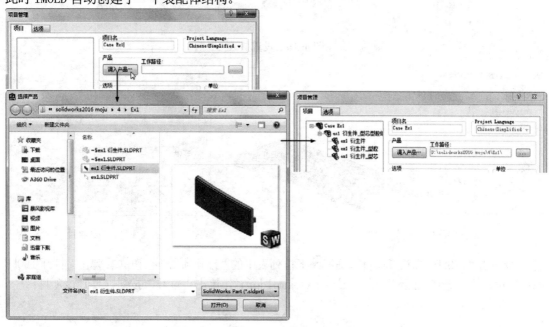

图 4-14　添加零件

❷在"选项"选项中的"代号"输入框中指定设计项目中所用到的零件名称的前缀，这里
输入 100-，如图 4-15 所示。随着前缀的添加，可以发现方才 IMOLD 生成的装配体结构的自动变
化，这里添加到了 core、cavity 和 impression 名称的前面。

❸"单位"选项用于确定设计项目使用的单位，这里按照默认的选择为毫米。

❹设置塑件的收缩率。在装配体结构中选择一个 impression 结构或其下的零件"ex1 衍生
件"时，这些参数成为可输入状态。这里选择"塑料"下拉列表为材料"PC"，此时"系数"文
本框自动得到该材料的收缩率为 1.006。

03 创建项目。单击"项目管理"对话框的"同意"按钮，IMOLD 则自动创建使用命名的
项目名称作为文件名的装配体，即"Case Ex1.sldasm"。并且创建的模组结构（Impression）子
装备体中包含了模型零件、型芯和型腔零件。其装配树如图 4-16 所示。

04 关闭并再次打开设计项目。

❶单击"IMOLD"面板"项目管理" 📗下拉列表中的"关闭项目"按钮 📗，弹出图 4-17 所
示提示，提示关闭项目前对全部文件进行保存。这里单击"是"按钮，保存所有文件。

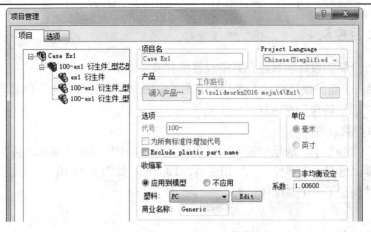

图 4-15 设置参数

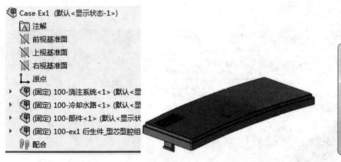

图 4-16 创建的装配树

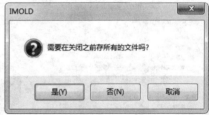

图 4-17 关闭项目

❷单击"IMOLD"面板"项目管理" 下拉列表中的"打开项目"按钮，弹出"打开 IMOLD 项目"对话框，选择已经创建的"Case Ex1.imoldprj"，单击"打开"按钮，打开该项目。

IMOLD 分型设计

本章导读

分型是一个基于塑胶产品模型的创建型芯和型腔的过程，型芯和型腔用于形成产品模型的空腔。分型设计功能可以快速地执行分型操作并保持与产品模型的相关性。在设计了工件之后，就可以使用分型功能进行分型设计了。不过，一般在使用分型工具之前，需要使用修补工具来对产品模型来做一些修正工作。

学习要点

    📁 分型面和成型零部件的设计

    📁 IMOLD 插件功能

    📁 全程实例——模具分型

5.1 分型面和成型零部件的设计

分型面是型芯和型腔的接触面。为了创建成型零件的型芯和型腔，就必须先定义分型面，这里首先给出了分型面的定义和设计所依赖的准则，然后给出了型芯和型腔的结构设计准则和尺寸计算方法，最后给出了其他结构部件的设计依据。

📖5.1.1 分型面的概念和形式

1. 分型面的概念

分型面位于模具动模和定模的结合处，在塑件最大外形处，其设计的目的是为了将塑件和凝料取出，如图 5-1 所示。

2. 分型面的形式

注射模有的只有一个分型面，有的有多个分型面，而且分型面有平面、曲面和斜面，如图 5-1 所示。图 a 为平直分型面，图 b 为倾斜分型面，图 c 为阶梯分型面，图 d 为曲面分型面。分型面应尽量选择平面的结构形式，为了适应塑件成型需要和便于塑件脱模，也可采用曲面、台阶面等分型面。虽然这样会在一定程度上提高分型面加工难度，但是型腔加工就比较容易了。

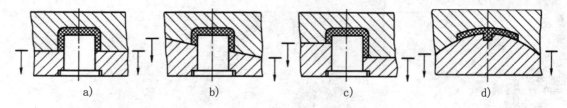

a)   b)   c)   d)

图 5-1 单分型面注射模的分型面

3. 分型面的设计原则

影响分型面选取的因素很多。这里给出表 5-1，可按该表的原则选取，这里参照错例图示给出了正确的分型面设计方法。

📖5.1.2 成型零部件的结构设计

进行模具成型零部件的结构设计，首先要根据塑料的性能和塑料产品的形状、尺寸及其使用要求，确定型腔的总体结构，分型面，脱模方式，浇注系统及浇口的位置等，然后根据塑料产品的形状、尺寸和成型零件的加工及装配工艺要求，进行成型零件的结构设计和尺寸计算。

1. 型腔的结构设计

型腔零件是成型塑料件外表面的主要零件。按结构不同可分为

（1）整体式型腔结构（如图 5-2 所示）。整体式型腔是由整块金属加工而成的，其特点是牢固、不易变形、不会使塑件产生拼接线痕迹。但是由于整体式型腔加工困难，热处理不方便，所以常用于形状简单的中、小

图 5-2 整体式型腔

型模具。

表 5-1 选取分型面的原则

序号	原则	简图		说明
1	减小成型面积	a)	b)	图 b 合理,塑件在合模分型面上的投影面积小,保证了脱模可靠
2	分型面应选择在件外形的大轮廓处	a)	b)	图 b 正确,分型面取在塑件外形的最大轮廓处,才能使塑件顺利脱模
3	增强排气效果	a)	b)	图 b 合理,熔体料流末端在分型面上,有利于增强排气效果
4	分型面的选取应有利于塑件的留模方式,便于塑件顺利脱模	a)	b)	图 b 正确,分型面选在塑件外形的最大轮廓处,才能使塑件顺利脱模
		a)	b)	图 b 合理,分型塑件留在动模一侧,并由推板推出
5	保证塑件的精度要求	a)	b)	图 b 合理,能保证双联塑料齿轮的同轴度的要求
6	满足塑件外观的要求	a)	b)	图 b 合理,所产生的边不会影响塑件的外观,而且易清除
		a)	b)	图 b 合理,由于有 2°~3° 的锥面配合,不易产生飞边

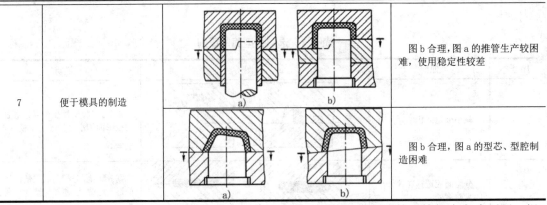

| 7 | 便于模具的制造 | | 图 b 合理,图 a 的推管生产较困难,使用稳定性较差 |
| | | | 图 b 合理,图 a 的型芯、型腔制造困难 |

（2）组合式型腔结构。是指型腔是由两个以上的零部件组合而成的。按组合方式不同,组合式型腔结构可分为整体嵌入式、局部镶嵌式、侧壁镶嵌式和四壁拼合式等形式。

采用组合式凹模,可简化复杂凹模的加工工艺,减少热处理变形,拼合处有间隙,利于排气,便于模具的维修,节省贵重的模具钢。为了保证组合后型腔尺寸的精度和装配的牢固,减少塑件上的镶拼痕迹。要求镶块的尺寸、几何公差等级较高,组合结构必须牢固,镶块的机械加工、工艺性要好。选择较好的镶拼结构是重要的。

① 整体嵌入式型腔结构如图 5-3 所示。它主要用于成型小型塑件,而且是多型腔的模具,各单个型腔采用机加工、冷挤压、电加工等方法加工制成,然后压入模板中。这种结构加工效率高,拆装方便,可以保证各个型腔的形状尺寸一致。图 5-3a～c 称为通孔台肩式,即型腔带有台肩,从下面嵌入模板,再用垫板与螺钉紧固。如果型腔嵌件是回转体,而型腔是非回转体,则需要用销钉或键回转定位。图 5-3b 采用销钉定位,结构简单,装拆方便;图 5-3c 是键定位,接触面积大,止转可靠;图 5-3d 是通孔无台肩式,型腔嵌入模板内,用螺钉与垫板固定;图 5-3e 是不通孔式型腔嵌入固定板,直接用螺钉固定,在固定板下部设计有装拆型腔用的工艺通孔,这种结构可以省去垫板。

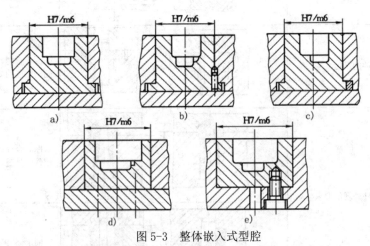

图 5-3 整体嵌入式型腔

② 局部镶嵌组合式型腔结构如图 5-4 所示,为了加工方便或由于型腔的某一部分容易损坏,需经常更换,应采用这种局部镶嵌的办法。图 5-4a 所示异形型腔,先钻周围的小孔,再加工大孔,在小孔内嵌入芯棒,组成型腔;图 5-4b 所示型腔内有局部凸起,可将此凸起部分单独加工,再把加工好的镶块利用圆形槽（也可用 T 形槽、燕尾槽等）镶在圆形型腔内;图 5-4c 是利用局

部镶嵌的办法加工圆形环的凹模；图 5-4d 是在型腔底部局部镶嵌；图 5-4e 是利用局部镶嵌的办法加工长条形型腔。

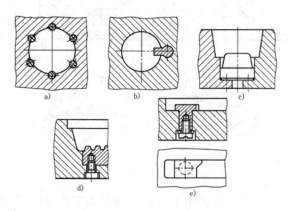

图 5-4　局部镶嵌式型腔

③ 底部镶拼式型腔的结构如图 5-5 所示。为了机械加工、研磨、抛光、热处理方便，形状复杂的型腔底部可以设计成镶拼式结构。选用这种结构时应注意平磨结合面，抛光时应仔细，以保证结合处锐棱（不能带圆角）还影响脱模。此外，底板还应有足够的厚度以免变形而进入塑料。

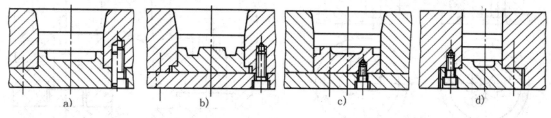

图 5-5　底部镶拼式型腔

2. 型芯的结构设计

成型塑件内表面的零件称型芯，主要有主型芯、小型芯等。对于简单的容器，如壳、罩、盖之类的塑件，成型主要部分内表面的零件称主型芯，而将成型其他小孔的型芯称为小型芯或成型杆。

（1）主型芯的结构设计。按结构主型芯可分为整体式和组合式两种。

整体式结构型芯，图 5-6a 所示为整体式主型芯结构，其结构牢固，但不便加工，消耗的模具钢多，主要用于工艺试验或小型模具上的简单型芯。

组合式主型芯结构，图 5-6b～e 所示。为了便于加工，形状复杂的型芯往往采用镶拼组合式结构，这种结构是将型芯单独加工后，再镶入模板中。图 5-6b 为通孔台肩式，型芯用台肩和模板连接，再用垫板、螺钉紧固，连接牢固，是最常用的方法。对于固定部分是圆柱面，而型芯又有方向性的情况，可采用销钉或键定位。图 5-6c 为通孔无台肩式结构；图 5-6d 为不通孔式的结构；图 5-6e 适用于塑件内形复杂、机加工困难的型芯。

镶拼组合式型芯的优缺点和组合式型腔的优缺点基本相同。设计和制造这类型芯时，必须注意结构合理，应保证型芯和镶块的强度，防止热处理时变形且应避免尖角与壁厚突变。注意：

① 当小型芯靠主型芯太近，如图 5-7a 所示，热处理时薄壁部位易开裂，故应采用图 5-7b 的结构，将大的型芯制成整体式，再镶入小型芯。

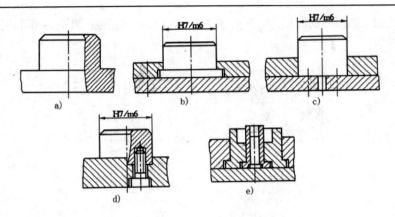

图 5-6　主型芯结构

② 在设计型芯结构时，应注意塑料的飞边不应该影响脱模取件，如图 5-8a 所示结构的溢料飞边的方向与塑料脱模方向相垂直，影响塑件的取出；而采用图 5-8b 的结构，其溢料飞边的方向与脱模方向一致，便于脱模。

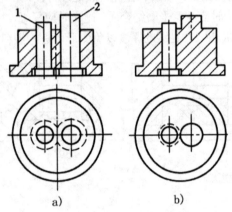

图 5-7　相近小型芯的镶嵌组合结构

1—小型芯　2—大型芯

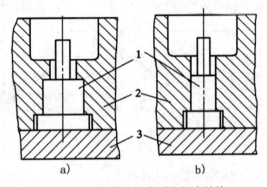

图 5-8　便于脱模的镶嵌型芯组合结构

1—型芯　2—型腔零件　3—垫板

（2）小型芯的结构设计。小型芯是用来成型塑件上的小孔或槽。小型芯单独制造后，再嵌入模板中。

圆形小型芯采用图 5-9 所示的几种固定方法。图 5-9a 使用台肩固定的形式，下面有垫板压紧；图 5-9b 中的固定板太厚，可在固定板上减小配合长度，同时细小的型芯制成台阶的形式；图 5-9c 是型芯细小而固定板太厚的形式，型芯镶入后，在下端用圆柱垫垫平；图 5-9d 适用于固定板厚、无垫板的场合，在型芯的下端用螺塞紧固；图 5-9e 是型芯镶入后，在另一端采用铆接固定的形式。

对于异形型芯，为了制造方便，常将型芯设计成两段。型芯的连接固定段制成圆形台肩和模板连接，如图 5-10a 所示；也可以用螺母紧固，如图 5-10b 所示。

如图 5-11 所示的多个相互靠近的小型芯，如果台肩固定时，台肩发生重叠干涉，可将台肩相接触的一面磨平，将型芯固定板的台阶孔加工成大圆台阶孔或长椭圆形台阶孔，然后再将型芯镶入。

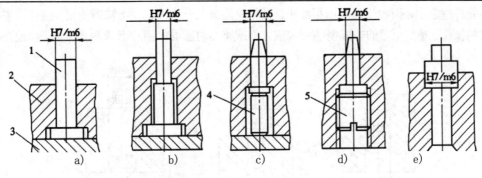

图 5-9　圆形小型芯的固定形式

1—圆形小型芯　2—固定板　3—垫板　4—圆柱垫　5—螺塞

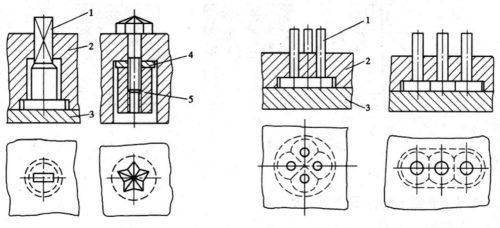

图 5-10　异形小型芯的固定方式　　　　图 5-11　多个互相靠近型芯的固定方式

1—异形小型芯　2—固定板　3—垫板　4—挡圈　5—螺母　　　1—小型芯　2—固定板　3—垫板

（3）螺纹型芯的结构设计。螺纹型芯是用来成型塑件内螺纹的活动镶件。螺纹型环也是可以用来固定带螺纹的孔和螺杆的嵌件。成型后，螺纹型芯的脱卸方法有两种，一种是模内自动脱卸，另一种是模外手动脱卸，这里仅介绍模外手动脱卸螺纹型芯的结构及固定方法。

螺纹型芯按用途分，有直接成型塑件上螺纹孔和固定螺母嵌件两种，这两种螺纹型芯在结构上有原则上的区别。用来成型塑件上螺纹孔的螺纹型芯在设计时必须考虑塑料收缩率，其表面粗糙度值要小（$Ra < 0.4\mu m$），一般应有 $0.5°$ 的脱模斜度。螺纹始端和末端按塑料螺纹结构要求设计，以防止从塑件上拧下，拉毛塑料螺纹。固定螺母的螺纹型芯在设计时不考虑收缩率，按普通螺纹制造即可。螺纹型芯安装在模具上，成型时要可靠定位，不能因合模振动或料流冲击而移动，开模时应能与塑件一同取出且便于装卸。螺纹型芯与模板内安装孔的配合公差一般为 H8/f8。

图 5-12 所示为螺纹型芯的安装形式，其中图 5-12a～c 是成型内螺纹的螺纹型芯，图 5-12d～f 是安装螺纹嵌件的螺纹型芯。图 5-12a 是利用锥面定位和支承的形式；图 5-12b 是利用大圆柱面定位和台阶支承的形式；图 5-12c 是用圆柱面定位和垫板支承的形式；图 5-12d 是利用嵌件与模具的接触面起支承作用，防止型芯受压下沉；图 5-12e 是将嵌件下端以锥面镶入模板中，以增加嵌件的稳定性，并防止塑料挤入嵌件的螺孔中；图 5-12f 是将小直径螺纹嵌件直接插入固定在

模具的光杆型芯上，因螺纹牙沟槽很细小，塑料仅能挤入一小段，并不妨碍使用，这样可省去脱卸螺纹的操作。螺纹型芯的非成型端应制成方形或将相对应着的两边磨成两个平面，以便在模外用工具将其旋下。

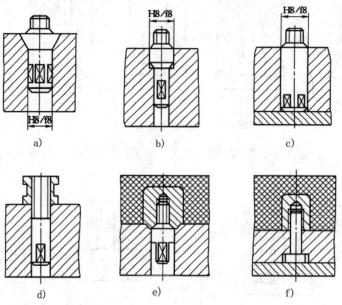

图 5-12 螺纹型芯在模具上的安装形式

📖5.1.3　成型零部件工作尺寸的计算

成型零部件工作尺寸是指成型零部件上直接用来构成塑件的尺寸，主要有型腔、型芯及成型杆的径向尺寸，型腔的深度尺寸和型芯的高度尺寸，型腔和型腔之间的位置尺寸等。在模具的设计中，应根据塑件的尺寸、精度等级及影响塑件的尺寸和精度的因素来确定模具的成型零件的工作尺寸及精度。

1. 影响塑件成型尺寸和精度的要素

（1）塑件的收缩率波动。塑件成型后的收缩变化与塑料的品种、塑件的形状、尺寸、壁厚、成型工艺条件、模具的结构等因素有关，所以确定准确的收缩率是很困难的。工艺条件、塑料批号发生的变化会造成塑件收缩率的波动，其塑料收缩率波动误差为

$$\delta_s = (S_{max} - S_{min})L_s \tag{5.1}$$

式中　δ_s——塑料收缩率波动误差，mm；

　　　S_{max}——塑料的最大收缩率；

　　　S_{min}——塑料的最小收缩率；

　　　L_s——塑件的公称尺寸，mm。

实际收缩率与计算收缩率会有差异，按照一般的要求，塑料收缩率波动所引起的误差应小于塑件公差的1/3。

（2）模具成型零件的制造误差。模具成型零件的制造精度是影响塑件尺寸精度的重要因素之一。模具成型零件的制造精度愈低，塑件尺寸精度也愈低。一般成型零件工作尺寸制造公差值

δ_z 取塑件公差值 Δ 的 $1/3 \sim 1/4$ 或取 IT7 $\sim$ IT8 级作为制造公差，组合式型腔或型芯的制造公差应根据尺寸链来确定。

（3）模具成型零件的磨损。模具在使用过程中，由于塑料熔体流动的冲刷、脱模时与塑件的摩擦、成型过程中可能产生的腐蚀性气体的锈蚀以及由于以上原因造成的模具成型零件表面粗糙度值增大而要求重新抛光等，均造成模具成型零件尺寸的变化，型腔的尺寸会变大，型芯的尺寸会减小。

这种由于磨损而造成的模具成型零件尺寸的变化值与塑件的产量、塑料原料及模具等都有关系，在计算成型零件的工作尺寸时，对于小批量的塑件，且模具表面耐磨性好的（高硬度模具材料、模具表面经过镀铬或渗氮处理的），其磨损量应取小值；对于玻璃纤维做原料的塑件，其磨损量应取大值；对于与脱模方向垂直的成型零件的表面，磨损量应取小值，甚至可以不考虑磨损量，而与脱模方向平行的成型零件的表面，应考虑磨损；对于中、小型塑件，模具的成型零件最大磨损可取塑件公差的 $1/6$，而大型塑件，模具的成型零件最大磨损应取塑件公差的 $1/6$ 以下。

成型零件的最大磨损量用 δ_c 来表示，一般取 $\delta_c = \Delta/6$。

（4）模具安装配合的误差。模具的成型零件由于配合间隙的变化，会引起塑件的尺寸变化。例如型芯按间隙配合安装在模具内，塑件孔的位置误差要受到配合间隙值的影响；若采用过盈配合，不存在此误差。模具安装配合间隙的变化而引起塑件的尺寸误差用 δ_i 来表示。

（5）塑件的总误差。综上所述，塑件在成型过程产生的最大尺寸误差应该是上述各种误差的总和，即

$$\delta = \delta_s + \delta_z + \delta_c + \delta_i \tag{5.2}$$

式中 δ——塑件的成型误差；

δ_s——塑料收缩率波动而引起的塑件尺寸误差；

δ_z——模具成型零件的制造公差；

δ_c——模具成型零件的最大磨损量；

δ_i——模具安装配合间隙的变化而引起塑件的尺寸误差。

塑件的成型误差应小于塑件的公差值，即

$$\delta \leq \Delta \tag{5.3}$$

（6）考虑塑件尺寸和精度的原则。在一般情况下，塑料收缩率波动、成型零件的制造公差和成型零件的磨损是影响塑件尺寸和精度的主要原因。对于大型塑件，其塑料收缩率对塑件的尺寸公差影响最大，应稳定成型工艺条件，并选择波动较小的塑料来减小塑件的成型误差；对于中、小型塑件，成型零件的制造公差及磨损对塑件的尺寸公差影响最大，应提高模具精度等级和减小磨损来减小塑件的成型误差。

2. 成型零部件工作尺寸计算

仅考虑塑料收缩率时，计算模具成型零件的基本公式为

$$L_m = L_s(1 + S) \tag{5.4}$$

式中 L_m——模具成型零件在常温下的实际尺寸，mm；

L_s——塑件在常温下的实际尺寸，mm；

S——塑料的计算收缩率。

由于多数情况下，塑料的收缩率是一个波动值，常用平均收缩率来代替塑料的收缩率，塑料的平均收缩率为

$$\bar{S} = \frac{S_{\max} - S_{\min}}{2} \tag{5.5}$$

式中　$\bar{S}$——塑料的平均收缩率。

图 5-13 所示为塑件尺寸与模具成型零件尺寸的关系，模具成型零件尺寸取决于塑件尺寸。塑件尺寸与模具成型零件工作尺寸的取值规定见表 5-2。

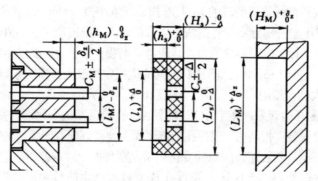

图 5-13　塑件尺寸与模具成型零件尺寸的关系

表 5-2　螺纹型芯在模具上的安装形式

序号	塑件尺寸的分类	塑件尺寸的取值规定		模具成型零件工作尺寸的取值规定		
		公称尺寸	偏差	成型零件	公称尺寸	偏差
1	外形尺寸 L、H	最大尺寸 L_s、H_s	负偏差 $-\Delta$	型腔	最小尺寸 L_M、H_M	正偏差 $\delta_z/2$
2	内形尺寸 l、h	最小尺寸 l_s、h_s	正偏差 Δ	型芯	最大尺寸 l_M、h_M	负偏差 $-\delta_z/2$
3	中心距 C	平均尺寸 C_s	对称 $\pm \Delta/2$	型芯、型腔	平均尺寸 C_M	对称 $\pm \delta_z/2$

（1）型腔和型芯的径向尺寸：

型腔
$$(L_M)_0^{\delta_z} = [(1+\bar{S})L_s - x\Delta]_0^{\delta_z} \tag{5.6}$$

型芯
$$(l_M)_{-\delta_z}^0 = [(1+\bar{S})l_s + x\Delta]_{-\delta_z}^0 \tag{5.7}$$

式中　L_M、l_M——型腔、型芯径向工作尺寸，mm；

$\bar{S}$——塑料的平均收缩率；

L_s、l_s——塑件的径向尺寸，mm；

Δ——塑件的尺寸公差；

x——修正系数　塑件尺寸大、精度级别低时，$x = 0.5$；

塑件尺寸小、精度级别高时，$x = 0.75$。

① 径向尺寸仅考虑受 δ_s，δ_z 和的 δ_c 影响。

② 为了保证塑件实际尺寸在规定的公差范围内，对成型尺寸需进行校核。

径向尺寸　$(S_{\max} - S_{\min})L_s (或 l_s) + \delta_z + \delta_s < \Delta$ $\tag{5.8}$

（2）型腔和型芯的深度、高度尺寸

型腔　　　$H_M = [(1+\bar{S})H_s - x\Delta]_0^{\delta_z}$ ，极限偏差为　$_0^{\delta_z}$　　　　　(5.9)

型芯　　　$h_M = [(1+\bar{S})h_s + x\Delta]_{-\delta_z}^0$ ，极限偏差为　$_{-\delta_z}^0$　　　(5.10)

式中　　H_M、h_M——型腔、型芯深度、高度工作尺寸，mm；

　　　　　H_s、h_s——塑件的深度、高度尺寸，mm；

　　　　　x——修正系数，塑件尺寸大、精度级别低时，$x = 1/3$，塑件尺寸小、精度级别高时，$x = 1/2$。

① 深度、高度尺寸仅考虑受 δ_S、δ_z 和的 δ_C 影响；

② 为了保证塑件实际尺寸在规定的公差范围内，对成型尺寸需进行校核。

$$(S_{max} - S_{min})H_s (或 h_s) + \delta_z + \delta_s < \Delta \qquad (5.11)$$

（3）中心距尺寸

$$C_M \pm \frac{\delta_z}{2} = (1+\bar{S})C_s \pm \delta_z \qquad (5.12)$$

式中　C_M——模具中心距尺寸，mm。

　　　　C_s——塑件中心距尺寸，mm。

对中心距尺寸的校核如下：

$$(S_{max} - S_{min})C_s < \Delta \qquad (5.13)$$

📖 5.1.4　模具型腔侧壁和底板厚度的设计

1. 强度和刚度

塑料模型腔壁厚及底板厚度的计算是模具设计中经常遇到的重要问题，尤其对大型模具更为突出。目前常用计算方法有按强度条件计算和按刚度条件计算两大类，但实际的塑料模却要求既不允许因强度不足而发生明显变形甚至破坏，也不允许因刚度不足而发生过大变形。因此要求对强度及刚度加以合理考虑。

在塑料注射模注塑过程中，型腔所承受的力是十分复杂的。型腔所受的力有塑料熔体的压力、合模时的压力、开模时的拉力等，其中最主要的是塑料熔体的压力。在塑料熔体的压力作用下，型腔将产生内应力及变形。如果型腔壁厚和底板厚度不够，当型腔中产生的内应力超过型腔材料的许用应力时，型腔即发生强度破坏。与此同时，刚度不足则发生过大的弹性变形，从而产生溢料和影响塑件尺寸及成型精度，也可能导致脱模困难等。可见模具对强度和刚度都有要求。对大尺寸型腔，刚度不足是主要失效原因，应按刚度条件计算；对小尺寸型腔，强度不够则是失效原因，应按强度条件计算。强度计算的条件是满足各种受力状态下的许用应力。刚度计算的条件则由于模具的特殊性，可以从以下几个方面加以考虑：

（1）要防止溢料。模具型腔的某些配合面当高压塑料熔体注入时，会产生足以溢料的间隙。为了使型腔不致因模具弹性变形而发生溢料，此时应根据不同塑料的最大不溢料间隙来确定其刚度条件。如尼龙、聚乙烯、聚丙烯、聚丙醛等低黏度塑料，其允许间隙为 0.025 ～ 0.03mm；对聚苯乙烯、有机玻璃、ABS 等中等黏度塑料为 0.05mm；对聚砜、聚碳酸酯、硬聚氯乙烯等高黏度塑料为 0.06 ～ 0.08mm。

（2）应保证塑件精度。塑件均有尺寸要求，尤其是精度要求高的小型塑件，这就要求模具型腔具有很好的刚性。

（3）要有利于脱模。一般来说塑料的收缩率较大，故多数情况下，当满足上述两项要求时已能满足本项要求。

上述要求在设计模具时其刚度条件应以这些项中最苛刻者（允许最小的变形值）为设计标准，但也不应无根据地过分提高标准，以免浪费钢材，增加制造困难。

2．型腔和底板的强度及刚度计算

一般常用计算法和查表法，圆形和矩形型腔壁厚及底板厚度常用计算公式，型腔壁厚的计算比较复杂且烦琐，为了简化模具设计，一般采用经验数据或查有关表格，设计时可以参阅相关资料。

5.2 IMOLD 插件功能

模具结构中的成型部分包括型腔模块、型芯模块以及成型顶杆等零件，分型处理是指对模具结构中主要的成型部分，型腔、镶块零件进行的设计，将其分离成模具结构中单独的组件。

"型芯/型腔设计"模块提供了创建成型零件的型芯和型腔零件的工具，即模具设计中的分型操作，该功能可以通过指定形状和尺寸来创建用于型芯和型腔零件的原始模坯零件，然后通过对收缩率设置后的模型零件进行外形识别、搜寻属于型芯和型腔的表面、对破孔处进行自动修补等操作，来得到完整的分型面，从而分离出所需的型芯和型腔零件。另外在该模块中还提供了拔模角和跨立面的分析等一些常用的工具。

📖5.2.1 分型设计基本概念

1．分型线

在 IMOLD 中定义的分型线有两种类型：外部分型线和内部分型线。

外部分型线的含义是，从零件侧面观察时，外部分型线是沿着产品零件最大尺寸的边线形成的。内部分型线的含义，是在产品零件上通过型芯和型腔部分的通孔的边界线形成的分型线。当使用"型芯/型腔设计"模块对型芯和型腔表面进行识别时，不需要定义分型线，"型芯/型腔设计"模块能够准确地自动搜索这些表面。虽然如此，如果在分型线已经定义的情况下，搜索的速度会得到提高。因此如果在方案中定义了分型线，在使用"型芯/型腔设计"模块功能自动搜索表面时，系统会自动考虑到已经定义的分型线，从而大大提高搜寻速度。因为在搜索时，已经定义的分型线将起到一个边界的作用，以保证搜寻过程中的各种曲面不会超出这些边界线。"分型线"属性管理器如图 5-14 所示。

2．分型面

在 IMOLD 软件中，分型面主要是指型芯和型腔曲面，以及从分型线延伸形成的分型面。

可以从产品模型十分方便地确定正确的型芯和型腔曲面。这里主要是引入了自动搜索型芯和型腔的功能，于是变得更加准确和快捷。通常自动搜寻分型面功能需要预先定义一个种子面，在新版的 IMOLD 软件中，这个功能已经大大增强，它可以不需指定种子面而自动进行准确快速的曲面搜索。

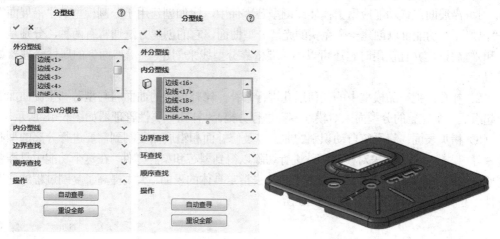

图 5-14　"分型线"属性管理器

"分型面"属性管理器如图 5-15 所示。

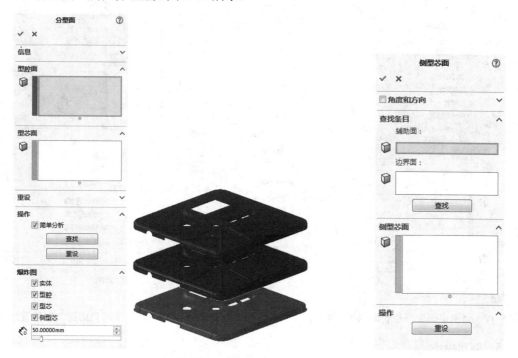

图 5-15　"分型面"属性管理器　　　　图 5-16　"侧型芯面"属性管理器

3. 侧型芯面

侧型芯面功能用于搜索属于侧型芯的零件曲面。在进行侧型芯曲面搜寻功能时，必须先定义好在型芯和型腔曲面上分离出的侧型芯曲面的分型线，通常为内部分型线。

"侧型芯面"属性管理器如图 5-16 所示。

4. 工具

在"型芯/型腔设计"模块中还包括了许多应用工具，它们是进行分型操作不可少的一部分，下面分别介绍这几个应用工具。

（1）沿展面：该功能应用于模坯或侧型芯零件中，比如创建用于分割模型的"沿展面"功能。"沿展面"功能可以创建一个完整的光滑分型曲面，它的创建方法通常有两种，分别是"放样"和"辐射"，并且使用时它还可以不需要依靠分型线来创建。"沿展面"的属性管理器如图5-17所示。

（2）补孔：把产品模型中的任何通孔进行修补。修补形成的曲面将与型芯和型腔曲面缝合在一起组成一个完整的分型面来对模坯零件进行分离。"补孔"属性管理器如图5-18所示。

（3）拷贝表面：将系统自动识别的曲面以及修补面和沿展面复制到需要进行分离的型芯和型腔零件中，然后缝合起来对模坯零件进行切除以得到型芯和型腔零件。在这个功能中只需要选择需要复制的曲面类型，不需要在模型中单独去指定具体的表面，大大提高了复制过程的速度和准确性。复制曲面的设置界面如图5-19所示。

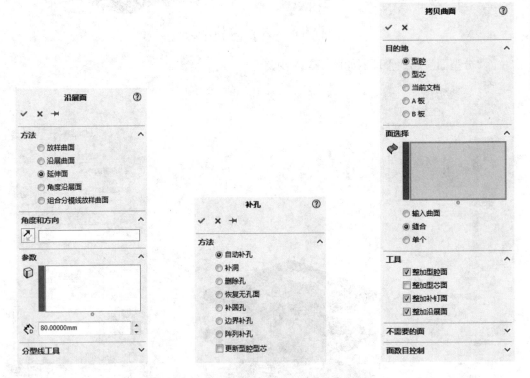

图5-17 "沿展面"属性管理器　　图5-18 "补孔"属性管理器　　图5-19 "拷贝曲面"属性管理器

5．创建模坯

"创建型腔/型芯"工具用来进行参数设置和创建，它的用法类似于向导式的参数设置，使用起来非常方便，通过几个简单的步骤就可以完成。

除了设置模坯的外形和尺寸外，该模块还可以设置模板上用于放置生成型芯和型腔零件后的槽腔类型。它的设置界面如图5-20所示。

5.2.2　IMOLD 分模向导

IMOLD分模向导提供了智能工具用于分型设计的整个过程。设计者可以使用该工具自动搜索分型线，自动搜索型芯和型腔表面，自动修补破孔，自动创建延伸曲面，以及自动创建模坯等。在这一系列的过程里面，IMOLD 会提示用户有关分型的相关信息，主要是有关分型设计正确与否的相关提示，如图 5-21 所示。

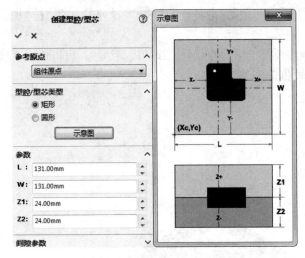

图 5-20　创建型腔/型芯

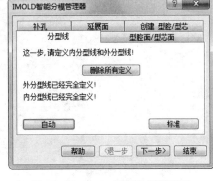

图 5-21　IMOLD 智能分模管理器

1．进入 IMOLD 分模向导

设计方案创建后单击"IMOLD"面板"型芯/型腔设计" 下拉列表中的"IMOLD 智能分模管理器"按钮 ，弹出定义分型线的对话框。首先进入的是分型线设计向导。

2．IMOLD 分模向导分型

"IMOLD 分模向导"提供了 5 个连续相关的步骤实现分型设计过程，包括分型线、分型面、补孔、延展面和创建型腔/型芯等功能，并且给出了提示，图 5-22 给出了其中的 4 个步骤。注意到，在每个设计页面均有相关的设计提示供设计者参考。

图 5-22　IMOLD 分模向导

📖5.2.3 定义分型线

1. 定义外部分型线

（1）设计方案创建后，单击"IMOLD"面板"型芯/型腔设计"📑下拉列表中的"分型线"按钮📍，弹出"分型线"属性管理器。

（2）在"外部分型线"选项下，选取需要指定作为外部分型线的模型边线。可以使用"自动查寻"方式来辅助进行分型线的定义，如图5-23所示。

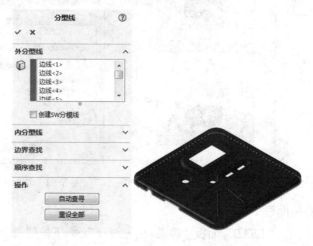

图5-23　定义外部分型线

> **注意：**
> 在创建"沿展面"时，会自动识别外部分型线。

（3）如果想改变显示的分型线的颜色，可以在 IMOLD 选项里面事先预定义实体的颜色。

（4）一旦选取了所有的外部分型线，可以单击"确定"按钮✓，进行创建。

2. 定义内部分型线

（1）单击"IMOLD"面板"型芯/型腔设计"📑下拉列表中的"分型线"按钮📍，弹出"分型线"属性管理器，如图5-24所示。

（2）在"内分型线"选项下，选取需要指定作为内部分型线的模型边线。可以使用"自动查寻"方式辅助进行分型线的定义。

（3）同样可以在 IMOLD 选项里面事先预定义实体的颜色。最后确定选取了所有的内部分型线，可以单击"确定"按钮✓，进行创建。

> **注意：**
> 在系统自动搜寻型芯/型腔表面的过程，外分型线和内分型线起着限定边界的作用，系统将在这些指定的边界，如在外分型线内部和内分型线外部的范围内进行查找。

图 5-24　定义内部分型线

3. 分型线的搜索方式

（1）边界方式：边界查找方式是一种高级的分型线搜寻方式，它根据模型边界来定义外部分型线，如图 5-25 所示。

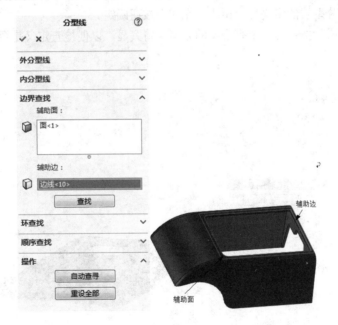

图 5-25　边界搜索分型线

这个功能是根据确定分型线每一部分所通过的曲面来确定分型线的，在 IMOLD 软件中这些曲面被称为"辅助面"。

例如，如果想定义图 5-24 中所指示的内部分型线，需要选择图中所指示的围绕内部分型线的曲面为辅助面，内部分型线实际上是这些选择面的边线。

图 5-25 中的"辅助边"指的是任何一次搜寻的起始边线，在使用边界搜寻和连续搜寻的方

式中，种子边可以是分型线的任意一部分，分型线从根源边线开始按指定方式连续搜寻下去。使用边界搜索的方式定义分型线的具体方法如下：

① 设计方案创建后，单击"IMOLD"面板"型芯/型腔设计"🔧下拉列表中的"分型线"按钮🔵，弹出"分型线"属性管理器。

② 在分型线定义属性管理器中的"边界查找"选项下，单击"辅助面"选择框，然后选择辅助识别分型线的模型表面或者选择分型线所在的所有模型表面。

③ 在"辅助边"选项中，选择一个分型线搜索的根源边线，然后单击"查找"按钮，系统会自动找出分型线并突显它们，如图5-26所示。

图5-26　分型线

（2）顺序搜索：如图5-27所示，使用顺序搜索方式定义分型线的方法如下：

① 单击"IMOLD"面板"型芯/型腔设计"🔧下拉列表中的"分型线"按钮🔵，弹出"分型线"属性管理器。

② 在"顺序查找"选项下，选取种子。单击"下一个"按钮搜索下一个边线。

③ 系统自动突显找出的下一段分型线，如果正确则单击"接受"按钮，否则继续单击"下一个"按钮。如果定义了错误的分型线，可以单击"后退"按钮，返回上一步分型线定义中。

④ 完成所有分型线的定义后，单击"完成"按钮确定。

⑤ 单击"完成"按钮后，所有定义的分型线将突显，以便检查定义是否正确无误。

图5-27　顺序搜索分型线

> ⚠️ **注意：**
> 系统在自动查找分型线时，只寻找模型上的边界线，如果产品零件的分型线不在边界线上，比如分型线应该通过零件上的一个表面，那么需要先创建一条分割线将这处表面分割后再进行分型线的创建，通常这一步可以在数据准备阶段中完成。

5.2.4 确定分型面

1. 查找分型面

在没有定义分型线的情况下，也可以进行搜索分型面（属于型芯和型腔的表面）操作。如果能先定义分型线，不仅保证了搜索结果的正确性，还大大加快了搜索速度。

搜索分型面的属性管理器如图 5-28 所示。

（1）设计方案创建后，单击"IMOLD"面板"型芯/型腔设计" 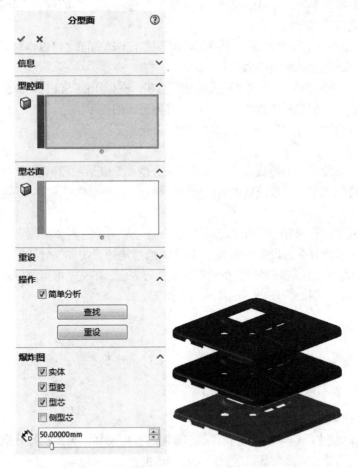 下拉列表中的"分型面"按钮 ，弹出"分型面"属性管理器。

（2）在"型芯面"选项下，选取需要定义作为型芯的模型表面，在"型腔面"选项下，选取需要定义作为型腔的模型表面。

上述步骤（2）并不是必需的，也可以让系统完全自动地对型芯和型腔曲面进行查找。

（3）在"操作"选项下，单击"查找"按钮进行分型面的自动搜索。系统会将最终的查寻结果着色突显，如图 5-28 所示。

图 5-28 "分型面"属性管理器

（4）如果预先定义了分型线，在"操作"选项中会出现"简单分析"选项。可以考虑在进行分型面的搜索以前，先将一些模型表面定义为型芯或型腔曲面，通过单击"型腔面"和"型芯面"选项中的选择框，然后从模型上选取适当的表面，就可以将这些表面加入到选择框中作为型腔或型芯表面。然后选择"简单查找"选项，这样在搜索时，系统会以这些已经确定的表面为基础开始搜索其他的表面，在这个过程中，这些已经确定的面实际上充当了"种子面"的角色，由于根源面的存在和分型线定义了边界，这样能够大大缩短搜索的时间。否则，系统在搜索时就要分析每一个面的拓扑结构，工作量会大大增加。

注意：

搜索分型面的这个特点是很有用的，尤其是需要从型芯或型腔一侧去掉某些表面时。比如要创建侧型芯表面，在这种情况下，可以在需要创建的侧型芯表面周围创建分型线将其包围起来，这样在系统搜寻型芯和型腔表面时，就不会再去搜寻分型线以内的模型表面。

（5）在搜索时，系统会将产品模型上已经找出并确定的表面渲染为型芯和型腔表面指定的颜色，如果对搜索结果不满意，可以通过单击"操作"选项中的"重设"按钮清除所有已找出的曲面颜色并恢复到搜寻以前的状态。

（6）如果知道有一些面既不属于型腔曲面也不属于型芯曲面，可以将它们放入"重设"选项框中。在搜寻时系统会忽略这些面。

（7）单击属性管理器最上方的"报告信息"按钮，在弹出的 SOLIDWORKS 属性管理器会给出计算得到的型芯面、型腔面和侧型芯面，以及其他表面的提示信息。

（8）对分型面搜索完成后，单击"确定"按钮 ✔ 。

2．查看爆炸图

在"分型面"功能中，系统提供了一个对完成分型面定义后的模型进行"爆炸图"的功能。除了可以在搜索过程结束后对系统找出的结果进行检查外，在爆炸状态下，还可以对搜索结果进行修改。

在进行爆炸观察时，除了显示出型芯和型腔曲面，不属于这两个曲面集合的面将其作为未定义面显示出来。爆炸查看的设置如图 5-28 所示，通过选择"实体""型腔""型芯"和"侧型芯"选项可以指定是否显示这些零件模型和型腔及型芯表面，在文本框里面输入数值来设定各曲面组的偏移量。爆炸视图如图 5-28 所示。

注意：

通过爆炸图观察分型面的搜索结果时，建议在初次搜索过程完成后，先单击 ✔ 按钮保存搜索结果，然后再进行爆炸观察。

3．编辑分型面

（1）在搜索功能中编辑。在对型腔和型芯表面进行定义后，再次执行分型面搜索功能时，系统会出现信息提示是否需要突显这些已经存在的表面。

如果选择突显已经存在的表面，系统会搜索这些面，并在"型腔面"和"型芯面"列表框内显示这些面的名称，同时在绘图区中突显这些面，这时可以通过在列表框中单击或从绘图区中选择面的方法从各自的曲面集合中去除这些面。完成编辑后单击"确定"按钮 ✔ 即可。

注意：

　　　　如果选择突显这些搜索确定的面，根据模型中面的数量，可能会耗费大量的时间和系统资源，同时也不利于进行爆炸观察。因此建议选择不要突显这些面，来提高系统执行速度和性能。

　　　　　如果选择不突显这些已经存在的面，在"分型面"属性管理器的"型腔面"和"型芯面"列表框中将是空的，在单击"确定"按钮 ✔ 按钮时，已存在的面将不发生任何改变。

　　　　如果想对任何当前已经存在的面进行修改调整，比如，将属于型芯面的一个表面改为型腔面，可以使型腔面的列表框有效，然后单击绘图区中的表面，将其加入到型腔面集合中，也可以先删除型芯面集合中的这个面，然后将其加入到型腔面中，改变后模型中该表面的颜色将发生改变。

　　　　　如果想从型芯面和型腔面集合中去除某一个已经存在的面（即该面既不属于型腔面也不属于型芯面），可以将该面放入"重设"列表框中，同时该面的颜色将根据"重设"的设置发生改变。完成编辑后单击 确定即可。

（2）在爆炸图中编辑结果。当编辑分型面时，可以结合使用"爆炸图"功能更好地确定属于型芯和型腔的模型表面。

爆炸图通过指定一定的距离，将型腔曲面、型芯曲面和零件分离开，并且没有定义的表面也会出现在爆炸图中，这样可以很清楚地判断出这些面应该属于哪一个曲面集合中，然后将这些面加入到"型腔面"或"型芯面"的集合中。

注意：

　　　　在进行爆炸观察时，要确保"零件"模型没有隐藏，不要遗漏任何未指定的面。

📖 5.2.5　查找侧型芯面

查找侧型芯曲面是根据边界面和种子面的搜索过程进行的，一般的步骤如下：

1. 进入侧型芯面搜索

设计方案创建后，单击"IMOLD"面板"型芯/型腔设计" 🔧 下拉列表中的"侧型芯"按钮 🔩，弹出"侧型芯面"属性管理器。

2. 角度和方向的方法搜索

如图 5-29 所示，通过选取"角度和方向"来使用角度和方向的方法搜索侧型芯面。其中"方向" 🔗 用来选择一个平面、一条线性边线或轴来定义方向。单击"反向"按钮 🔗 以更改方向。在"角度" 🔗 中输入一个参考拔模角度，以此方向为参考方向的所有拔模角度在该角度范围的曲面会被定义为侧型芯曲面。

3. 边界搜索

图 5-29　定义侧型芯面

这里提供了类似于分型线边界搜索的方式来搜索侧型芯面。

（1）在"边界面"定义侧型芯面的边界面，这里的边界面指的是把要定义为侧型芯面的表面包围的模型表面。

（2）在"辅助面"定义侧型芯面的种子面，种子面指的是这样的一些模型表面，它们把要定义为侧分型面的一个表面片段搜索过程把这些片段作为源来进行侧分型面的搜索。

（3）单击"查找"按钮，系统自动选择所有的侧型芯表面然后将它们突显。

5.2.6　工具

1. 通孔的处理

在产品模型中有通孔（破孔）时，需要创建一个面来将孔封闭以便区分型腔和型芯区域，这就需要针对通孔一侧的表面创建一个孔的修补来封闭孔或者创建一个没有孔的新的表面。

（1）补孔。单击"IMOLD"面板"型芯/型腔设计" 下拉列表中的"补孔"按钮 ，弹出如图 5-30 所示的"补孔"属性管理器。

在"补孔"属性管理器的"方法"选项里面，"自动补孔"会自动选择，单击"确定"按钮 ，IMOLD 会自动搜索模型的孔洞并进行修补。注意到由于本例模型的孔洞较多，所以 IMOLD 需要较多的时间来进行计算。

（2）修补产品模型中的通孔。

① 单击"IMOLD"面板"型芯/型腔设计" 下拉列表中的"补孔"按钮 ，弹出如图 5-31 所示的"补孔"属性管理器。在"方法"选项下，选择"补洞"选项。

② 对应每一种修补方式都有一个修补选项，在"补洞"方式下有两个修补选项，"所有孔"选项将修补在选取的表面上的所有存在完整闭环的通孔。"一个接一个提示"提示选项将搜索选择表面上的所有需要修补的孔，然后逐一提示是否进行修补。

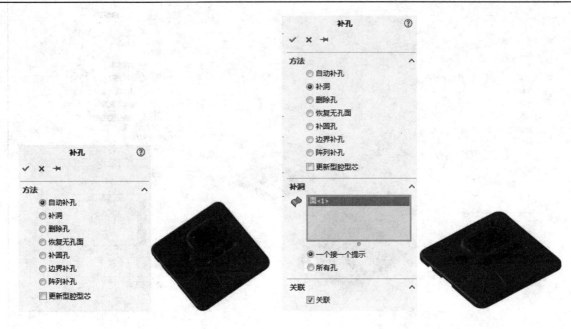

图 5-30　自动补孔　　　　　　　　　　　　图 5-31　选择补孔方法

图 5-31 所示为"一个接一个提示"的破孔修补方法，单击"确定"按钮 ✓ 后，IMOLD 会自动搜索模型的孔洞，并弹出 IMOLD 属性管理器提示是否接受目前选取的孔洞作为填补对象。可以接受该孔洞填补，或者跳过该孔洞进入下一个孔洞目标进行填补。

③ 如果选中"关联"选项，则是利用 SOLIDWORKS 软件自身的填充曲面功能创建修补面的，这些面是相互关联的，说明这些表面的形状不会太复杂。否则创建的特征就是不关联的，但它能处理在复杂表面上存在通孔的情况。

④ 从绘图窗口中选择修补实体，通常是需要修补的表面。

（3）删除产品模型中的孔

① 单击"IMOLD"面板"型芯/型腔设计" 下拉列表中的"补孔"按钮，弹出如图 5-32 所示的"补孔"属性管理器。在"方法"选项下选择"删除孔"选项。

② 从绘图区中选取需要删除孔的表面，删除破洞的设置如图 5-32 所示。

③ 在"删除孔"方式下有两个删除选项，"所有孔"选项将删除补在选取的表面上的所有存在完整闭环的通孔；"一个接一个提示"提示选项将搜索选择表面上的所有需要删除的孔，然后逐一提示是否进行删除。

④ 设置完成后，单击"确定"按钮 ✓，IMOLD 会删除所选取曲面上的孔洞。

注意：

面和曲面的概念是不同的，面是属于实体的一部分，而这里所说的曲面是从模型里提取出来的。在使用曲面修补功能时，可以在面和曲面上进行。在使用删除孔功能时只能在曲面上进行，不能在实体的面上使用。

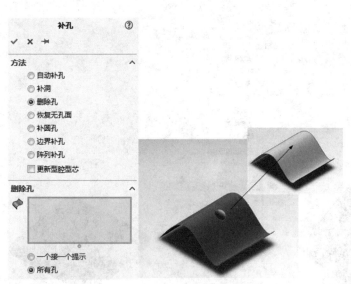

图 5-32 删除孔

图 5-33 "沿展面"属性管理器

2. 创建延伸曲面

为了切割用于型芯和型腔零件的模坯，需要将型芯和型腔分型面的交接处进行延展，创建一个单一的主分型面，它可以保证型腔和型芯间的密合，同时用于创建型腔和型芯零件。

在 IMOLD 软件中有 5 种方法可以创建延展曲面，延展曲面的设置界面如图 5-33 所示。

放样曲面：从分型线到某些参考平面创建放样表面。

沿展曲面：采用辐射曲面的方式沿分型线创建分型面，同模型关联。

延伸面：采用辐射曲面的方式沿分型线创建分型面，同模型不关联。

角度沿展面：采用控制角度的延伸面创建分型面。

组合分模线放样曲面：从组合分模线中放样生成曲面。

（1）用放样法创建延伸曲面

① 单击"IMOLD"面板"型芯/型腔设计" 下拉列表中的"沿展面"按钮，弹出"沿展面"属性管理器。

② 在"方法"选项里面，选取"放样曲面"选项，"沿展面"属性管理器如图 5-33 所示。

③ 在"实体"选项下，选取 ◇ 参考曲面，然后在 ☐ 选项栏中选取分型线。

④ 在"缺省参考面"选项下 ⬟ 输入框中设置参考平面的偏置距离，这个值是以产品模型为参考，在指定的距离上创建参考面。

⑤ 也可以使用"分型线工具"帮助进行放样边线的确定。

如果分型线已经定义，只需要单击"自动查找"按钮即可找出需要放样的边线。或者选择一个边线作为种子边线，然后单击"自动查找"按钮，系统可以根据已确定的型芯和型腔部分得到分型线。还有一种方法，可以使用"顺序搜索"工具，确定一个起始边线，然后通过"顺序搜索"工具查找下一条边线，直至要延展的边线全部确定。

⑥ 单击"确定"按钮 ✓ ，创建延展曲面。

（2）用"沿展曲面"或"延伸面"创建延伸曲面

① 单击"IMOLD"面板"型芯/型腔设计" 下拉列表中的"沿展面"按钮，弹出"沿

展面"属性管理器。

② 在"方法"选项下，勾选"沿展曲面"，或者是"延伸面"选项。

在"沿展曲面"选项中确定要辐射的边线，可以结合"分型线工具"功能进行确定。"沿展曲面"创建的延展曲面结合 SOLIDWORKS 中的功能，可以完成大多数的延展曲面创建情况，同时这种方法创建的延展曲面会与产品模型保持关联。"延伸面"的设置界面与"沿展曲面"相同，区别在于这种方式创建的延展曲面与产品模型间不会保持关联。

③ 在⤢输入框中指定辐射的距离值，单击"确定"按钮✓，创建曲面。

图 5-34 和图 5-35 分别给出了"沿展曲面"和"延伸面"方式创建曲面的结果。注意到这两种创建方式结果的细微差别。

（3）角度沿展面方式，如图 5-36 所示。这种方式同"沿展曲面"类似，只不过是可以控制沿展面的沿展角度。其中"角度和方向"用来选择一个平面、一条线性边线或轴来定义方向。单击"反向"按钮⤢以更改方向，在"角度"⬚输入框中输入一个参考拔模角度。

图 5-36 给出了使用若干分型线创建的角度沿展曲面，这里给出了 20°的角度方向。通过单击"反向"⤢按钮可以试着扭转沿展面的引出方向。

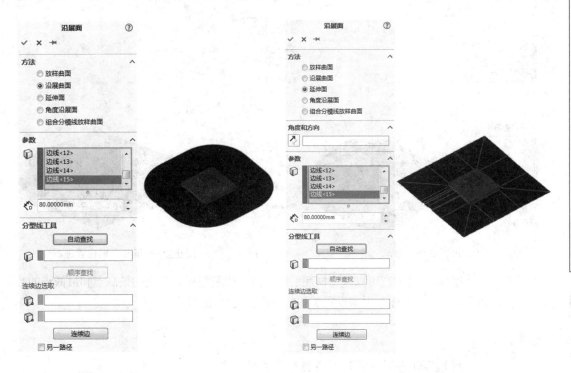

图 5-34　沿展曲面方式　　　　　　　　图 5-35　延伸面方式

5.2.7　插入模坯

此功能用来确定包容盒，也就是生成型腔和型芯零件的模坯的尺寸，它的界面如图 5-37 所示。

1. 进入插入模坯

单击"IMOLD"面板"型芯/型腔设计" 下拉列表中的"创建型芯/型腔"按钮 📦，弹出如图 5-37 所示的"创建型腔/型芯"属性管理器。

2．选择模坯类型

选取所需的模坯外形，"矩形"或"圆形"。

3．设置模坯参数

在图 5-37 属性管理器示意图中，通过在"参数"中 4 个输入框中输入数值，来改变模坯的长和宽，其中两个数值为从原点到模坯一侧的尺寸，另两个数值为总长和总宽。可以从绘图区中看到尺寸修改的效果。

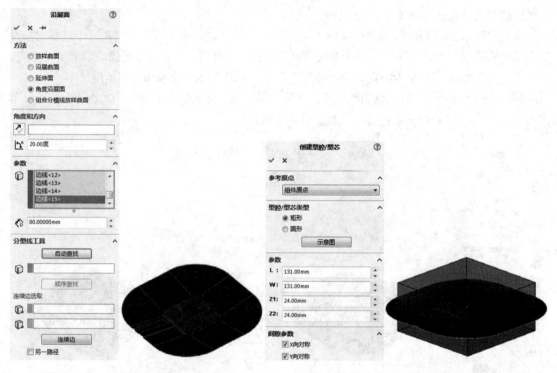

图 5-36 角度沿展面方式   图 5-37 "创建型腔/型芯"属性管理器

在图 5-37 属性管理器中，可以改变模坯的厚度值，以及与原点有关的最高点和最低点的数值。"X 向对称"和"Y 向对称"用来设置 X 和 Y 方向的材料相同。

⚠ **注意：**

模坯零件将同时创建在型腔和型芯零件中。

4．插入模坯

设置完成后，单击"确定"按钮 ✓，进行插入模坯的操作。

📖 5.2.8 复制曲面

这个功能是复制并缝合所需的分型面到模坯零件中，以便进行生成型腔和型芯零件的切除操作。

在分型面被正确地识别出来后，这些面还只是产品模型上的面，并没有被提取出来。同时，创建的延展曲面及其他通孔的修补面也都存在于产品模型零件中，这些面都需要被复制到模坯零件中来进行分型的最终切除操作。

1. 进入复制曲面

单击"IMOLD"面板"型芯/型腔设计" 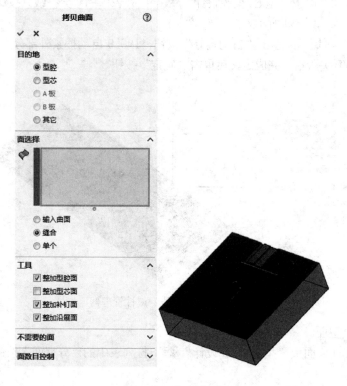下拉列表中的"复制曲面"按钮，弹出如图5-38所示的"拷贝曲面"属性管理器。

2. 进入复制目标

在"目的地"选项下，选择需要复制表面的目标位置。

注意：

如果是在模组装配体中执行这个功能，会出现一个"当前文档"选项，来把选择的曲面复制到其他零件中。

3. 选择曲面

从绘图区中选取需要复制的表面，如果需要在复制后对这些面进行缝合，可以选择"面选择"下的"缝合"选项，如图5-38所示。

图 5-38　复制曲面

4. 复制曲面工具

在"工具"选项下，根据需要复制的不同对象进行选择，对需要复制的型芯和型腔曲面以及延展曲面或修补面，可以很方便地在此处选择。

注意：

如果执行过"删除孔"功能，必须从绘图区中选取作为附加修补的面，而不能通过选取删除孔特征来选择。

5．完成复制曲面

设置完成后单击"确定"按钮 ✓，进行曲面复制操作。如果已经创建了模坯零件，IMOLD 会在缝合了曲面之后自动对模坯零件进行曲面裁剪，从而生成型芯或者, 型腔实体。

5.3　全程实例——模具分型

参见光盘 〉光盘\动画演示\第 4-13 章\全程实例-散热盖模具设计.avi

创建一个新的设计方案，在其中设置所有的设计相关参数，创建零件的型芯和型腔模块。

01 创建分型线。

❶单击"IMOLD"面板"型芯/型腔设计" 🔩 下拉列表中的"分型线"按钮 ●，弹出"分型线"属性管理器，如图 5-39 所示。

❷在"操作"区域里，单击"自动查寻"按钮，IMOLD 自动搜索外部分型线和内部分型线，其结果如图 5-39 箭头所指。完成定义后单击"确定"按钮 ✓。

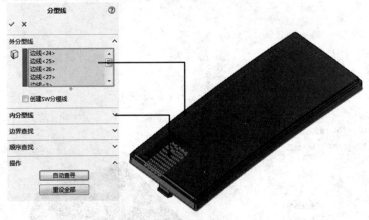

图 5-39　"分型线"属性管理器

02 创建分型面。

❶单击"IMOLD"面板"型芯/型腔设计" 🔩 下拉列表中的"分型面"按钮 ♣，弹出"分型面"管理器。

❷因为预先定义了分型线，如图 5-40 所示，在"操作"选项中出现了"简单分析"选项。选中该选项，这样预先定义的分型线会辅助分型面的搜索过程。

❸单击"查找"按钮，IMOLD 完成型芯和型腔表面的搜索，然后系统会将产品模型上已经找

出并确定的表面渲染为型芯和型腔表面的颜色。可以通过单击"信息"选项中"报告信息"按钮弹出有关分型面的相关信息。

❹爆炸查看的设置如图 5-40 所示,通过选择"实体""型腔"和"型芯"选项,指定显示这些零件模型和型腔及型芯表面,拖拉滑块,设定爆炸时各曲面组的偏移量为 28,完成分型面定义后单击"确定"按钮 ✔。

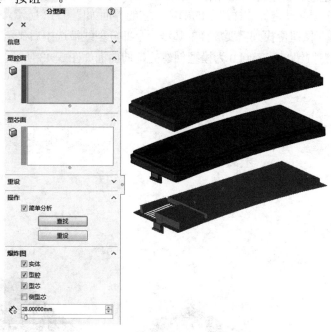

图 5-40 "分型面"属性管理器

03 修补模型。

❶单击"IMOLD"面板"型芯/型腔设计" ⚒下拉列表中的"补孔"按钮🎨,弹出如图 5-41 所示的"补孔"属性管理器。

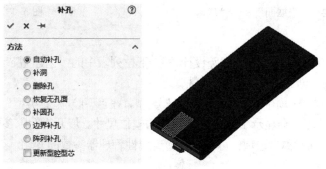

图 5-41 模型修补

❷在"方法"选项下,选择"自动补孔"选项。自动修补能够快捷地对产品模型进行修补,这里不必向 IMOLD 输入相关信息,系统利用 SOLIDWORKS 软件自身的填充曲面功能创建修补面,一般为平面。

❸单击"确定"按钮 ✔,IMOLD 为模型的上平面自动修补了若干个平面填充面。

04 创建延伸曲面。为了切割用于型芯和型腔零件的毛坯,需要延伸产品模型的边缘,使其大于毛坯。用于延伸模型边缘的曲面就是延伸曲面。延伸曲面和模型表面共同创建一个单一的主分型面，它可以保证型腔和型芯间的密合，同时用于创建型腔和型芯零件。

❶单击"IMOLD"面板"型芯/型腔设计"下拉列表中的"沿展面"按钮，弹出图 5-42 所示的"沿展面"属性管理器。

❷在"方法"选项下，选择"延伸面"选项。在文本框中指定规则表面的距离值为 60。在"分型线工具"选项帮助进行放样边线的确定，它的界面如图 5-42 所示。因为分型线已经定义，单击"自动查找"按钮便找到需要放样的边线，全部分型线被选中后显示在"参数"选项里。

❸单击"确定"按钮，IMOLD 为模型创建的延伸曲面如图 5-43 所示。

图 5-42　"沿展面"属性管理器　　　　　　　　图 5-43　延伸曲面

05 插入模坯。

❶单击"IMOLD"面板"型芯/型腔设计"下拉列表中的"创建型芯/型腔"按钮，弹出如图 5-44 所示的"创建型腔/型芯"属性管理器

❷在"参考原点"选项中选择"组件原点"类型，在"型腔/型芯类型"选项中选择"矩形"选项。在"参数"选项中会显示 IMOLD 自动加载的模仁尺寸。展开"间隙参数"选项，选中"X 向对称"选项和"Y 向对称"选项。可以看到随着属性管理器参数的变化，工作区模型会相应变化。

❸单击"确定"按钮，IMOLD 为模型创建的模坯如图 5-44 所示，模坯区域在创建的延伸曲面范围内。

06 复制表面。识别出的分型面还只是产品模型上的面，并没有被提取出来，而且创建的延展曲面及其他通孔的修补面也都存在于产品模型零件中，这些面都需要被复制到模仁零件中来进行最终分型的切除操作，IMOLD 可以自动完成。

❶单击"IMOLD"面板"型芯/型腔设计"下拉列表中的"复制曲面"按钮，弹出如图

Chapter 05

5-45 所示的"拷贝曲面"属性管理器。

❷在"目的地"选项下中选择"型腔"表面的目标位置。选择"面选择"下的"缝合"选项。

❸在"工具"选项下，选取需要复制的对象，即选择要复制的型芯和型腔曲面，以及延伸曲面或修补面。这里选择"整加型腔面""整加补钉面"和"整加沿展面"。

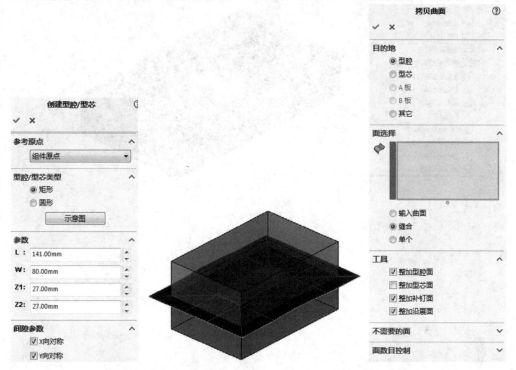

图 5-44 "创建型腔/型芯"属性管理器   图 5-45 "拷贝曲面"属性管理器

❹设置完成后单击"确定"按钮 ✓，进行复制操作，操作显示模坯经过型腔面修剪后得到的型腔。同时在"100-ex1 衍生件_型腔.sldprt"零件的特征树里增加的"CavitySurface-Knit"和"使用曲面切除 1"特征，前者是创建的"复制曲面"，后者由该表面切除模坯得到，如图 5-46 所示。

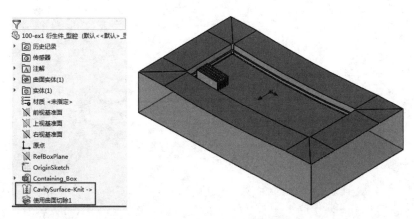

图 5-46 复制型腔曲面

❺同样，在"目的地"选项下，选择"型芯"表面作为目标位置。在"工具"选项下选择"整加型芯面""整加补钉面"和"整加沿展面"，结果如图 5-47 所示的型芯零件。

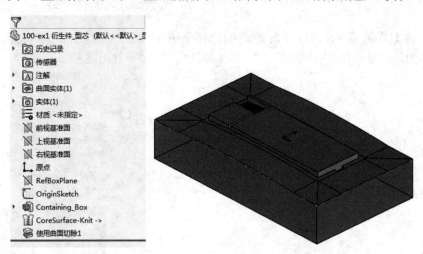

图 5-47　复制型芯曲面

6

本章导读

　　零件的分型在模具设计中是比较重要的，许多零件在分型之前要进行准备工作，通过学习分型前的准备进一步掌握软件的功能和用法。

　　本章以两个手机部件的分型为例，来说明 IMOLD 软件分型功能中使用放样方式创建分型面的过程。

学习要点

　📁 手机体分型设计
　📁 手机电池分型设计

6.1 手机体分型设计

本例以一个手机体的分型为例，来说明 IMOLD 软件分型功能中使用放样方式创建分型面的过程，手机体如图 6-1 所示。

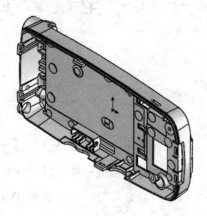

图 6-1　手机体

 光盘\动画演示\第 6 章\手机体分型设计实例.avi

6.1.1　数据准备

01 打开零件体。

❶启动 SOLIDWORKS 软件，单击"IMOLD"面板"数据准备" 下拉列表中的"数据准备"按钮 ，弹出"需衍生的零件名"对话框，如图 6-2 所示，选择"手机体.sldprt"零件，单击"打开"按钮，将其调入，同时弹出"衍生"属性管理器，如图 6-3 所示。

图 6-2　"需衍生的零件名"对话框

图 6-3 "衍生"属性管理器

❷保持设置不变,单击"确定"按钮 ✓ ,进行复制。

❸保存并关闭当前文件,文件名默认为"手机体衍生件.sldprt",它是原始零件的复制。复制后的零件发生了变化,如图 6-4 所示,原来作为整体的曲面被分成了许多小的曲面。

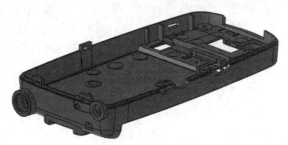

图 6-4 零件模型

02 创建方案。

❶单击"IMOLD"面板"项目管理" 📑 下拉列表中的"新项目"按钮 📑ᵡ,弹出"项目管理"对话框,设定"项目名"中的方案名为"手机体",然后通过单击"调入产品"按钮,将"手机体衍生件"零件加入到方案中,在图 6-5 中方案控制窗口的"选项"栏中的"代号"输入窗口中,输入设计方案的前缀——"实例-",它将用作识别当前设计方案中的文件特征,可以根据习惯指定任意汉字、字母和数字的组合作为前缀,输入时左侧装配体结构中的文件名会随之改变,如图 6-5 所示。

❷"单位"中的单位为"毫米",它用来确定整个模具设计方案中使用的单位,设置收缩率

数值，从图6-5所示界面中单击左侧的模组结构装配体"实例-手机体　衍生件_型芯型腔组件"，然后设置"塑料"类型为ABS，设置"系数"数值为1.005，如图6-6所示。

图6-5　"项目管理"对话框

❸单击图6-5中的"同意"按钮，一个使用"方案"作为文件名的装配体文件创建，并在模组结构子装配体中包含了模型零件、型芯和型腔零件。

图6-6　缩水率

6.1.2　修补面

01　创建面的修补。模型上有许多孔需要修补，由于它们并不在同一个表面上，因此需要用SOLIDWORKS自身的功能来进行修补操作。

❶从"手机体"左侧的特征树中，展开"（固定）实例-手机体　衍生件_型芯型腔组件"模组文件，然后右键单击"（固定）手机体衍生件<1>"零件，从弹出的快捷菜单中选择"打开零件"命令，将零件在一个单独的窗口中打开。

❷选择如图6-7所示的面，在所选的面上右击，在弹出的快捷菜单中选择"草图绘制"，如图6-8所示。

❸使用"正视于" ↓命令，在面上绘制如图6-9所示草图，施加约束条件，使草图的各边

与四周的边界共线，退出草图绘制。

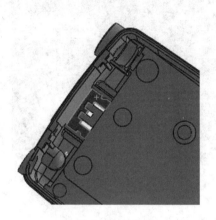

图 6-7 选择面

图 6-8 选择"草图绘制"

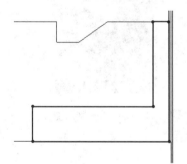

图 6-9 绘制草图

❹单击"曲面"面板中的"填充曲面"按钮，弹出"填充曲面"属性管理器，如图 6-10 所示，在"修补边界"选项中选择刚刚建立的草图，单击"确定"按钮✔，如图 6-11 所示创建填充曲面。

❺单击"草图"面板"草图绘制"下拉列表中"3D 草图"按钮，使用"转换实体引用"转换边线为草图命令，使所选择的三条边转换成草图中的线，然后使用"直线"工具创建两个图素端点的连线，如图 6-12 所示，退出三维草图绘制。

⓿2 创建填充面。

❶单击"曲面"面板中的"填充曲面"按钮，确定刚刚建立的矩形被选择，选择后系统的预览功能显示出将弹出的结果，如图 6-13 所示，确定没有错误后，单击"确定"按钮✔，创

建填充面。

图 6-10 "填充曲面"属性管理器

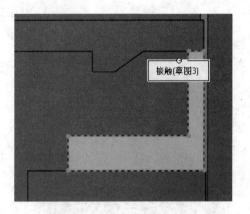

图 6-11 创建曲面

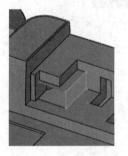

图 6-12 绘制草图

图 6-13 填充曲面

Chapter 06

❷单击"草图"面板"草图绘制" ⊂ 下拉列表中"3D 草图"按钮 ⊡ ，选择如图 6-14 所示三条边，使用"转换实体引用" ⊡ 转换边线为草图命令，使所选择的三条边转换成草图中的线，然后使用"直线" ╱ 工具创建两个图素端点的连线，如图 6-15 所示，退出三维草图绘制。

图 6-14　选择边

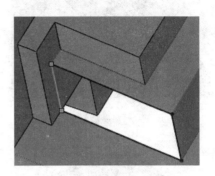

图 6-15　绘制直线

03 创建另一个填充面。

❶单击"曲面"面板中的"填充曲面"按钮 ⌖ ，确定刚刚建立的矩形被选择，选择后系统的预览功能显示出将弹出的结果，如图 6-16 所示，确定没有错误后，单击"确定"按钮 ✓ ，创建填充面。

❷用同样的方法建立图 6-17 所示的上端两个孔和图 6-18 所示的下端 5 个孔的封闭曲面。

04 创建投影线。

❶如图 6-19 所示的下沉结构，需要采用不同的方法创建封闭面。先在分型面上挖掉下沉结构在分型面上的投影那部分，然后在挖空的部分周围补上曲面。

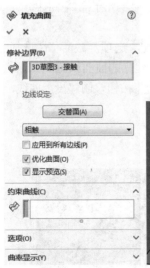

图 6-16　填充曲面

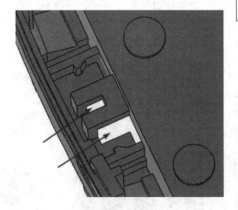

图 6-17　需要修补的两个孔

❷在图形区选择图 6-20 所示的下沉结构的小平面，使平面正视，然后选择绘制草图命令，在该平面上绘制草图，如图 6-21 所示，用共线命令约束草图与周围的边线重合。

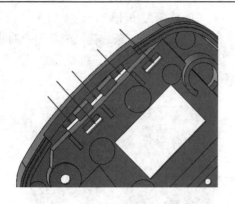

图 6-18　需要修补的 5 个孔

图 6-19　下沉孔

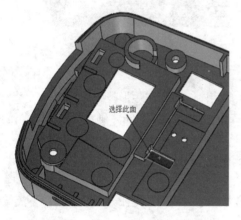

图 6-20　选择面

图 6-21　绘制草图

❸ 退出草图绘制。用前面的方法填充草图外围的矩形，形成一个矩形填充平面，如图 6-22 所示。

❹ 单击"曲线"工具栏中的"投影曲线"按钮，选择"面上草图"选项，激活草图选择项，在绘图区中选择刚刚建立的草图，激活面的选择项，选择填充刚刚建立的曲面如图 6-23 所示，预览将弹出的结果，如图 6-23 所示，确定没有错误后，单击"确定"按钮，创建投影曲线，得到的结果如图 6-24 所示。

图 6-22　填充面

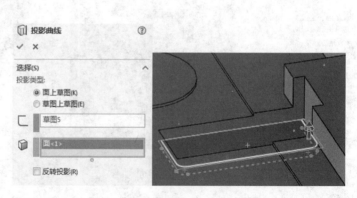

图 6-23　创建投影曲线

05 剪裁曲面。

❶单击"曲面"面板中的"剪裁曲面"按钮，在绘图区中选择刚刚得到的投影线，激活面的选择项，选择填充面上投影线内部的部分，并设置"移除选择"，界面的设置如图6-25所示，预览功能显示出将弹出的结果，如图6-26所示，确定没有错误后，选择确定剪切掉曲面。得到的结果如图6-27所示。

图 6-25　剪裁曲面

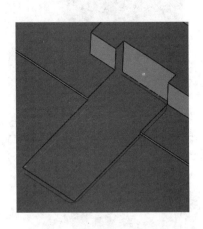

图 6-24　投影曲线结果

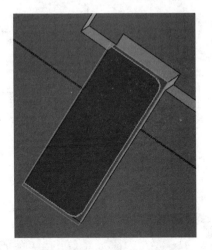

图 6-26 剪裁预览

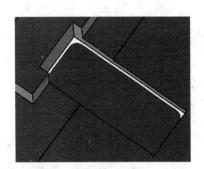

图 6-27 剪裁结果

❷单击"草图"面板"草图绘制"下拉列表中"3D 草图"按钮，选择如图6-28所示一条边，使用"转换实体引用"转换边线为草图 命令，选择将整个边线转换成曲线，同样将图6-29所示的7条边线转化成草图，然后使用直线工具连接两条线上断开的部分，退出三维草图绘制。

06 创建填充面。

❶单击"曲面"面板中的"填充曲面"按钮，确定刚刚建立的三维草图被选择，单击"交替面"按钮，选择后系统的预览功能显示出将弹出的结果，确定没有错误后，单击"确定"按钮

✓，创建填充面，结果如图 6-30 所示。

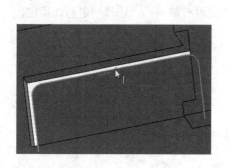

图 6-28 选择边

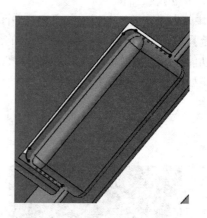

图 6-29 选择边

❷用同样的方法在另一个小沉平面周围创建封闭曲面。

❸单击"草图"面板"草图绘制" 下拉列表中"3D 草图"按钮，使用"转换实体引用" 转换边线为草图命令，修补如图 6-31 和图 6-32 所示边界的三个圆孔。

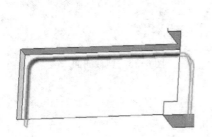

图 6-30 填充面

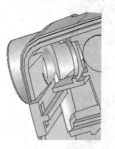

图 6-31 孔（1）

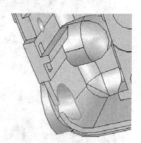

图 6-32 孔（2）

❹单击"曲面"面板中的"填充曲面"按钮，将上步创建的 3D 草图填充为曲面，结果如图 6-33 所示。

❺按照同样的方法修补如图 6-34 所示边界的 4 个方孔，结果如图 6-35 所示。

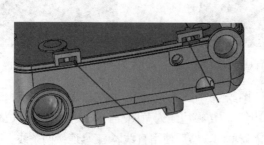

图 6-33 修补结果

图 6-34 孔（3）

图 6-35 修补结果

07 创建孔修补。

❶单击"IMOLD"面板"型芯/型腔设计" 下拉列表中的"补孔"按钮，弹出如图 6-36

所示的"补孔"属性管理器。

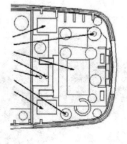

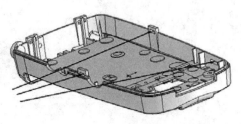

图6-36　"补孔"属性管理器　　图6-37　选择孔表面　　　　　图6-38　选择孔表面

❷在"方法"选项下，选择"补洞"选项，然后选择如图6-37、图6-38所示结构的孔的表面。

❸选择完成后单击"确定"按钮 ✓ ，进行修补，完成后的零件如图6-39～图6-41所示。仔细检查修补平面确保不要有遗漏，如果有多余的修补面则从特征树中删除。

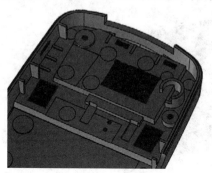

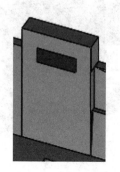

图6-39　修补结果　　　　　　图6-40　修补结果　　　　　图6-41　修补结果

6.1.3　创建分型面

01 创建分型面。

❶单击"IMOLD"面板"型芯/型腔设计" 🔧 下拉列表中的"分型面"按钮 🔩 ，弹出"分型面"属性管理器，如图6-42所示。

❷在"操作"选项中单击"查找"按钮，系统自动搜索分型面，系统找出型芯、型腔各自的曲面，结果如图6-43所示。很明显结果不是所要的，需要进行手工选择。

❸在"操作"选项中单击"重设"按钮，系统将取消自动搜索的结果。单击"型腔面"选项的方框，激活该选项，使其背景成为蓝色，然后在绘图窗口中选择零件的上表面，此时被选的

面的颜色由银色变为蓝色，同时"型腔面"选项的方框中也增加了被选面，如图 6-44 所示。注意选择完整的外表面。

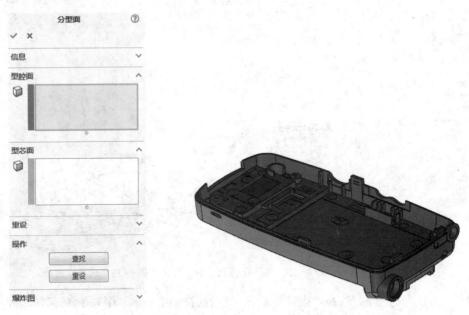

图 6-42 "分型面"属性管理器　　　　图 6-43 分型结果

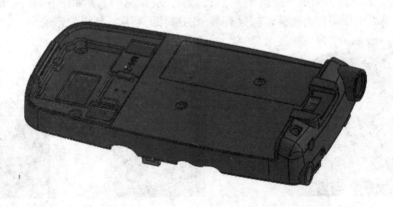

图 6-44 选择的结果

❹单击"型芯面"选项的方框，激活该选项，使其背景成为红色，在绘图窗口中选择零件的下表面。

02 创建沿展面。

❶单击"IMOLD"面板"型芯/型腔设计" 🔧下拉列表中的"沿展面"按钮 🔩，弹出"沿展面"属性管理器。选择"放样曲面"选项，如图 6-45 所示。

❷单击"缺省参考面"选项，将参考面展开，设置参考面的创建距离为 15mm，这个距离可以适当放大一些，以便在创建模块的时候有足够大的放样曲面，然后单击"创建"按钮，创建参考面，如图 6-46 所示。

❸单击"放样"选项，展开放样方式创建分型面的属性管理器，在 ◇ 参考面选项中，选择放样参考面，如图 6-47 所示，它的名称弹出在属性管理器中。

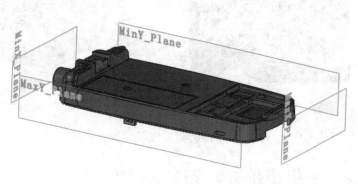

图 6-45　放样　　　　　　　　　　　图 6-46　创建结果

❹单击"分型线工具"项展开分型线选择工具，从绘图区中，选择一条边线。

以同样的方法，创建另外"MaxX Plane"、"MinX Plane"和"MinY Plane"方向的延展曲面如图 6-48 所示。

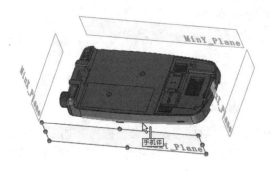

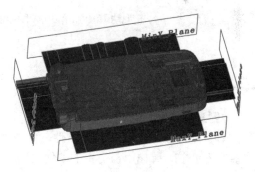

图 6-47　选择参考面　　　　　　　　　　图 6-48　创建最终结果

03 创建拐角处分型曲面。在图 6-48 中还需要把 4 个方向的延展曲面的拐角连接在一起，成为一个完成的分型曲面。创建拐角处的分型曲面的方法很多，下面使用曲面创建功能中填充曲面的方法来创建。

❶单击"草图"面板"草图绘制" 下拉列表中"3D 草图"按钮，进入 3D 草图绘制环境，一个角上的三条边，如图 6-49 所示，使用转换实体引用 转换边线为草图命令，使所选择的三条边转换成 3D 草图中的线，然后使用直线 工具创建两个图素端点的连线。

❷单击"曲面"面板中的"填充曲面"按钮，激活"修补边界"选项，在绘图区的图形上选择刚刚建立的一个角落的一个 3D 草图，或者从绘图区的特征树上选取，预览将弹出的结果，如图 6-49 所示。

❸确定没有错误后，单击"确定"按钮 ✓ ，创建封闭面。

❹按同样的方法，创建其余 3 个角落处的修补面区域，完成后如图 6-50 所示。

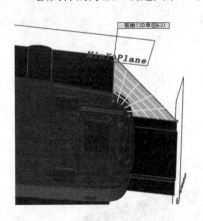 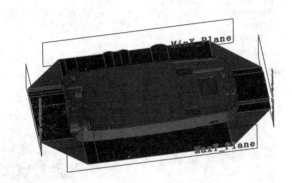

图 6-49　创建填充面　　　　　　　　　　图 6-50　创建填充面最终结果

到此为止分型的准备工作已经完成了。

6.2　手机电池分型设计

本例以一个手机电池的分型为例来说明 IMOLD 软件分型功能中使用放样方式创建分型面的过程。手机电池如图 6-51 所示。

 光盘\动画演示\第 6 章\手机电池分型设计实例.avi

📖6.2.1　数据准备

01 打开零件。

❶启动 SOLIDWORKS 2016 软件，单击"IMOLD"面板"数据准备" 🖼 下拉列表中的"数据准备"按钮🖼，弹出"需衍生的零件名"对话框，选择"手机电池.sldprt"零件，如图 6-52 所示，单击"打开"按钮，将其调入，同时弹出"衍生"属性管理器。

❷保持设置不变，单击"确定"按钮 ✓ ，进行复制。

❸保存并关闭当前文件，文件名默认为"手机电池衍生件.sldprt"，它是原始零件的复制。复制后的零件发生了变化，如图 6-53 所示，原来作为整体的曲面被分成了许多小的曲面。

02 创建方案。

❶单击"IMOLD"面板"项目管理" 🖼下拉列表中的"新项目"按钮🖼，弹出"项目管理"对话框，设定"项目管理"中的项目名为"手机电池"，然后通过单击"调入产品"按钮，将"手机电池 衍生件"零件加入到方案中，在图 6-54 中方案控制窗口的"选项"栏中的"代号"输入框输入设计方案的前缀——"实例-"，它将用作识别当前设计方案中的文件特征，可以根据习惯指定任意汉字、字母和数字的组合作为前缀，输入时左侧装配体结构中的文件名会随之改变，如图 6-54 所示。

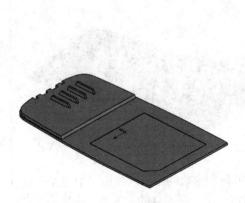

图 6-51　手机电池

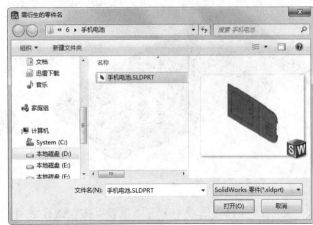

图 6-52　选择零件

❷"单位"中的单位为"毫米"，它用来确定整个模具设计方案中使用的单位，设置收缩率数值，从图 6-54 所示界面中单击左侧的模组结构装配体"实例-手机电池 衍生件_型芯型腔组件"，然后设置"塑料"类型为 ABS，设置"系数"数值为 1.005，如图 6-54 所示。

❸单击图 6-54 中的"同意"按钮，一个使用"方案"作为文件名的装配体文件创建，并在模组结构子装配体中包含了模型零件、型芯和型腔零件。

图 6-53　零件模型

图 6-54　"项目管理"对话框

📖6.2.2　创建分型面

01 创建分型面。

❶单击"IMOLD"面板"型芯/型腔设计" 🔧 下拉列表中的"分型面"按钮 🍽，弹出"分型面"属性管理器。

❷在"操作"选项中单击"查找"按钮，系统自动搜索分型面，系统找出型芯、型腔各自的曲面，结果如图 6-55 所示。很明显结果不是所要的，需要进行手工选择。

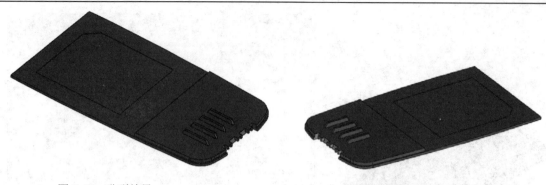

图 6-55　分型结果　　　　　　　　　　　　　图 6-56　选择的结果

❸在"操作"选项中单击"重设"按钮，系统将取消自动搜索的结果。单击"型腔面"选项的方框，激活该选项，使其背景成为蓝色，然后在绘图窗口中选择零件的上表面，此时被选的面的颜色由银色变为绿色，同时"型腔面"选项的方框中也增加了被选面，如图 6-56 所示。注意选择完整的外表面。

❹单击"型芯面"选项的方框，激活该选项，使其背景成为蓝色，在绘图窗口中选择零件的下表面。

02 创建分型线。

❶单击"IMOLD"面板"型芯/型腔设计" ⚙ 下拉列表中的"分型线"按钮⚙，弹出"分型线"属性管理器，如图 6-57 所示。

❷在"操作"选项下单击"自动查寻"按钮，搜索分型线，单击"确定"按钮 ✓，完成分型线的创建，如图 6-58 所示。

03 用放样创建浇注曲面。

❶单击"IMOLD"面板"型芯/型腔设计" ⚙ 下拉列表中的"沿展面"按钮⚙，弹出"沿展面"属性管理器。确定浇注曲面的创建方法为"放样曲面"，如图 6-59 所示。

图 6-57　"分型线"属性管理器　　　　图 6-58　分型线　　　　图 6-59　"沿展面"属性管理器

❷单击"缺省参考面"选项，将参考面展开，设置参考面的创建距离为 10mm，这个距离可

以适当放大一些，以便在创建模块的时候有足够大的放样曲面，然后单击"创建"按钮，创建参考面，如图6-60所示。

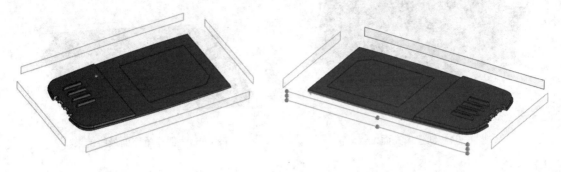

图6-60　创建结果　　　　　　　　　　　　　图6-61　选择参考面

❸单击"参数"选项，展开放样方式创建分型面的属性管理器，在◇参考面选项中，选择放样参考面，如图6-61所示，它的名称弹出在属性管理器中。

❹选择如图6-61所示的分型线，单击"确定"按钮✓，创建沿展面，如图6-62所示。

❺以同样的方法，创建另外"MaxX Plane""MinX Plane"和"MinY Plane"方向的延展曲面如图6-63所示。

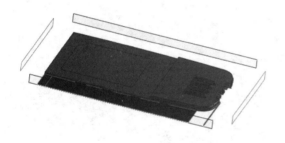 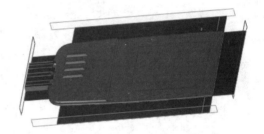

图6-62　创建浇注面　　　　　　　　　　　　图6-63　创建最终结果

04　创建拐角处分型曲面。在图6-63中需要把4个方向的延展曲面的拐角连接在一起，成为一个完整的分型曲面。创建拐角处的分型曲面的方法很多，下面使用曲面创建功能中填充曲面的方法来创建。

❶单击"草图"面板"草图绘制"▢下拉列表中"3D草图"按钮🔟，进入3D草图绘制环境，一个角上的三条边，如图6-64所示，使用"转换实体引用"▢转换边线为草图命令，使所选择的三条边转换成3D草图中的线，然后使用"直线"✎工具创建两个图素端点的连线。

❷单击"曲面"面板中的"填充曲面"按钮◈，激活"修补边界"选项，在绘制区的图形上选择刚刚建立的一个角落的一个3D草图，或者从绘图区的特征树上选取，预览将弹出的结果，如图6-64所示。

❸确定没有错误后，单击"确定"✓，按钮创建封闭面。

❹按同样的方法，创建其余3个角落处的修补面区域，最终结果如图6-65所示。

到此为止分型的准备工作已经完成了。

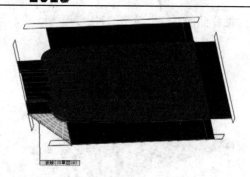

图 6-64　创建填充面

图 6-65　创建填充面最终结果

IMOLD 布局和浇注设计

本章导读

浇注系统设计是注射模具设计中最重要的问题之一。浇注系统是引导塑料熔体从注射机喷嘴到模具型腔的一种完整的输送通道。它具有传质和传压的功能，对塑件质量具有决定性影响。它的设计合理与否，影响着制品的质量、模具的整体结构及工艺操作的难易程度。

本章结合实例介绍了 IMOLD 进行浇注设计的工具。在进行浇注设计之前，一般需要先进行基于多腔模的布局设计。

学习要点

▱ 布局设计

▱ 浇注系统设计

▱ IMOLD 布局设计

▱ IMOLD 浇注设计

▱ 全程实例——布局和浇注系统设计

7.1 布局设计

注射模每一次注射循环所能成型的塑件数量是由模具的型腔数量决定的，型腔数量及排列方式、分型面的位置等因素决定了塑料制件在模具中的成型位置。

7.1.1 型腔数量

1. 设计依据

塑料制件的设计完成后，首先需要确定型腔的数量。与多型腔模具相比，单型腔模具有如下优点：塑料制件的形状和尺寸始终一致，在生产高精度零件时，通常使用单型腔模具；单型腔模具仅需根据一个塑件调整成型工艺条件，因此工艺参数易于控制；单型腔模具的结构简单紧凑，设计自由度大，其模具的推出机构、冷却系统、分型面设计较方便；单型腔模具还具有制造成本低、制造简单等优点。

对于长期进行的大批量生产来说，多型腔模具更有优势，它可以提高塑件的生产效率，降低塑件的成本。如果注射的塑件非常小而又没有与其相适应的设备，则采用多型腔模具是最佳选择。现代注射成型生产中，大多数小型的塑件成型都采用多型腔的。

2. 设计方法

在设计时，先确定注射机的型号，再根据所选用的注射机的技术规格及塑件的技术要求，计算出选取的型腔数目；也有根据经验先确定型腔数目，然后根据生产条件，如注射机的有关技术规格等进行校核计算，但无论采用哪种方式，一般考虑的要点有：

（1）塑料制件的批量和交货周期。如果必须在相当短的时间内制造大批量的产品，则采用多型腔模具具有独特的优越性。

（2）质量的控制要求。塑料制件的质量控制要求是指其尺寸、精度、性能及表面粗糙度等，如前所述，每增加一个型腔，由于型腔的制造误差和成型工艺误差等影响，塑件的尺寸精度就降低约 $4\%\sim8\%$，因此多型腔模具（$n>4$）一般不能生产高精度的塑件，高精度的塑件一般一模一件，保证质量。

（3）成型的塑料品种与塑件的形状及尺寸。塑件的材料、形状尺寸与浇口的位置和形式有关，同时也对分型面和脱模的位置有影响，因此确定型腔数目时应考虑这方面的因素。

（4）所选用注射机的技术规格。根据注射机的额定注射量及额定锁模力算出型腔数目。

因此，根据上述要点所确定的型腔数目，既要保证最佳的生产经济性，又要保证产品的质量，也就是应保证塑料制件最佳的技术经济性。

7.1.2 多型腔模具型腔的分布

对于多型腔模具，由于型腔的排布与浇注系统密切相关，所以在模具设计时应综合考虑。型腔的排布应使每个型腔都能通过浇注系统从总压力中均等地分得所需的压力，以保证塑料熔体能同时均匀充满每一个型腔，从而使各个型腔的塑件内在质量均一稳定。

1. 平衡式布局

平衡式多型腔排布如图 7-1a、b、c 所示。其特点是从主流道到各型腔浇口的分流道的长度、截面形状、尺寸对应相同，对称排布，可实现各型腔均匀进料，能同时充满每个型腔的目的。

2. 非平衡式布局

非平衡式多型腔排布如图 7-1d、e、f 所示。其特点是从主流道到各型腔浇口的分流道的长度不相同，因而不利于均衡进料，但这种方式可以明显缩短分流道的长度，节约塑件的原材料。为了达到同时充满型腔的目的，往往各浇口的截面尺寸要制造得不相同。

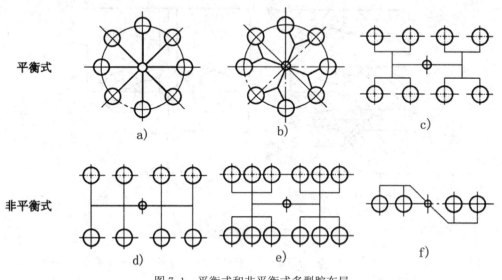

图 7-1 平衡式和非平衡式多型腔布局

7.2 浇注系统设计

浇注系统是引导塑料熔体从注射机喷嘴到模具型腔的一种完整的输送通道。它具有传质和传压的功能，对塑件质量具有决定性影响。它的设计合理与否，影响着制品的质量、模具的整体结构及工艺操作的难易程度。

7.2.1 浇注系统的组成及设计原则

1. 浇注系统的组成

浇注系统是指模具中由注射机喷嘴到型腔之间的进料通道。普通浇注系统由以下 4 部分组成。

（1）主浇道：指从注射机喷嘴与模具接触处开始，到分浇道支线为止的一段料流通道，它起到将熔体从喷嘴引入模具的作用，其尺寸的大小直接影响熔体的流动速度和填充时间。

（2）分浇道：是主浇道与型腔进料口之间的一段流道，主要起分流和转向作用，使熔体以平稳的流态均衡地分配到各个型腔。

（3）浇口：也称进料口，是指料流进入型腔前最狭窄部分，也是浇注系统中最短的一段，其尺寸狭小且短，目的是使料流进入型腔前加速，便于充满型腔，且有利于封闭型腔口，防止熔体倒流，也便于成型后冷料与塑件分离。

（4）冷料穴：在每个注射成型周期开始时，最前端的料接触低温模具后会降温、变硬称之为冷料，为防止此冷料堵塞浇口或影响制件的质量而设置的料穴，冷料穴一般设在主浇道的末端，有时在分浇道的末端也增设冷料穴。

图 7-2a 所示为安装在卧式或立式注射机上的注射模具所用的浇注系统，亦称为直浇口式浇注系统，其主流道垂直于模具分型面；图 7-2b 为安装在角式注射机上的注射模具所用浇注系统，主流道平行于分型面。

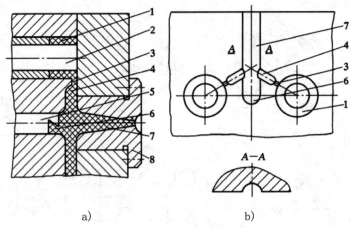

a)   b)

图 7-2   注射模的普通浇注系统

1—型腔   2—型芯   3—浇口   4—分流道   5—拉料杆   6—冷料穴   7—主流道   8—浇口套

2. 浇注系统的设计原则

（1）了解塑料的成型工艺特性。掌握塑料的流动特性以及温度、剪切速率对黏度的影响，以设计出合适的浇注系统。

（2）尽量避免或减少产生熔接痕。熔体流动时应尽量减少分流的次数，有分流必然有汇合，熔体汇合之处必然会产生熔接底，尤其在流程长、温度低时，这对塑件强度的影响较大。

（3）有利于型腔中气体的排出。浇注系统应能顺利地引导塑料熔体充满型腔的各个部分，使浇注系统及型腔中原有的气体能有序地排出，避免填充过程中产生湍流或涡流，也避免因气体积存而引起凹陷、气泡、烧焦等塑件的成型缺陷。

（4）防止型芯的变形和嵌件的位移。浇注系统设计时应尽量避免塑料熔体直接冲击细小型芯和嵌件，以防止熔体的冲击力使细小型芯变形或嵌件位移。

（5）尽量采用较短的流程充满型腔。这样可有效减少各种质量缺陷。

（6）流动距离比的校核。对于大型的或薄壁类型塑料制件，塑料熔体有可能因其流动距离过长或流动阻力太大而无法充满整个型腔。

3. 流动比的校核

流动比也可称流程比，指熔体流程长度与厚度之比。显然，流程比越大，填充型腔越困难。在保证型腔得到良好填充的前提下，应使熔体流程最短，流向变化最少，以减少能量的损失。如图 7-3 所示，其中图 7-3b 所示浇口位置，其流程长，流向变化多，充模条件差，且不利于排气，往往造成制品顶部缺料或产生气泡等缺陷。对这类制品，一般采用中心进料为宜，可缩短流程，有利于排气，避免产生熔接痕。图 7-3a 为直接浇口，可克服图 7-3b 所示结构可能产生的缺陷，充满整个型腔。

Chapter 07

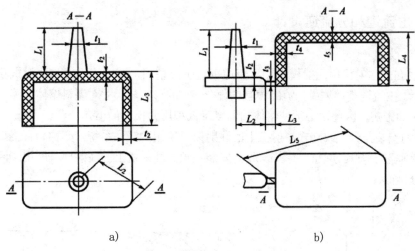

a)　　　　　　　　　　　　　b)

图 7-3　流动距离比计算实例

　　在确定浇口位置时，必要时应进行流动比的校核，即校核计算流动比，公式如下：

$$S = \sum_{i=1}^{n} \frac{L_i}{t_i} \leq [S] \tag{7.1}$$

式中　　S——流动距离比；

　　　　L_i——模具中各段料流通道及各段模腔的长度，mm；

　　　　t_i——模具中各段料流通道及各段模腔的截面厚度，mm；

　　　　$[S]$——塑料的许用流动距离比，见表 7-1。

　　如图 7-3a 所示，可得　　　　　　　$S = \dfrac{L_1}{t_1} + \dfrac{L_2 + L_3}{t_2}$

　　如图 7-3b 所示，可得　　　　　$S = \dfrac{L_1}{t_1} + \dfrac{L_2}{t_2} + \dfrac{L_3}{t_3} + 2\dfrac{L_4}{t_4} + \dfrac{L_5}{t_5}$

表 7-1　部分塑料的注射压力与流动距离比

塑料品种	注射压力/MPa	流动距离比 L/t	塑料品种	注射压力/MPa	流动距离比 L/t
聚乙烯	49	100 ～ 140	聚酰胺	90	200 ～ 360
	68.6	200 ～ 240	聚苯乙烯	88.2	260 ～ 300
	147	250 ～ 280	聚甲醛	98	110 ～ 210
聚丙烯	49	100 ～ 140	尼龙 6	88.2	200 ～ 320
	68.6	200 ～ 240			
	117.6	240 ～ 280			
聚碳酸酯	88.2	90 ～ 130	尼龙 66	88.2	90 ～ 130
	117.6	120 ～ 150		127.4	130 ～ 160
	127.4	120 ～ 160	硬聚氯乙烯	68.6	70 ～ 110
软聚氯乙烯	88.2	200 ～ 280		88.2	100 ～ 140
	68.6	160 ～ 240		117.6	120 ～ 160
				127.4	130 ～ 170

　　设计浇口位置时，为保证熔体完全充型，因而流动比不能太大，实际流动比应小于许用流动比。而许用流动比会因为塑料性质、成型温度、压力、浇口种类的不同而不同。表 7-1 为常用塑料流动比允许值，供设计时参考，如果发现流动比大于允许值，需改变浇口位置或增加制品的壁厚，或采用多浇口进料等方式来减少流动比。

📖 7.2.2 主流道和分流道设计

1. 主流道设计

在卧式或立式注射机用注射模中，主流道垂直于分型面，其结构形式与注射机喷嘴的连接如图7-4所示。主流道是熔体最先流经模具的部分，它的形状与尺寸对塑料熔体的流动速度和充模时间有较大的影响，因此，必须使熔体的温度降低和压力损失最小。

图7-5a为安装在卧式或立式注射机上的注射模具所用的浇注系统，亦称为直浇口式浇注系统，其主流道垂直于模具分型面；图7-5b为安装在角式注射机上的注射模具所用浇注系统，主流道平行于分型面。

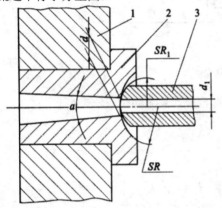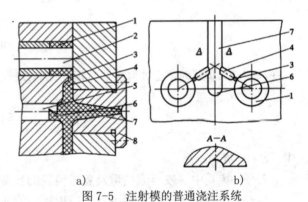

图7-4　主流道形式及其与注射机喷嘴的关系 　　　　图7-5　注射模的普通浇注系统

1—定模板　2—主流道衬套　3—注射机 　　　1—型腔　2—型芯　3—浇口　4—分流道　5—拉料杆
　　　　　喷嘴 　　　　　　　　　　　　　　　6—冷料穴　7—主流道　8—浇口套

（1）主流道结构。由于主流道要与高温塑料熔体及注射机喷嘴反复接触，所以只有在小批量生产时，主流道才在注射模上直接加工，在大部分注射模中，主流道通常设计成可拆卸、可更换的主流道浇口套形式。

为了让主流道凝料能从浇口套中顺利拔出，主流道设计成圆锥形，其锥角 a 为2°～6°，小端直径 d 比注射机喷嘴直径大0.5～1mm。由于小端的前面是球面，其深度为3～5mm，注射机喷嘴的球面在该位置与模具接触并且贴合，因此要求主流道球面半径比喷嘴球面半径大 1～2mm。流道的表面粗糙度 Ra 为0.08μm。

（2）主流道浇口套一般采用碳素工具钢（如T8A、T10A 等）材料制造，热处理淬火硬度53～57HRC。主流道浇口套及其固定形式如图7-6所示。

图7-6a所示为浇口套与定位圈设计成整体形式，用螺钉固定于定模座板上，一般只用于小型注射模，图7-6b、c所示为浇口套与定位圈设计成两个零件的形式，以台阶的方式固定在定模座上，其中图 7-6c 所示为浇口套穿过定模座板与定模板的形式。浇口套与模板间的配合采用H7/m6 的过渡配合，浇口套与定位圈采用H9/f9 的配合。

定位圈在模具安装调试时应插入注射机定模板的定位孔内，用于模具与注射机的安装定位。定位圈外径小于注射机定模板上的定位孔径，其差值不超过0.2mm。

2. 分流道设计

分流道设计时应使熔体较快地充满整个型腔，流动阻力小，流动中温降尽可能小，同时应能将塑料熔体均匀地分配到各个型腔。

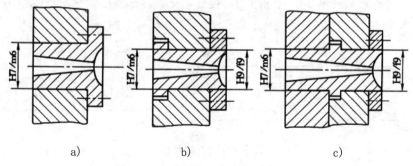

图 7-6　主流道浇口套及其固定形式

（1）分流道的形状和尺寸。分流道开设在动、定模分型面之间或任意一侧，其截面形状应尽量使其比表面积（流表面积与其体积之比）小。常用的分流道截面形式有圆形、梯形、U形、半圆形及矩形等，如图 7-7 所示。梯形及 U 形截面分流道加工较容易，且热量损失与压力损失均不大，是常用的形式。

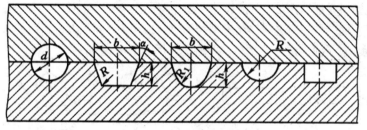

图 7-7　分流道截面形状

图 7-7 的梯形截面分流道的尺寸可按下面经验公式确定：

$$b = 0.2654\sqrt{m}\sqrt[4]{L} \tag{7.2}$$

$$h = \frac{2}{3}b \tag{7.3}$$

式中　b——梯形大底边宽度，mm；

　　　m——塑件的质量，g；

　　　L——分流道的长度，mm；

　　　h——梯形的高度，mm。

梯形的侧面斜角 α 通常取 5°～10°，底部以圆角相连。式（7.3）的适用范围为塑件壁厚在 3.5mm 以下，塑件质量小于 200g，且计算结果梯形小边长 b 应在 3.2～9.5mm 范围内合理。按照经验，根据成型条件不同，b 也可在 5 ～ 10mm 内选取。

（2）分流道的长度。根据型腔在分型面上的排布情况，分流道可分为一次分流道、两次分流道甚至三次分流道。分流道的长度要尽可能短，且弯折少，以便减少压力损失和热量损失，节约材料，降低能耗。图 7-8 所示为分流道长度的设计参数尺寸，其中 $L_1 = 6\sim10$mm，$L_2 = 3\sim6$mm，$L_3 = 6 \sim 10$mm。L 的尺寸根据型腔的多少和型腔的大小而定。

（3）分流道的表面粗糙度。由于分流道中与模具接触的外层塑料迅速冷却，只有内部的熔体流动状态比较理想，因此分流道的表面粗糙度数值不能太小，一般为 $Ra0.16\mu m$ 左右，这可增加流道对外层塑料熔体的流动阻力，使外层塑料冷却皮层固定，形成绝热层。

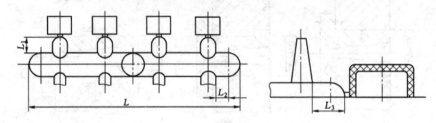

图 7-8　分流道的长度

（4）分流道的布置。分流道常用的布置形式有平衡式和非平衡式两种，这与多型腔的平衡式与非平衡式的布置是一致的。多型腔模具应尽量用平衡式布置方式，使熔融塑料几乎同时到达每个型腔的进料口，这样，塑料到每个型腔的压力和温度是相同的，塑件的品质相似，如图 7-9a、b 所示。

如果各个型腔的分流道长短不同，则远端型腔处的压力与温度较低，塑件可能形成较明显的熔接痕，甚至塑料无法填充足。分流道非平衡布置如图 7-9c、d 所示。当分流道采用平衡式布置有困难时，可使远端型腔的进料口比近型腔的进料口稍大，即加大进料口的宽度或深度，以求各塑件品质接近。对于流动性差的塑料，要避免采用非平衡式分流道。

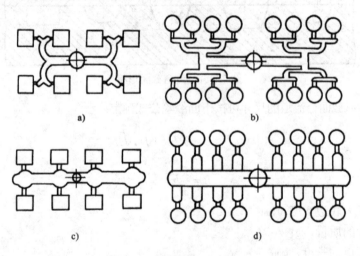

图 7-9　分流道的布置形式

📖 7.2.3　浇口设计

1. 浇口的作用

浇口可分成限制性浇口和非限制性浇口两类。

限制性浇口是整个浇注系统中截面尺寸最小的部位，其作用如下：

（1）浇口通过截面积的突然变化，提高浇口前后的压差，使塑料熔体通过浇口的流速升高，提高塑料熔体的剪切速率，降低黏度，使其处于理想的流动状态，从而迅速均衡地充满型腔。

（2）对于多型腔模具，调节浇口尺寸，可以使非平衡布置的型腔达到同时进料的目的。

（3）浇口起着较早固化、防止型腔中熔体倒流的作用。

（4）浇口通常是浇注系统最小截面部分，有利于在塑件后加工中塑件与浇口凝料分离。

非限制性浇口是整个浇注系统中截面尺寸最大的部位，它主要是对中大型筒类、壳类塑件型腔起引料和进料后的施压作用。

2．浇口的类型

（1）直接浇口又称为主流道型浇口，它属于非限制性浇口。这种浇口只适于单型腔模直接浇口的形式，见图 7-10。其特点是：

① 流动阻力小，流动路程短及补缩时间长等。

② 有利于消除深型腔处气体不易排出的缺点。

③ 塑件和浇注系统在分型面上的投影面积最小，模具结构紧凑，注射机受力均匀。

④ 塑件翘曲变形、浇口截面大，去除浇口困难，去除后会留有断的浇口痕迹，影响塑件的美观。

直接浇口大多用于注射成型大、中型长流程深型腔筒形或壳形塑件，尤其适合于聚碳酸酯、聚砜等高黏度塑料。

设计时选用较小的主流道锥角 a（$a = 2° \sim 4°$），且尽量减少定模板和定模座板的厚度。

（2）中心浇口。当筒类或壳类塑件的底部中心或接近于中心部位有通孔时，内浇口就开设在该孔处，同时中心设置分流锥，这种类型的浇口称中心浇口，是直接浇口的一种特殊形式，见图 7-11。它具有直接浇口的一系列优点，而克服了直接浇口易产生缩孔、变形等缺陷。在设计时，环形的厚度一般不小于 0.5 mm。

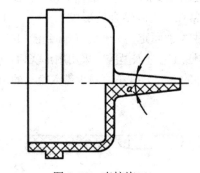

图 7-10　直接浇口

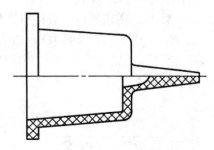

图 7-11　中心浇口

（3）侧浇口一般开设在分型面上，塑料熔体从内侧或外侧填充模具型腔，其截面形状多为矩形（扁槽），是限制性浇口。侧浇口广泛使用在多型腔单分型面注射模上，侧浇口的形式如图 7-12 所示。由于浇口截面小，减少了浇注系统塑料的消耗量，同时去除浇口容易，不留明显痕迹。但是这种浇口成型的塑件往往有熔接痕存在，且注射压力损失较大，对深型腔塑件排气不利。

侧浇口尺寸的计算公式如下：

$$b = \frac{0.6 \sim 0.9}{30} \sqrt{A} \tag{7.4}$$

$$t = (0.6 \sim 0.9)\delta \tag{7.5}$$

式中　b——测浇口的宽度，mm；

　　　A——塑件的外侧表面积，mm；

　　　t——侧浇口的厚度，mm；

δ——浇口处塑件的壁厚，mm。

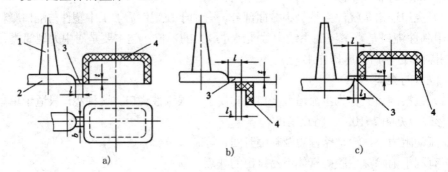

图7-12　侧浇口的形式

1—主流道　2—分流道　3—侧浇口　4—塑件

侧浇口的分类情况如下：

① 侧向进料的侧浇口（图7-12a），对于中小型塑件，一般深度 $t = 0.5 \sim 2.0$ mm（或取塑件壁厚的1/3 ～2/3），宽度 $b = 1.5 \sim 5.0$ mm，浇口的长度 $l = 0.7 \sim 2.0$ mm。

② 端面进料的搭接式侧浇口（图7-12b），搭接部分的长度 $l_1 = (0.6 \sim 0.9)$ mm + 0.5b，浇口长度 l 可适当加长，取 $l = 2.0 \sim 3.0$ mm。

③ 侧面进料的搭接式浇口（图7-12c），其浇口长度选择可参考端面进料的搭接式侧浇口。

侧浇口的两种变异形式为扇形浇口和平缝浇口。

扇形浇口是一种沿浇口方向宽度逐渐增加、厚度逐渐减少的呈扇形的侧浇口，如图7-13所示，常用于扁平而较薄的塑件，如盖板和托盘类等。通常在与型腔结合处形成长 $l = 1 \sim 1.3$ mm，$t = 0.25 \sim 1.0$ mm 的进料口，进料口的宽度 b 视塑件大小而定，一般取 6mm 到浇口处型腔宽度的1/4，整个扇形的长度 L 可取 6mm 左右，塑料熔体通过它进入型腔。采用扇形浇口，使得塑料熔体在宽度方向上的流动得到更均匀的分配，使塑件的内应力减小，减少带入空气的可能性，但浇口痕迹较明显。

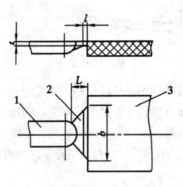

图7-13　扇形浇口的形式

1—分流道　2—扇形浇口　3—塑件

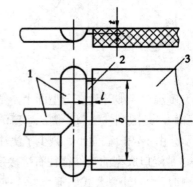

图7-14　平缝浇口的形式

1—分流道　2—平缝浇口　3—塑件

平缝浇口又称薄片浇口，如图7-14所示。这类浇口宽度很大，厚度很小，主要用来成型面积较小、尺寸较大的扁平塑件，可减小平板塑件的翘曲变形，但浇口去除比扇形浇口更困难，浇口在塑件上痕迹也更明显。平缝浇口的宽度 b 一般取塑件长度的25%～100%，厚度为 $t = 0.2 \sim 1.5$ mm，长度为 $l = 1.2 \sim 1.5$ mm。

（4）环形浇口。对型腔填充采用圆环形进料形式的浇口。环形浇口的形式如图 7-15 所示。环形浇口的特点是进料均匀，圆周上各处流速大致相等，熔体流动状态好，型腔中的空气容易排出，熔接痕可基本避免，但浇注系统耗料较多，浇口去除较难。图 7-15a 所示为内侧进料的环形浇口，浇口设计在型芯上，浇口的厚度 $t = 0.25 \sim 1.6$ mm，长度 $l = 0.8 \sim 1.8$ mm；图 7-15b 为端面进料的搭接式环形浇口，搭接长度 $l_1 = 0.8 \sim 1.2$ mm，总长 l 可取 2～3mm。

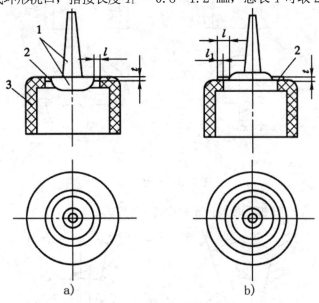

图 7-15　环形浇口的形式

1—流道　2—环形浇口　3—塑件

（5）轮辐式浇口是在环形浇口基础上改进而成，由原来的圆周进料改为数小段圆弧进料，轮辐式浇口的形式见图 7-16。这种形式的浇口耗料比环形浇口少得多，且去除浇口容易。这类浇口在生产中比环形浇口应用广泛，多用于底部有大孔的圆筒形或壳形塑件。轮辐浇口的缺点是增加了熔接痕，这会影响塑件的强度。轮辐式浇口尺寸可参考侧浇口尺寸取值。

（6）点浇口。是一种截面尺寸很小的浇口，俗称小浇口，适于成型深型腔盒形塑件。

点浇口的优点是：进料口设在型腔底部，排气顺畅，成型良好。大型塑件可设多点浇口；小型塑件可一模多型腔，一型腔一个点浇口，使各个塑件质量一致。进料口直径很小，点浇口拉断后，仅在塑件上留下很小痕迹，不影响塑件的外观质量。

点浇口的缺点是：不适于热敏性塑料及流动性差的塑料；进料口直径受限制，加工较困难。需定模分型，取出浇口，模具应设有自动脱落浇口的机构。模具必须是三板式，结构较复杂。

图 7-17a 所示为常用的点浇口形式，图 7-17b 所示为在型芯顶部设窝的结构，可以改善流动性，减少切应力。

（7）潜伏浇口又称隧道浇口、自切浇口，图 7-18 所示为潜伏浇口。潜伏浇口的优点是：进料口设在塑件内侧时，塑件外表面没有点浇口那样切断痕迹。脱模时，推杆将流道与塑件分别推出的同时，切断进料口，可实行注射机的全自动操作，避免了点浇口流道所需要的定模定距分型机构，模具结构简单。潜伏浇口的缺点是：隧道斜孔的加工的较困难。为了将斜的点浇口推出，材料必须是柔韧性好的塑料，并且要严格掌握塑件在模内的冷却时间，在流道末凝固前及时推出潜伏式浇口。

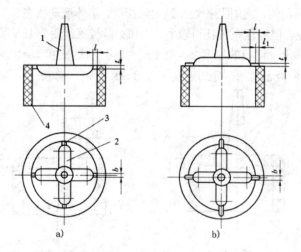

图 7-16　轮辐式浇口

1—主流道　2—分流道　3—轮辐式浇口　4—塑件

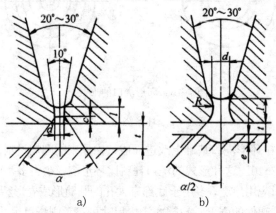

图 7-17　点浇口

　　（8）爪形浇口如图 7-19 所示，爪形浇口加工较困难，通常用电火花成形。型芯可用作分流锥，其头部与主流道有自动定心的作用（型芯头部有一端与主流道下端大小一致），从而避免了塑件弯曲变形或同轴度差等成型缺陷。爪形浇口的缺点与轮辐式浇口类似，主要适用于成型内孔较小且同轴度要求较高的细长管状塑件。

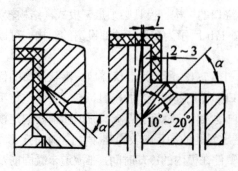

图 7-18　潜伏浇口

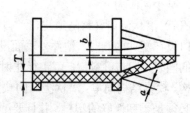

图 7-19　爪形浇口

3. 浇口位置的选择原则

（1）尽量缩短流动距离。浇口位置的选择应尽量保证迅速和均匀地充填模具型腔，尽量缩短熔体的流动距离，这对大型塑件更为重要。

（2）避免熔体破裂现象引起塑件的缺陷。小的浇口如果正对着一个宽度和厚度较大的型腔，则熔体经过浇口时，由于受到很高的切应力，将产生喷射和蠕动等现象，这些喷出的高度定向的细丝或断裂物会很快冷却变硬，与后进入型腔的熔体不能很好地熔合而使塑件出现明显的熔接痕。要克服这种现象，可适当地加大浇口的截面尺寸，或采用冲击型浇口（浇口对着大型芯等）。

（3）浇口应开设在塑件厚壁处。当塑件的壁厚相差较大时，若将浇口开设在薄壁处，这时塑料熔体进入型腔后，不但流动阻力大，而且还易冷却，影响熔体的流动距离，难以保证填充满整个型腔。从收缩角度考虑，塑件厚壁处往往是熔体最晚固化的地方，如果浇口开设在薄壁处，则厚壁的地方因熔体收缩得不到补缩就会形成表面凹陷或缩孔。为了保证塑料熔体顺利填充型腔，使注射压力得到有效传递，而在熔体液态收缩时又能得到充分补缩，一般浇口位置应开设在塑件的厚壁处。

（4）浇口位置的设置应有利于排气和补缩。如图 7-20 所示塑件，图 7-20a 采用侧浇口，在成型时顶部会形成封闭气囊（图中所示 A 处），在塑件顶部常留下明显的熔接痕；图 7-20b 采用点浇口，有利于排气，塑件质量较好。

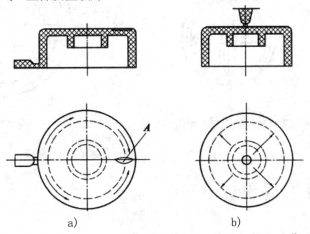

a)   b)

图 7-20　浇口应有利于排气

图 7-21 所示塑件壁厚相差较大，图 7-21a 将浇口开在薄壁处不合理；图 7-21b 将浇口设在厚壁处，有利于补缩，可避免缩孔、凹痕产生。

（5）减少熔接痕，提高熔接强度。由于浇口位置的原因，塑料熔体充填型腔时会造成两股或两股以上的熔体料流的汇合。在汇合之处，料流前端是气体且温度最低，所以在塑件上就会形成熔接痕。

塑件的熔接痕部位强度会降低，也会影响塑件美观，在成型玻璃纤维增强塑料制件时这种现象尤其严重。无特殊需要最好不要开设一个以上的浇口，图 7-22a 所示的浇口会形成两个熔接痕，而图 7-22b 所示的浇口仅形成一个熔接痕。

圆环形浇口流动状态好，无熔接痕，而轮辐式浇口有熔接痕，而且轮辐越多，熔接痕就越多，如图 7-23 所示。为了提高熔接的强度，可以在料流汇合之处的外侧或内侧设置一冷料穴（溢流槽）将料流前端的冷料引入其中，如图 7-24 所示。

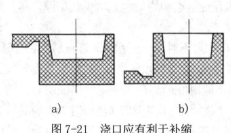

图 7-21 浇口应有利于补缩

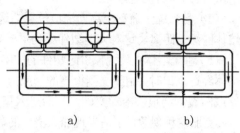

图 7-22 减少熔接痕的数量

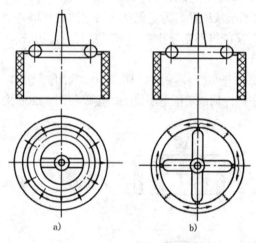

图 7-23 环形浇口与轮辐浇口的熔接痕比较

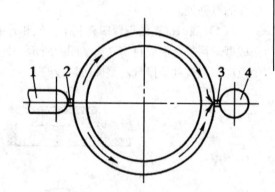

图 7-24 冷料穴

1—分流道 2—浇口 3—溢流口 4—溢流槽

7.3 IMOLD 布局设计

IMOLD 插件"布局设计"模块应用于多型腔模具中对模组结构按设计要求进行排列组合的情况下。在 IMOLDV7 版里面，软件的自动布局功能最多可以创建 64 腔模具，或者有 10 个不同产品的家族模具，可以满足大多数的模具设计要求。

本节介绍使用"布局设计"进行模具布局的方法，包括以下内容：

（1）创建一个多型腔的模具布局。

（2）创建一个家族模具布局。

（3）对布局进行编辑。

📖7.3.1 创建新的布局

1. 进入布局属性管理器

单击"IMOLD"面板"型腔布局" ▲ 下拉列表中的"创建模腔布局"按钮▲，弹出"创建模腔布局"属性管理器，如图 7-25 所示。

2．选择布局类型

在设置"类型"选项下的布局类型，通常有以下几种：

（1）对称：每个模组结构在布局对称排列，即每一个模组结构中的对应点到顶层装配体原点的距离是相等的。

（2）平排：布局按照模组的顺序进行排列，通常应用于尺寸较小的零件中。

（3）单型腔：只有一个模组结构。

  可以通过单击选项右侧的图标箭头实现选项的展开或收缩。

3．确定布局方向

通过在"方向"选项中设置布局的方向，软件定义了3种方向类型，分别如下：

（1）"水平"：即模组结构按水平方向排列。

（2）"垂直"：即模组结构按垂直方向排列。

（3）"圆形"：即模组结构以圆周方式排列。

可以在"数量"中定义模组结构的数量。

4．设置参数选项

"参数选项"里面定义了两种确定布局参数的方法。

"基于边界距离"：定义布局以模坯的边界作为尺寸的参考边界。

"基于原点距离"：定义布局以模型的原点作为尺寸的参考边界。

5．定义布局参数

在"参数"选项中设置布局的尺寸参数，根据每一种布局类型，都有不同的参数，下面以经常会用到的几个参数来说明各个布局类型的示意图和参数。

（1）四腔平衡式水平布局及参数，如图 7-26a 所示。

（2）四腔平衡式垂直布局及参数，如图 7-26b 所示。

（3）五腔平衡式圆形布局及参数，如图 7-26c 所示。

（4）八腔连续式水平布局及参数，如图 7-26d 所示。

（5）八腔连续式垂直布局及参数，如图 7-26e 所示。

6．完成布局设计

完成设置后单击"确定"按钮 ✓ ，创建布局。

创建布局时，如果设计方案中已经存在布局结构，系统会提示布局已经创建，同时可以选择"是"对布局进行修改。对布局的修改操作将删除所有在第一次布局设计后已经创建的浇口和流道等零件。因此它只应用在需要改变模组结构的数量和布局类型（如将平衡式布局改为连续式）的情况下。如果需要编辑布局中的尺寸（例如改变模组结构间的距离），可以使用"编辑布局"功能进行操作。

图 7-25 "创建模腔布局"
属性管理器

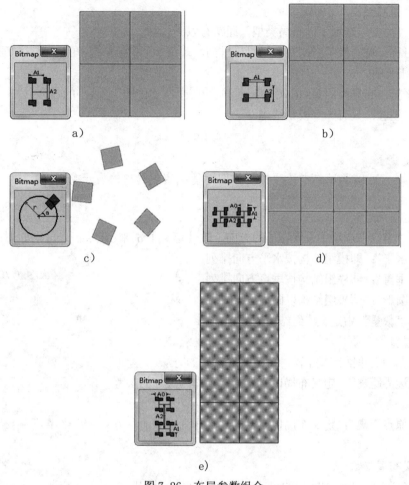

图 7-26　布局参数组合

> **注意：**
>
> 　　如果在设计方案中已经加入了顶杆等零件并且也创建了它们的槽腔，模架中已经创建好的槽腔不会随着布局的改变而移动到新的位置。因此建议在设计方案的后期，有关布局等的设计确定不会再修改时再进行顶杆之类的零件的槽腔创建。

7.3.2　编辑已有布局

1. 进入编辑布局属性管理器

单击"IMOLD"面板"型腔布局" 下拉列表中的"编辑模腔布局"按钮 ，弹出"编辑模腔布局"属性管理器。

2. 编辑布局选项

在如图 7-27 所示的"编辑模腔布局"属性管理器中，从下面的转换方式中选择一种，进行模组结构的位置变换。

其中的各个转换类型如下：

（1）平移：将选定的模组结构沿 X、Y 和 Z 轴平移；

（2）旋转：将选定的模组结构绕设计方案的 Z 轴旋转；

（3）复制：使用平移方式将选定的模组结构复制；

（4）自动对中：自动以模具原点为中心；

（5）Z 向位置对齐：使所有模组结构的前视图基准面一致（特别是有不同产品的家族模具设计中）。

3．定义编辑参数

设置好转换方式后，在"参数"选项中设置转换的参数，其中"自动对中"和"Z 向位置对齐"方式不需要输入参数值。

4．完成布局设计

设置完成后单击"确定"按钮 ✓，修改布局。

图 7-27 "编辑模腔布局"属性管理器

7.4 IMOLD 浇注设计

"浇注设计"模块提供了设计浇口和流道系统的功能。可以通过参数化的方式创建标准浇口和流道然后置入模组结构中。在某些情况下为了满足特殊的要求，设计者也可以自己定制适合产品零件的浇口和流道。浇注系统设计的思想是通过参数化的方法首先创建浇口和流道的实体零件对象，然后从所在的模块上通过布尔运算的方法减除浇口和流道体积来得到模块上的实际浇口和流道。

对于浇口设计，IMOLD 提供了许多常见的标准浇口类型，如矩形浇口、点浇口和隧道式浇口等，设计者都可以直接调用，根据设计情况也可以创建自定义的浇口。同时，IMOLD 还可以方便地创建流道系统，该模块提供了设计流道的工具，可以根据设计要求选取最适合的流道截面和形状，除了平面方式的流道系统外，还可以设计沿着模组结构中模块外形的 3D 形式流道系统。对于分流道，可以按单个零件进行创建，或者同主流道创建在同一个零件文件中。

在使用时，"浇注设计"模块结合使用了 IMOLD 软件中的其他功能，如智能点工具等，实现了对浇口和流道的位置进行精确定位。

7.4.1 添加新浇口

1．进入浇口属性管理器

单击"IMOLD"面板"浇注系统" 下拉列表中的"创建浇口"按钮 ，弹出如图 7-28 所示"创建浇口"属性管理器。

2．选择浇口类型

在"浇口类型"选项下的下拉列表中，选取使用的浇口类型。同时选择"复制到所有型腔"选项，在加入浇口时会在所有模组结构的相同位置上创建浇口。系统提供的浇口类型如图 7-28 所示。

单击"示意图"按钮可以查看当前设置浇口的形状和尺寸示意,如图 7-28 所示。这里给出的是"侧浇口"的图片。

3. 设定浇口参数

在"参数"选项下,设置浇口尺寸,图 7-29 所示为浇口的尺寸设置项目。

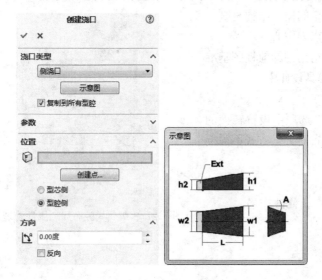

图 7-28　"创建浇口"属性管理器　　　　　　　图 7-29　尺寸参数

4. 确定浇口位置

在"位置"选项下,选取浇口的定位点。单击"创建点"按钮可以激活 IMOLD 的智能点工具,辅助进行点的创建,然后选择"型芯侧"或"型腔侧"选项指定浇口创建在型腔零件一侧还是型芯零件一侧。

在"位置"选项中指定了位置点后,在绘图区中会出现一个表示塑料流动方向的箭头,可以通过对"方向"选项中角度的设置来对箭头进行调整,选择"反向"选项可以使箭头方向反向。

注意:

显示的角度值是以 X 轴为角度测量值。

5. 完成浇口设计

设置完成后单击"确定"按钮 ✓,创建浇口。

在系统中已经创建了一个浇口后,可以通过另选浇口位置加入多个相同类型和尺寸的浇口。所有创建的浇口和流道将被放在顶层装配体中的 feed 组件下。

📖7.4.2　编辑浇口

1. 浇口进行尺寸修改

这里介绍对已经设计好的浇口进行尺寸修改的方法。

(1)单击"IMOLD"面板"浇注系统" 🗲 下拉列表中的"修订浇口"按钮 🗲,弹出"修订浇口"属性管理器,如图 7-30 左图所示。

（2）从绘图区中选取欲修改的浇口，属性管理器改变为图 7-30 中右图所示的形式，在其中的"参数"选项中列出了浇口的所有尺寸，在其中对相关的尺寸进行修改。单击"示意图"可以查看相关的尺寸含义。

（3）设置完成后单击"确定"按钮 ✔️，完成浇口尺寸的修改，或者可以单击"取消"按钮 ✖️退出。

2. 浇口位置变换

（1）单击"IMOLD"面板"浇注系统" ✣ 下拉列表中的"移动浇口"按钮 ✣，弹出"移动浇口"属性管理器。

（2）从绘图区中选择浇口后，属性管理器变为图 7-31 所示的形式，在"选项"选项下，提供了浇口位置变更的方式选项。

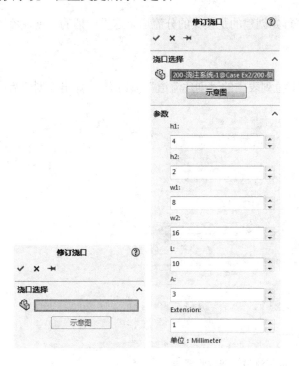

图 7-30　"修订浇口"属性管理器　　　　　图 7-31　"移动浇口"属性管理器

（3）按以下操作对浇口位置进行修改

① 浇口移动：从"选项"栏，选择"移动"选项。在"项目"选项中，有两种方法可以对浇口位置进行变更，一种是使用"点到点"选项，通过指定两个相对点来对浇口进行移动，另一种是分别指定"ΔX""ΔY""ΔZ"这 3 个 X、Y、Z 方向上的移动距离来对浇口进行平移，如图 7-31 所示。在移动时不需要指定参考点，系统会自动将浇口的原点作为默认的参考点。

② 浇口复制：在"选项"栏，选择"复制"选项。在"项目"选项中，也有两种方法进行浇口的复制定位，使用方法与浇口移动中的设置相同。

③ 浇口旋转：在"选项"栏，选择"旋转"选项。其中可以设置浇口沿 X、Y、Z 这 3 个坐标轴进行旋转，同时指定旋转角度值。需要改变另一个浇口的位置和方向时，重新选择需要的浇口进行修改。

注意:
　　　　需要改变另一个浇口的位置和方向时，重新选择浇口进行修改。

　　④ 复制到所有型腔中：在"选项"栏，选择"复制到所有型腔"选项。该操作不需要设置转换参数，系统自动将选择的浇口复制到所有的模组结构当中。

　　（4）设置完成后单击"确定"按钮✔，完成浇口尺寸的修改，或者单击"取消"按钮✖，退出。

📖7.4.3　设计流道系统

　　模具的流道由分流道和主流道构成，首先创建的是模具的分流道。这里所谓的"创建流道"和"流道设计"指的也是模具的分流道。

　　1．进入浇口属性管理器

　　单击"IMOLD"面板"浇注系统"✠下拉列表中的"创建流道"按钮✠，弹出"创建流道"属性管理器，如图 7-32 所示。

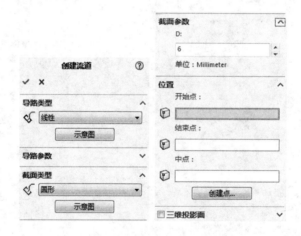

图 7-32　"创建流道"属性管理器

　　2．选择路径类型

　　在"导路类型"选项下，选取需要创建的流道类型，在✧下拉列表框中，系统提供了 5 种流道类型供选择，分别如图 7-33 所示。

　　3．设计路径参数

　　在"导路参数"选项下，设置流道的路径尺寸参数，如图 7-33 中给出了各个类型的流道路径的参数。

　　4．选择截面类型

　　在"截面类型"选项下，选取路径的截面形状。系统提供了 6 种流道截面形状供选择，见表 7-2。

　　5．设计截面参数

　　在"截面参数"选项下，指定流道的截面尺寸，对应于每一种类型的流道截面，都有不同的尺寸定义，表 7-2 给出了各参数的描述。如图 7-32 所示为"圆形"类型的流道截面的尺寸设置，设置的就是分流道的直径。

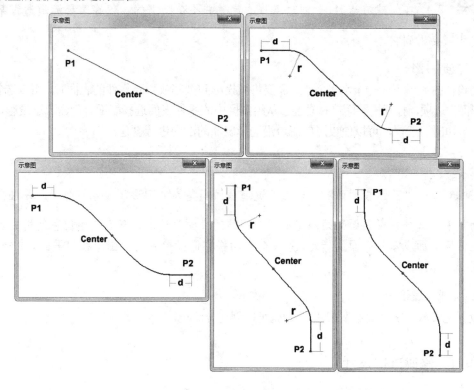

图 7-33　5 种流道类型

表 7-2　流道截面形状

"圆形"截面	"半圆形"截面	"U 形"截面
"梯形"截面	"梯形 1"截面	"六边形"截面

6. 确定流道位置

在"位置"选项下，确定流道的位置，通过为流道指定"开始点"和"结束点"进行定位。通过单击"创建点"按钮，可以调用智能点功能创建这些点，然后再指定这些创建的点作为"开始点"和"结束点"。

注意：

在创建流道时，"创建点"的定义并不是必需的，仅在需要流道通过某个点时才需要用到它。

7. 流道投影

当设计的流道不在一个水平面上，需要将其投影到型芯或型腔零件的表面时，可以选择"三维投影面"选项，打开投影面选择功能，从绘图区中的零件表面选择表面，创建流道投影，如果选择"沿切向"选项，可以使投影的流道沿选择表面的法向进行创建。

注意：

"三维投影面"功能仅在流道截面类型为"圆形"时才能使用。并且在这个功能中，选择投影表面必须能组成一个完整的表面。这时，确定流道位置使用的点可以在任意平面或零件表面上指定，系统会自动将它们投影到前视图所在的平面（主分型面）用于创建流道。

8. 完成流道设计

设置完成后单击"确定"按钮 ✓ ，就可以创建分流道。

📖7.4.4 修改流道尺寸

1. 进入"修订流道"属性管理器

单击"IMOLD"面板"浇注系统" 🏋 下拉列表中的"修订流道"按钮 🏋 ，弹出"修订流道"属性管理器，如图 7-34 所示。

注意：

也可以直接从特征管理设计树中选择需要修改的流道特征。这时候，需要在流道所属的零件分支下面选取。

2. 修改路径参数

从绘图区中选取欲进行修改的流道，在"导路参数"选项框下，对选择路径的尺寸进行修改。这里的尺寸参数和"创建流道"属性管理器里面的流道尺寸一致。

3. 修改截面参数

在"截面参数"选项下，对路径的截面参数进行修改。

4. 应用流道修改

设置完成后单击"确定"按钮 ✓ ，完成流道的修改。

📖7.4.5 变换流道位置

1. 进入"移动流道"属性管理器

单击"IMOLD"面板"浇注系统"  下拉列表中的"移动流道"按钮 ，弹出"移动流道"属性管理器，如图 7-35 所示。

图 7-34　"修订流道"属性管理器　　　　　图 7-35　"移动流道"属性管理器

2．变换流道操作

对从绘图区中选择欲进行位置变更的流道，此时可以对选择的流道进行两种操作：平移和复制。

（1）平移操作。在"选项"栏，选择"移动"选项，然后在"项目"选项中设置平移参数，有点到点和在 X、Y、Z 这 3 个坐标轴方向分别移动两种方式。

（2）复制操作。在"选项"栏，选择"复制"选项，然后在"项目"选项中设置复制参数。

3．完成流道变换

设置完成后单击"确定"按钮 ✓ ，完成流道的位置变换。

7.4.6　删除浇注系统

1．进入"自动删除"属性管理器

单击"IMOLD"面板"浇注系统"  下拉列表中的"自动删除"按钮 ，弹出图 7-36 所示的"自动删除"属性管理器。

2．选择浇口或流道

在"浇注系统"选项下，选择需要从设计中去除的所有浇口或所有流道。

如果需要删除某个浇口或流道，可以分别选中"浇口选择"选项和"流道选择"选项，然后从绘图区中选择相应的浇口或流道。

3．完成浇注删除

选择完成后单击"确定"按钮 ✓ ，去除浇口或流道。

图 7-36　"自动删除"属性管理器

注意：

　　使用 SOLIDWORKS 中的功能也可以删除浇口，在这种方式下，浇口产生的槽腔会保留下来，因此建议使用"自动删除"功能进行删除。删除时系统会给出提示信息进一步确认，删除后的流道不可恢复，因此操作时需谨慎。

7.5　全程实例——布局和浇注系统设计

　　现在使用 IMOLD 的布局设计功能创建一个四型腔的模具结构。

> **参见光盘** 光盘\动画演示\第 4-13 章\全程实例-散热盖模具设计.avi

📖 7.5.1　布局设计

　　01 布局设计。这里使用"布局设计"模块设计两型腔模具的型腔布局。

　　❶单击"IMOLD"面板"型腔布局"下拉列表中的"创建模腔布局"按钮，弹出如图 7-37 所示的"创建模腔布局"属性管理器。

　　❷在"类型"选项，选择"对称"，即每一个模组结构中的对应点到顶层装配体原点的距离是相等的。在"方向"选项，选择"垂直"，即模组结构按垂直方向排列。在"数量"选项，选择"2 个型腔"。其他参数按默认的值设置。

　　❸设置完成后单击"确定"按钮，进行布局操作，结果如图 7-38 所示，即两模组的模组结构。

图 7-37　"创建模腔布局"属性管理器

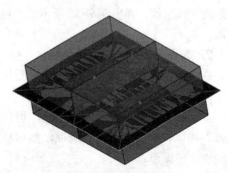

图 7-38　布局设计

　　02 进入 IMOLD 特征管理。IMOLD 特征管理提供了一个按模具系统逻辑关联的方式管理零件的工具。这里点击"IMOLD 特征管理"图标  便进入了模具特征管理界面。这里显示了模具特征的各个组成部分，如图 7-39 所示。单击"产品模型"前面的"＋"号，可以看到"ex1衍生件"子节点，在该子节点上单击右键，选择"打开"命令，进入"ex1 衍生件.sldprt"零件编辑。

图 7-39　右键快捷菜单

03 隐藏延伸曲面。在"ex1 衍生件.sldprt"零件的 IMOLD 特征管理页面显示了该零件的若干模具特征，这里右键单击"沿展面夹"节点，并单击"压缩"命令，可以看到模型的延伸曲面消失了，并且看到"沿展面夹"节点前面的图标已经成为隐藏形态，如图 7-40 所示。

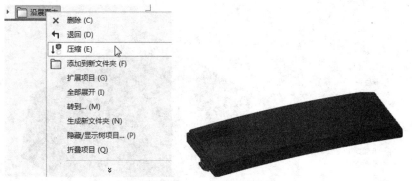

图 7-40　IMOLD 特征管理

7.5.2　浇注设计

01 添加浇口。

❶单击"IMOLD"面板"浇注系统"下拉列表中的"创建浇口"按钮，弹出图 7-41 所示的"创建浇口"属性管理器。在"位置"选项下，选取浇口的定位点。这里选择模型底面边线的中点作为浇口点。

❷在"浇口类型"选项中，选取浇口类型为"潜伏式 1"。同时选择"复制到所有型腔"选项，在加入浇口时会在所有模组结构的相同位置上创建浇口。在"参数"选项下，设置浇口尺寸，图 7-41 所示为浇口的尺寸设置内容，这里接受 IMOLD 的默认值，而把"d"参数改为 2，把"A1"参数改为 45。

❸在"位置"选项下,选中创建的智能点位浇口的位置。然后选择"型芯侧"选项指定浇口创建在型腔零件一侧。通过对"方向"选项中角度的设置来对箭头进行调整,这里输入90度。

❹设置完成后单击"确定"按钮 ✓ ,IMOLD 自动添加浇口,如图 7-41 所示的浇口结果。

02 添加流道。该模具的流道仅仅由单一的流道构成,不存在分流道和主流道之分。

❶单击"IMOLD"面板"浇注系统" ⚏ 下拉列表中的"创建流道"按钮 ⚏ ,弹出图 7-42 所示的"创建流道"属性管理器。在"导路类型"选项下,选取需要创建的流道类型,系统提供了 5 种流道类型供选择,此处选择"线性"类型流道。在"截面类型"选项下,选取路径的截面形状,这里选择"圆形"类型的截面。在"截面参数"选项下,指定流道的截面尺寸,这里指定为 6。

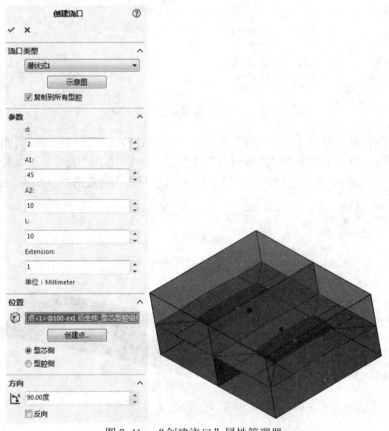

图 7-41 "创建浇口"属性管理器

❷在"位置"选项下,选取分流道的定位点。同样地,单击"创建点"按钮可以激活 IMOLD 的"智能点子"工具,辅助进行点的创建。这里选择浇口外部底线圆圈的中点为分流道的起始点,另外一个浇口外部底线圆圈的中点为分流道的终点,并以这两个点创建智能点,如图 7-43 所示。

❸在"位置"选项下,确定流道的位置,选择为流道指定的"开始点"和"结束点"点进行定位。添加设置完成后单击"确定"按钮 ✓ ,IMOLD 进行添加流道的操作,如图 7-44 所示。

03 流道改动。考虑到流道的直径不太符合要求,需要进行改动设计。

❶单击"IMOLD"面板"浇注系统" ⚏ 下拉列表中的"修订流道"按钮 ⚏ ,弹出"修订流道"属性管理器。

图 7-42 "创建流道"属性管理器

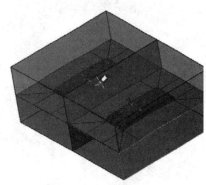

图 7-43 添加流道的起始点和终点

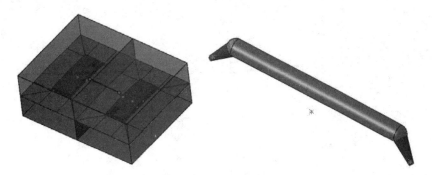

图 7-44 添加流道

❷从绘图区中选取欲进行修改的流道,在"导路参数"选项下,对选择路径的尺寸进行修改。这里的尺寸参数和"添加流道"属性管理器里面的流道尺寸一致。

❸在"截面参数"选项下,对路径的截面参数进行修改,即把直径参数从6改动为5。设置完成后单击"确定"按钮 ✓ ,完成流道的修改,结果如图7-45所示。

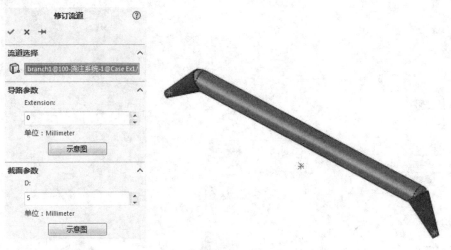

图 7-45　"修订流道"属性管理器

IMOLD 滑块和抽芯设计

 本章导读

滑块机构用于成型外侧凹陷的产品结构，抽芯机构用于成型产品模型中内侧凹的区域，这些区域表面同开模的方向不平行，需要用滑块和抽芯机构单独生成。在滑块头部和抽芯头部形成同这些产品模型上内凹区域相同的侧型芯，在开模的过程中通过滑块的向外移动，或者抽芯的向内移动实现脱模。

 **学习要点**

- 📂 侧向分型与滑块抽芯机构
- 📂 IMOLD 滑块设计
- 📂 全程实例——加入滑块
- 📂 IMOLD 内抽芯设计
- 📂 内抽芯设计实例

8.1 侧向分型与滑块抽芯机构

当塑件上具有与开模方向不一致的侧孔、侧凹或凸台时，在脱模前须抽掉侧向成型零件（或侧型芯），否则就无法脱模。这种带动侧向成型零件移动的机构称为侧向分型与抽芯机构。

8.1.1 滑块抽芯分类

根据动力来源的不同，侧向分型与抽芯机构可分为手动、机动和气动（液压）三大类别。

1. 手动侧向分型与抽芯机构

手动侧向分型与抽芯机构是由人工将侧型芯或镶块连同塑件一起取出，在模外使塑件与型芯分离，这类机构的特点是模具结构简单，制造方便，成本较低，但工人的劳动强度大，生产率低，不能实现自动化。因此适用于生产批量不大的场合。

2. 机动侧向分型与抽芯机构

机动侧向分型与抽芯机构是利用注射机的开模力，通过传动件使模具中的侧向成型零件移动一定距离而完成侧向分型与抽芯动作。这类模具结构复杂，制造困难，成本较高，但其优点是劳动强度小，操作方便，生产率较高，易实现自动化，故生产中应用较为广泛。

3. 液压或气动侧向分型与抽芯机构

液压或气动侧向分型与抽芯机构是以液压力或压缩空气作为侧向分型与抽芯的动力。它的特点是传动平稳，抽拔力大，抽芯距长，但液压或气动装置成本较高。

8.1.2 斜导柱侧向抽芯机构

斜导柱侧向抽芯机构是一种最常用的机动抽芯机构，如图 8-1 所示。其结构组成包括：斜导柱 3、侧型芯滑块 9、滑块定位装置 6、7、8 及锁紧装置 1。其工作过程为：开模时，开模力通过斜导柱作用于滑块，迫使滑块在开模开始时沿动模的导滑槽向外滑动，完成抽芯。滑块定位装置将滑块限制在抽芯终了的位置，以保证合模时斜导柱能插入滑块的斜孔中，使滑块顺利复位。锁紧楔用于在注射时锁紧滑块，防止侧型芯受到成型压力的作用时向外移动。

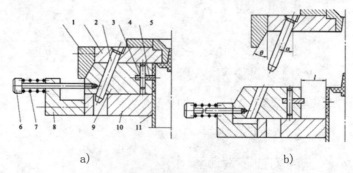

a)   b)

图 8-1 单分型面注射模的结构

1—锁紧楔 2—定模板 3—斜导柱 4—销钉 5—型芯 6—螺钉 7—弹簧

8—支架 9—侧型芯滑块 10—动模板 11—推管

1. 斜导柱设计

（1）斜导柱的结构及技术要求。斜导柱的结构如图 8-2 所示，图 8-2a 是圆柱形的斜导柱，因其结构简单、制造方便和稳定性能好等优点，所以使用广泛；图 8-2b 是矩形的斜导柱，当滑块很狭窄或抽拔力大时使用，其头部形状进入滑块比较安全；图 8-2c 适用于延时抽芯的情况，可用于斜导柱内抽芯；图 8-2d 与图 8-2c 使用情况类似。

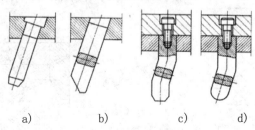

a)   b)   c)   d)

图 8-2　斜导柱形式

斜导柱固定端与模板之间的配合采用 H7/m6，与滑块之间的配合采用 0.5 ～ 1mm 的间隙。斜导柱的材料多为 T8、T10 等碳素工具钢，也可以采用 20 钢渗碳处理，热处理要求硬度高于 55 HRC，表面粗糙度 $Ra \leqslant 0.8\mu m$。

（2）斜导柱倾角 α 是决定其抽芯工作效果的重要因素。倾斜角的大小关系到斜导柱所承受弯曲力和实际达到的抽拔力，也关系到斜导柱的有效工作长度，抽芯距和开模行程。倾斜角 α 实际上就是斜导柱与滑块之间的压力角，因此，α 应小于 25°，一般在 12°～25° 内选取。

（3）斜导柱直径 d 根据材料力学，可推导出斜导柱 d 的计算公式为：

$$d = \sqrt[3]{\frac{FL_w}{0.1[\sigma_w]\cos\alpha}} \qquad (8.1)$$

式中　d——斜导柱直径，mm；

　　　F——抽出侧型芯的抽拔力，N；

　　　L_w——斜导柱的弯曲力臂（见图 8-3），mm；

　　　$[\sigma_w]$——斜导柱许用弯曲应力，对于碳素钢可取为 140MPa；

　　　α——斜导柱倾斜角。

（4）斜导柱长度的计算。斜导柱长度根据抽芯距 s、斜导柱直径 d、固定轴肩直径 D、倾斜角 α 以及安装导柱的模板厚度 h 来确定，如图 8-4 所示。

$$\begin{aligned}L &= L_1 + L_2 + L_3 + L_4 + L_5 \\ &= \frac{D}{2}\tan\alpha + \frac{h}{\cos\alpha} + \frac{d}{2}\tan\alpha + \frac{s}{\sin\alpha} + (10 \sim 15)\text{mm}\end{aligned} \qquad (8.2)$$

式中　D——斜导柱固定部分的大端直径，mm；

　　　h——斜导柱固定板厚度，mm；

　　　s——抽芯距，mm。

2. 滑块设计

（1）滑块形式。滑块分整体式和组合式两种。组合式是将型芯安装在滑块上，这样可以节省钢材，且加工方便，因而应用广泛。型芯与滑块的连接形式如图8-5所示，图8-5a、b为较小型芯的固定形式；也可采用图8-5c所示的螺钉固定形式；图8-5d所示为燕尾槽固定形式，用于较大型芯；对于多个型芯，可用图 8-5e 所示的固定板固定形式；型芯为薄片时，可用图8-5f所示的通槽固定形式。

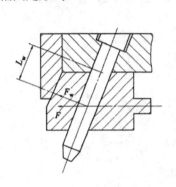 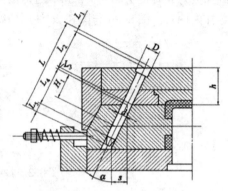

图8-3　斜导柱的弯曲力臂　　　　　　　图8-4　斜导柱长度的确定

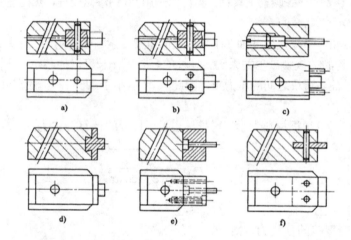

图8-5　型芯与滑块的固定形式

滑块材料一般采用 45 钢或 T8、T10，热处理硬度在 40HRC 以上。

（2）滑块的导滑形式如图8-6所示。图8-6a、e 为整体式；图8-6b、c、d、f 为组合式，加工方便。导滑槽常用 45 钢，调质热处理 28~32 HRC。盖板的材料用 T8、T10 或 45 钢，热处理硬度在 50HRC 以上。滑块与导滑槽的配合为 H8/f8，配合部分表面粗糙度 $Ra \leqslant 0.8\mu m$；滑块长度 1 应大于滑块宽度的 1.5 倍，抽芯完毕，留在导滑槽内的长度不小于 21/3。

3. 滑块定位装置设计

滑块定位装置用于保证开模后滑块停留在刚脱离斜导柱的位置上，使合模时斜导柱能准确地进入滑块的孔内，顺利合模。滑块定位装置的结构如图8-7所示。图8-7a为滑块利用自重停靠在限位挡块上，结构简单，适用于向下方抽芯的模具；图8-7b为靠弹簧力使滑块停留在挡块上，适用于各种抽芯的定位，定位比较可靠，经常采用；图8-7c、d、e 为弹簧止动销和弹簧钢球定位的形式，结构比较紧凑。

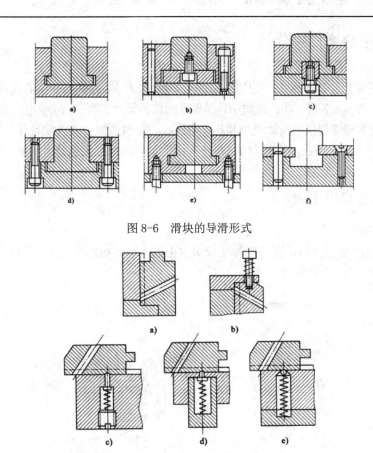

图 8-6　滑块的导滑形式

图 8-7　滑块的定位形式

4.　楔紧设计

锁紧楔的作用就是锁紧滑块,以防在注射过程中,活动型芯受到型腔内塑料熔体的压力作用而产生位移。常用的锁紧楔形式如图 8-8 所示。图 8-8a 为整体式,结构牢固可靠,刚性好,但耗材多,加工不便,磨损后调整困难;图 8-8b 形式适用于锁紧力不大的场合,制造和调整都较方便;图 8-8c 利用 T 形槽固定锁紧楔,销钉定位,能承受较大的侧向压力,但磨损后不易调整,适用于较小模具;图 8-8d 为锁紧楔整体嵌入模板的形式,刚性较好,修配方便,适用于较大尺寸的模具;图 8-8e、f 对锁紧楔进行了加强,适用于锁紧力较大的场合。

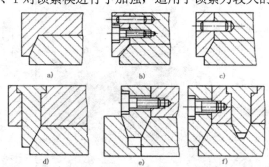

图 8-8　锁紧楔的形式

8.2 IMOLD 滑块设计

滑块设计通常用于创建滑块，也用于将成形产品外部凹陷区域的侧型芯在开模初期从零件上脱开，以便产品顺利脱模。在该模块中，提供了大量的标准类型和尺寸的滑块数据库，使用时可以直接从系统数据库提供的滑块类型和尺寸中选择一种滑块组件加入到设计方案中，也可以根据零件情况定制一个更合适的滑块结构。每一次调用都会将一个完整的滑块组件调入到系统中。

8.2.1 添加标准滑块

1. 进入添加滑块

单击 "IMOLD" 面板 "滑块设计" 下拉列表中的 "加外抽芯机构标准" 按钮，弹出 "增加滑块" 属性管理器，如图 8-9 所示。

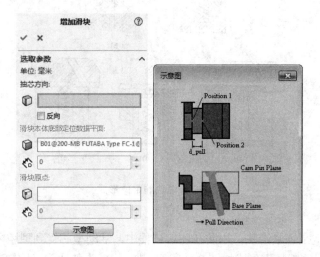

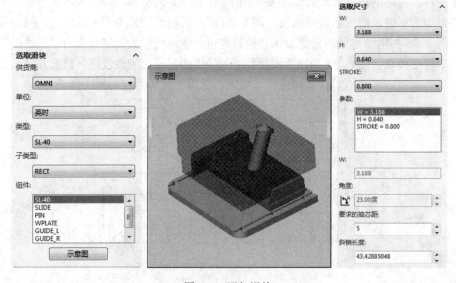

图 8-9 添加滑块

2. 确定滑块参数

单击"选取参数"选项展开参数设置界面,如图 8-9 所示。首先需要在"抽芯方向"选项中确定滑块的方向,从绘图区中选择与滑块开模时的滑动方向一致的模型边线,系统会显示出一个箭头方向,指示出滑块的移动方向,根据需要可以选择"反向"选项使箭头反向。

注意: 选择"抽芯方向"滑块方向时也可以使用面来定义。这时,可以选择绘图区中的任意一个零件的模型表面(平面),系统将该面的法线方向作为抽芯方向。

在某些场合下可以根据零件需要指定一个倾斜的面,从而得到一个与开模方向成某一角度的滑块的拔出方向。

在"滑块本体底部定位数据平面"选项下,确定滑块在 Z 方向放置的基准平面。其中有两个选项,在 📦 后的输入框中用于选择参考平面,在 🔄 后的输入框中确定基准平面相对于参考平面的偏移距离,取正值时向模架定模方向偏移,取负值时向模架动模方向偏移。

注意: 大多数情况下滑块移动方向与开模方向垂直,这时默认的基准面是模架动模板的顶面。

在"滑块原点"选项中,通过在 📦 后的输入框中指定滑块原点来确定滑块在 XY 平面的位置,该原点可以使用草图点或顶点来确定。如果需要滑块偏离指定点一定距离,可以在 🔄 后的输入框中指定一个数值。

单击"示意图"按钮可以查看滑块各部分组件示意图,如图 8-9 所示。

3. 选择滑块类型

在"选取滑块"选项中,分别从下拉列表框中选取滑块的"供货商""单位""类型""子类型""组件",如图 8-10 所示。

单击图 8-10 中的"示意图"按钮,可以查看当前选择的滑块类型示意图,如图 8-10 所示,给出了滑块零件的结构尺寸示意图。

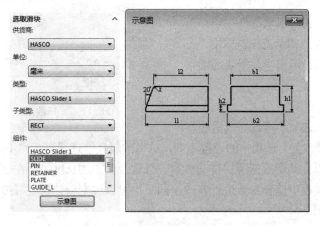

图 8-10 滑块组件尺寸

4．设置滑块尺寸

如果需要对滑块组件的尺寸进行一些调整，可以展开"选取尺寸"选项，根据需要调整滑块组件的各项尺寸参数，对于每一个滑块零件组件可以分别进行尺寸设置。

5．完成添加滑块

参数设置完成后，单击"确定"按钮 ✔ 。

> **注意：**
>
> 在设计滑块时，为方便观察操作，系统会自动地只显示一个模组结构。在确定加入滑块组件后，每一个模组结构中都会加入滑块组件，不需要单独将其加入到每一个模组结构中。

📖8.2.2 编辑标准滑块

已经加入到设计中的滑块组件，可以通过编辑功能对尺寸进行修改，下面介绍方法。

1．进入编辑滑块

单击"IMOLD"面板"滑块设计" 🏛 下拉列表中的"修改尺寸"按钮 🔧 ，弹出图 8-11 所示的"修改滑块"属性管理器。

2．选择标准滑块

在"选取"选项中，指定需要修改的滑块，可以从绘图区或特征树中选择滑块的任何一个组件零件。该滑块名称将出现在选项框中，这时属性管理器变为图 8-11 所示的形式。

3．选择更改选项

在"修改为"中，选取下列选项之一。

其他标准尺寸：将滑道尺寸修改为另一个标准尺寸。

自定义尺寸：将滑道的某些尺寸根据设计要求进行修改，这时需要手工输入参数。

4．选择更改组件

在"组件"选项中选择需要编辑的组件，如图 8-11 所示。单击"示意图"按钮，可以显示出滑块的组件结构示意图。单击"一般信息"按钮，可以显示出当前滑块的类别信息。

5．设置滑块尺寸

在"选取尺寸"选项中可以修改滑块参

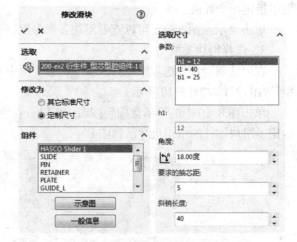

图 8-11 "修改滑块"属性管理器

数尺寸。根据在"修改为"选项中的设置不同，这里的属性管理器形式也不相同。在使用其他标准尺寸方式时，可以在其中改变滑块传动参数、行程及斜销的长度等。在使用定制尺寸方式时，可以在"参数"选项框中选择参数进行修改，同时也可以改变斜销长度等参数。

6．完成滑块编辑

参数设置完成后，单击"确定"按钮 ✔ 。

注意:

在滑块设计功能中，还可以使用"加外抽芯机构通用"命令来加入滑块和进行修改，它的方法与标准方式下的加入和修改类似，只是在"通用滑块"方式下，系统加入滑块时将只加入斜销和滑块主体。其他的附件将由"添加附件"功能来加入。

8.3   全程实例——加入滑块

参见
光盘 光盘\动画演示\第 **4-13** 章\全程实例-散热盖模具设计.avi

📖8.3.1   创建侧型芯面

01 复位型腔和型芯面。单击"IMOLD 特征管理"图标🔳进入模具特征管理界面。点击"产品模型"前面的"＋"号，可以看到"ex1 衍生件"子节点，在该子节点上单击右键，选择"打开"菜单，进入"ex1 衍生件.sldprt"零件编辑，如图 8-12 所示。

02 进入侧型芯面搜索。设计方案创建后，单击"IMOLD"面板"型芯/型腔设计"🔧下拉列表中的"侧型芯"按钮🔧，弹出"侧型芯面"属性管理器，如图 8-13 所示，这里实现对需要创建的侧滑块头部曲面的搜索定义。

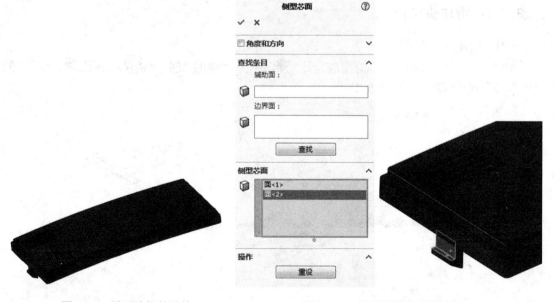

图 8-12   需要编辑的零件   图 8-13   "侧型芯面"属性管理器

03 添加侧型芯面。在"侧型芯面"区域，直接按图中所示选中挂钩的两个表面作为侧型芯面，单击"确定"按钮✔，完成侧型芯面的选择。

04 再次搜索分型面。单击"IMOLD"面板"型芯/型腔设计" 下拉列表中的"分型面"按钮 ，弹出"分型面"属性管理器，如图 8-14 所示，给出了再次搜索分型面的结果。取消对"实体"的选项，增加对"侧型芯"的选项。可以看到绘图区域仅仅留存下了已创建的侧型芯和修补片。

至此，完成创建侧型芯面的操作过程。侧滑块头部的曲面部分取自该侧型芯面，并根据该侧型芯面进行设计。

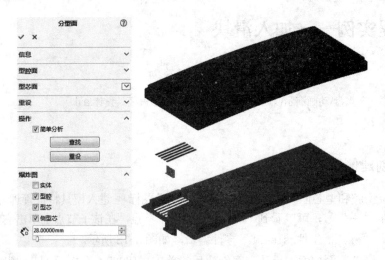

图 8-14　定义侧型芯面

8.3.2　滑块头设计

01 创建侧型芯零件。

❶单击"IMOLD"面板"型芯/型腔设计" 下拉列表中的"创建侧型芯"按钮 ，弹出"创建侧型芯"属性管理器，如图 8-15 所示。

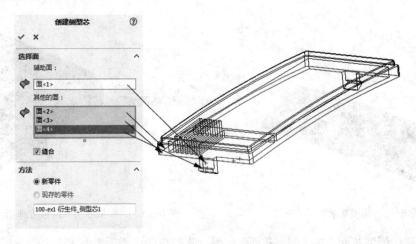

图 8-15　"创建侧型芯"属性管理器

❷在"辅助面"定义侧型芯的种子面，如图 8-15 所示选择内嵌区域的大平面"面<1>"。按图中箭头所示选择"其他的面"。其他设置按默认值进行设置。

❸设置完成后单击"确定"按钮 ✓，进行创建侧型芯的操作，操作显示创建了新的侧型芯零件"100-ex1 衍生件_侧型芯 1"，并且把刚才选中的曲面在该零件中进行了复制，如图 8-16 所示。

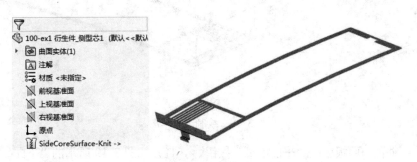

图 8-16　侧型芯零件装配体

02 生成侧型芯结构。

❶以"100-ex1 衍生件_型芯型腔组件"模组节点为显示对象，确定"100-ex1 衍生件_侧型芯 1"模组装配体为工作节点，需要在该节点下面进行定义侧型芯结构的操作。

❷在模仁端面创建侧型芯的草图轮廓。首先使用草图工具的"转换实体引用"工具把模型的两个侧边投影到该草图面上面，然后再按图示的尺寸结构创建草图，如图 8-17 所示。

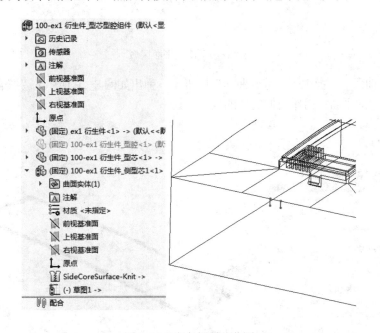

图 8-17　定义侧型芯草图

❸打开"100-ex1 衍生件_侧型芯 1"零件，如图 8-18 所示，可以看到创建的草图轮廓已经在该零件中。选择曲面片体的边线创建草图，具体使用"转换实体引用"工具把边线边投影到该草图面上面。进而创建如图 8-18 所示的草图轮廓曲线。

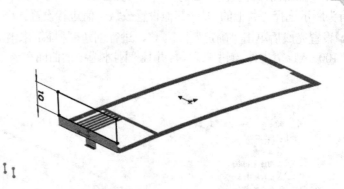

图 8-18　绘制平面草图

❹单击"曲面"面板中的"平面区域"按钮 ，打开如图 8-19 所示的"平面"对侧型芯面进行修补，该平面基于创建的草图。

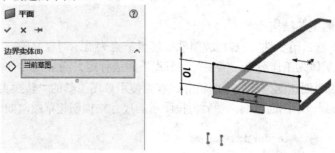

图 8-19　创建平面区域

❺单击"曲面"面板中的"缝合曲面"按钮 ，弹出如图 8-20 所示的"缝合曲面"属性管理器，缝合创建的平面，用作拉伸实体的裁剪工具。

图 8-20　"缝合曲面"属性管理器

❻编辑图 8-17 中的草图，创建滑块头拉伸实体的草图，如图 8-21 所示。
❼拉伸实体生成滑块头，拉伸深度为 22mm，如图 8-22 所示。
❽单击"曲面"面板中的"使用曲面切除"按钮 ，切除拉伸得到的实体,从而得到滑块头，

Chapter 08

如图 8-23 所示。

图 8-21　编辑草图

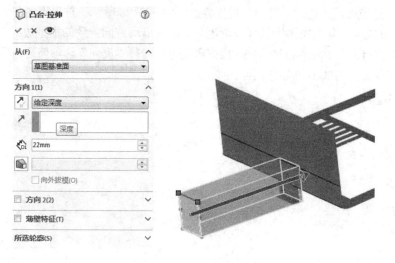

图 8-22　拉伸滑块头

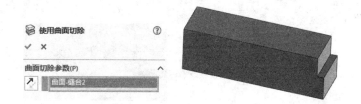

图 8-23　拉伸实体裁减生成的滑块头

❾同理，创建另外一个滑块头，结果如图 8-24 所示。注意到在装配树里面出现了"100-ex1 衍生件_侧型芯 1"和"100-ex1 衍生件_侧型芯 2"。

03 添加滑块组件。

❶单击"IMOLD"面板"滑块设计" 下拉列表中的"加外抽芯机构标准"按钮 ，弹出"增加滑块"的属性管理器。

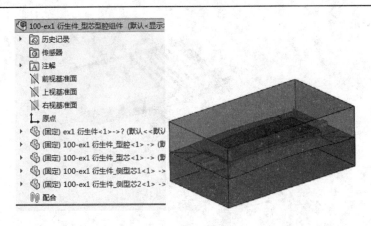

图 8-24　创建第 2 个滑块头

❷单击"选取参数"选项展开参数设置界面,如图 8-25 所示。首先需要在"抽芯方向"选项中确定滑块的方向,从绘图区中选择与滑块开模时的滑动方向一致的模型边线,系统会显示出一个箭头方向,指示出滑块的移动方向,根据需要可以选择"反向"选项使箭头反向。这里选择滑块头的外侧端面作为抽芯方向的基准平面。

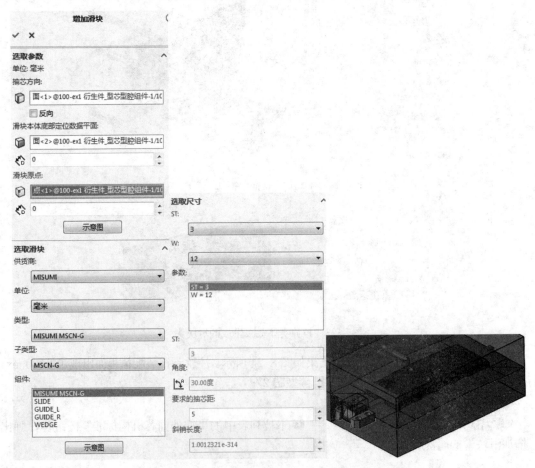

图 8-25　"增加滑块"属性管理器

❸在"滑动本体底部定位数据平面"选项下，确定滑块在 Z 方向放置的基准平面。其中有两个选项，在 🔲 后的输入框中用于选择参考平面，这里选择滑块头的底平面；在 📐 后的输入框中确定基准平面相对于参考平面的偏移距离，这里保持 0。

❹在"滑块原点"选项中，通过在 🔲 后的输入框中指定滑块原点来确定滑块在 XY 平面的位置。这里取滑块头外侧平面的下边线的中点。

❺在"选取滑块"选项中，分别从下列表框中选取滑块的"供货商""单位""类型""子类型"和"组件"，如图 8-25 所示，选择了"MISUMI"类型的供货商。

❻展开"选取尺寸"选项，根据需要调整滑块组件的各项尺寸参数，对于每一个滑块零件组件可以分别进行尺寸设置。这里保持参数的设置情况。

❼参数设置完成后，单击"确定"按钮 ✔ 。同理，创建另外一侧的滑块组件，结果如图 8-26 所示。

04 关闭并再次打开设计项目。

❶单击"IMOLD"面板"项目管理" 🔳 下拉列表中的"关闭项目"按钮 🔳，弹出提示对话框，提示关闭项目前对全部文件进行保存。这里单击"是"按钮，保存所有文件。

❷单击"IMOLD"面板"项目管理" 🔳 下拉列表中的"打开项目"按钮 🔳，弹出"打开 IMOLD 项目"对话框，选择已经创建的"Case Ex1.imoldprj"，单击"打开"按钮，打开该项目。

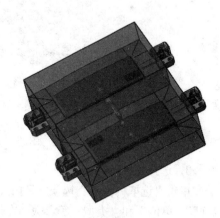

图 8-26　创建的滑块组件

8.4　IMOLD 内抽芯设计

内抽芯设计（Lifter Designer）的使用方法与滑块设计类似，只是它应用在产品内部存在内陷区域需要成型的情况下。在进行内抽芯设计时，系统会自动考虑内抽芯行程、顶出角以及内抽芯位置等因素，设计者不需要对这些参数进行手工计算。

📖8.4.1　内抽芯组件的创建

标准类型的内抽芯组件是从系统数据库中调用的，并带有所有附件结构的装配体。下面介绍内抽芯组件创建步骤。

1．进入添加内抽芯

单击"IMOLD"面板"内抽芯设计" ⚔ 下拉列表中的"加内抽芯机构标准"按钮 ⚔，弹出"增加内抽芯"属性管理器，如图 8-27 所示。

2．设置内抽芯位置参数

单击"选取参数"选项展开参数设置栏，如图 8-27 所示。在"抽芯方向"选项中确定内抽芯在开模时的移动方向。可以从绘图区中选择一个边线来确定，也可以选择一个零件表面（平面）以该平面的法线方向来确定。与滑块类似，可以根据设计要求指定一个与分模面成某一相对角度的移动方向。选择后，系统会出现一个显示方向的箭头，选择"反向"选项可以使箭头反向。

在"内抽芯原点"选项下有两个输入框，其中 ⬡ 代表内抽芯零件在 XY 平面的原点参考位置，⬡ 代表相对内抽芯原点参考位置的偏移距离，正值将向移动方向偏移指定距离。单击"示意图"按钮会弹出内抽芯在两个方向上的示意图，如图 8-27 所示。

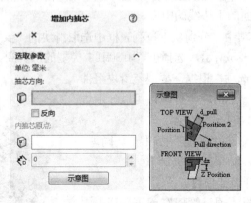

图 8-27　"增加内抽芯"属性管理器

3. 选择内抽芯组件

单击"选取内抽芯"选项展开内抽芯参数选择框，如图 8-28 所示。从中确定内抽芯的"供货商""单位"和"类型"等参数。在"组件"中显示了内抽芯中的所有组件名称。单击"示意图"可以显示出内抽芯结构示意图。

4. 内抽芯零部件参数设置

如果需要设置某些组件的尺寸，可以在"组件"选项下选取要修改的组件名称，然后单击"选取尺寸"选项展开尺寸设置栏，从中选取并修改相应的尺寸数值，如图 8-29 所示。

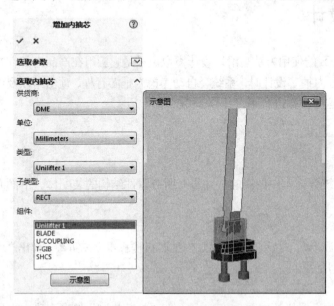

图 8-28　"选取内抽芯"设置栏

图 8-29　"选取尺寸"设置栏

5. 完成添加内抽芯

参数设置完成后，单击"确定"按钮 ✓，加入内抽芯装置。

📖8.4.2 修改内抽芯组件尺寸

在内抽芯加入到设计中后，还可以根据需要对内抽芯中各个组件的尺寸进行修改，具体的修改过程如下：

1. 进入添加内抽芯

单击"IMOLD"面板"内抽芯设计"✍下拉列表中的"修改尺寸"按钮✍，弹出如图 8-30所示的"修改内抽芯"属性管理器。

图 8-30 "修改内抽芯"属性管理器

2. 进入添加内抽芯

在"选取"选项中列出需要修改的内抽芯，可以从绘图区或特征树中选取标准内抽芯组件中的任何一个零件，该内抽芯名称会出现在这里。

3. 选择更改方式

在"修改为"选项中，选取下列选项之一。

其他标准尺寸：把选择的内抽芯改为另一个标准尺寸的内抽芯。

定制尺寸：把内抽芯中某些组件的尺寸修改为设计所需的尺寸，需要手动进行参数输入。

4. 更改内抽芯参数

确定"修改为"选项中的修改形式后，会出现组件选择框及尺寸选择框。在"组件"选择框中，选取需要进行尺寸编辑的零件。然后在相应的"选取尺寸"输入框中对所需的尺寸进行修改。

5. 进入添加内抽芯

参数设置完成后,单击"确定"按钮 ✔,完成改变。

 注意:

在"内抽芯设计"模块中,还可以使用"加内抽芯机构通用"命令来加入内抽芯和进行后续的修改。它的方法与标准方式下的加入和修改类似,只是在"通用"方式下,系统加入内抽芯时可以对所有组件中的零件进行尺寸设置。

8.5　内抽芯设计实例

本节通过引入一个新的例子给出内抽芯的设计方法,该实例比前面的例子简单,本例直接进入内抽芯设计流程。

参见
光盘　　光盘\动画演示\第 8 章\内抽芯设计实例.avi

📖8.5.1　打开模组项目

图 8-31 所示,单击"IMOLD"面板"项目管理" 📖 下拉列表中的"打开项目"按钮📷,弹出"打开 IMOLD 项目"对话框,选择已经创建的"Box lifter.imoldprj",单击"打开"按钮,打开该项目。

图 8-31　"打开 IMOLD 项目"对话框

该产品模型的内部含有两个内凹的圆槽需要使用内抽芯的方法实现成型。本例实现添加内抽芯的操作,并进行尺寸参数的修改。

8.5.2 创建内抽芯

01 进入添加内抽芯。单击"IMOLD"面板"内抽芯设计" ✍ 下拉列表中的"加内抽芯机构标准"按钮 ✍ ，弹出"增加内抽芯"属性管理器，如图 8-32 所示。

02 设置内抽芯的参数。

❶ 单击"选取参数"选项展开参数设置栏，如图 8-32 所示。在"抽芯方向"选项中确定内抽芯在开模时的移动方向，这里选择产品模型的端面。

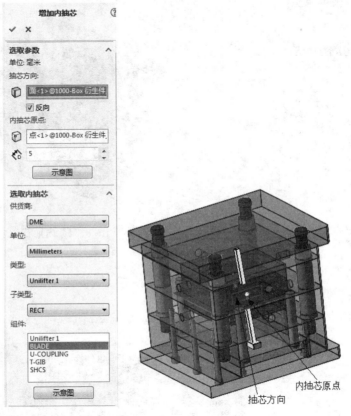

图 8-32 "增加内抽芯"属性管理器

❷ 在"内抽芯原点"选项下有两个输入框，其中 ⬡ 代表内抽芯零件在 XY 平面的原点参考位置，这里选择产品模型外侧端面下底边的中点。 🔗 代表相对内抽芯原点参考位置的偏移距离，正值将向移动方向偏移指定距离，这里输入参数 5。

❸ 单击"选取内抽芯"选项，展开内抽芯参数选择框，从中确定内抽芯的"供应商""单位"和"类型"等参数。在"组件"中显示了内抽芯中的所有组件名称，按图示选择相关参数。

❹ 在"组件"选项下选取要修改的组件名称，然后单击"选取尺寸"选项展开尺寸设置栏，从中选取并修改相应的尺寸数值。这里需要设置"W=T=15"，以及长度"L"修改为 180，如图 8-33 所示图中尺寸的数值。

❺ 参数设置完成后，单击"确定"按钮 ✔ 加入内抽芯装置，如图 8-34 所示。

03 内抽芯头修剪。

❶单击"IMOLD"面板"内抽芯设计" 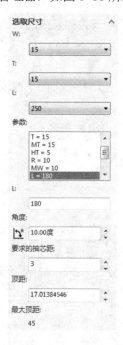 下拉列表中的"裁剪斜销"按钮 ，弹出"裁剪斜销"属性管理器，如图 8-35 所示。

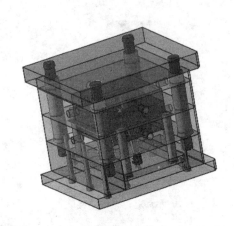

图 8-33　"选取尺寸"设置栏　　　　　　　　　图 8-34　内抽芯

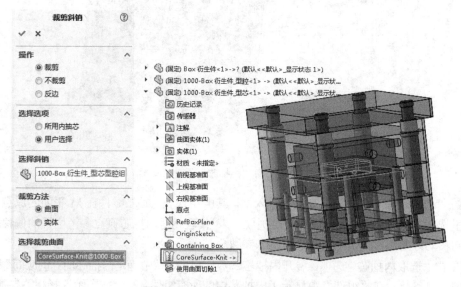

图 8-35　"裁剪斜销"属性管理器

❷通过在"选择斜销"选项选择刚才创建的内抽芯作为操作目标进行修剪。在"选择裁剪曲面"区域选择修剪内抽芯头的工具体，这里展开绘图区域的模组装配树，展开"1000-Box 衍生件_型芯型腔组件"节点下面的"1000-Box 衍生件_型芯"节点，选择"CoreSurface- Knit"曲面来修剪内抽芯头。

❸参数设置完成后，单击"确定"按钮 ✓，完成内抽芯装置的修剪工作。

同理创建另外一个凹槽的内抽芯成型装置，参数设置与第一个相同，创建结果如图 8-36 所示。

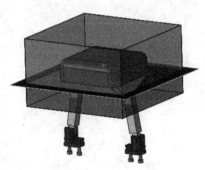

图 8-36 内抽芯创建结果

04 内抽芯参数修改。注意到图 8-36 右侧抽芯头并未填满产品模型的凹槽，没有起到成型内腔的作用，需要对内抽芯的参数进行修改。

❶单击"IMOLD"面板"内抽芯设计" ✎ 下拉列表中的"修改尺寸"按钮 ✎，弹出"修改内抽芯"属性管理器。考虑到两个内抽芯的参数相同，并且都不能满足要求，需要分别选取后进行尺寸参数的修改。

❷任意选取一个内抽芯组建零件，进入到"修改内抽芯"属性管理器，将抽芯距参数"3"修改为 0。参数设置完成后，单击"确定"按钮 ✔。

❸同样完成对另外一个内抽芯尺寸参数的修改，修改的结果如图 8-37 所示。

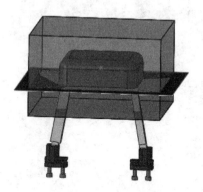

图 8-37 内抽芯改动结果

IMOLD 模架设计

本章导读

　　模架主要用于安装型芯和型腔、顶出和分离机构，从而提高生产效率。在 IMOLD 里面，已经将模架标准化并形成了标准模架库，使得结构、形式和尺寸都已经标准化和系列化。标准件是指模具的另一部分零件，IMOLD 把它们标准化，主要是顶杆、浇口套和定位环等。

　　当完成了模具的型腔设计以后，就可以利用 IMOLD 的模架库和标准件功能来自动产生模板、模座和标准件，从而完成模具设计。

学习要点

　　📁 模架结构特征

　　📁 IMOLD 模架设计

　　📁 全程实例——加入模架

9.1　模架结构特征

本节介绍了模具中模架零件的结构特点和结构设计方法。

📖9.1.1　支承零件的结构设计

塑料注射成型模具的支承零件包括动模（或上模）座板、定模（或下模）座板、动模（或上模）板、定模（或下模）板、支承板、垫块等。塑料注射成型模具支承零件的典型组合如图9-1所示，塑料模的支承零件起装配、定位及安装作用。

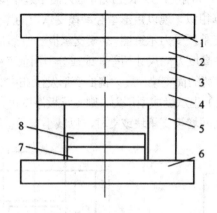

图 9-1　注射模支承零件的典型结构

1—定模座板　2—定模板　3—动模板　4—支承板　5—垫板　6—动模座板　7—推板　8—顶杆固定板

1．动模座板和定模座板

动模座板与定模座板是动模和定模的基座，是固定式塑料注射成型模具与成型设备连接的模板。座板的轮廓尺寸和固定孔必须与成型设备上模具的安装板相适应。另外还必须具有足够的强度和刚度。

2．动模板和定模板

动模板与定模板的作用是固定型芯、凹模、导柱和导套等零件，所以俗称固定板。塑料注射成型模具种类及结构不同，固定板的工作条件也有所不同。但不论哪一种模具，为了确保型芯和凹模等零件固定稳固，固定板应足够厚。

动模（或上模）板和定模（或下模）板与型芯或凹模的基本连接方式如图9-2所示。其中图9-2a是常用的固定方式，装卸较方便；图9-2b的固定方法可以不用支承板，但固定板需加厚，对沉孔的加工还有一定要求，以保证型芯与固定板的垂直度；图9-2c固定方法最简单，既不要加工沉孔又不要支承板，但必须有足够的螺钉、销钉的安装位置，一般用于固定较大尺寸的型芯或凹模。

3．支承板

支承板（垫板）是垫在固定板背面的模板。它的作用是防止型芯、凹模、导柱、导套等零件脱出，增强这些零件的稳定性并承受型芯和凹模等传递来的成型压力。支承板与固定板的连接通常用螺钉和销钉紧固，也有采用铆接的。

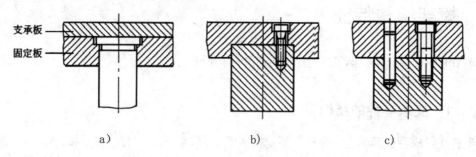

图 9-2　固定板与型芯或凹模的连接方式

支承板应具有足够的强度和刚度，以承受成型压力而不过量变形。其强度和刚度计算方法与型腔底板的强度和刚度计算相似。现以矩形型腔动模支承板的厚度计算为例说明其计算方法。图 9-3 所示为矩形型腔动模支承板受力示意图。动模支承板一般都是中部悬空而两边用支架支承的，如果刚度不足将引起塑件高度方向尺寸超差，或在分型面上产生溢料而形成飞边。从图 9-3 看出，支承板可看成受均布载荷的简支梁，最大挠曲变形发生在中线上，应当进行刚度和强度计算。如果动模板（型芯固定板）也承受成型压力，则支承板厚度可以适当减小。如果计算得到的支承板厚度过厚，则可在支架间增设支承块或支柱，以减小支承板厚度。

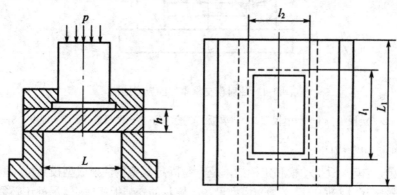

图 9-3　矩形型腔动模支承板受力

支承板与固定板的连接方式如图 9-4 所示，图 9-4a、b、c 三种为螺纹连接，适用于顶杆分模的移动式模具和固定式模具，为了提高连接强度，一般采用圆柱头内六角螺钉；图 9-4d 为铆钉连接，适用于移动式模具，它拆装麻烦，维修不便。

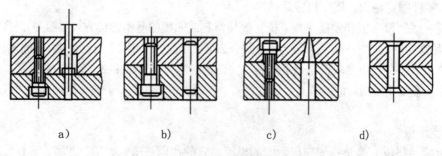

图 9-4　支撑板与固定板的连接方式

Chapter 09

4. 垫块

垫块的主要作用是使动模支承板与动模座板之间形成用于顶出机构运动的空间和调节模具总高度以适应成型设备上模具安装空间对模具总高的要求。因此，垫块的高度应根据以上需要而定。垫块与支承板和座板的组装方法见图9-5，两边垫块高度应一致。

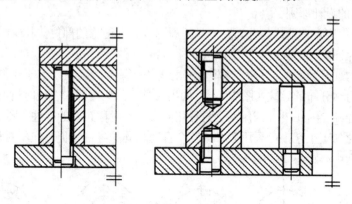

图 9-5　垫块的连接

📖9.1.2　合模导向装置的结构设计

合模导向装置是保证动模与定模或上模与下模合模时正确定位和导向的装置。合模导向装置主要有导柱导向和锥面定位。通常采用导柱导向，如图9-6所示。导柱导向装置的主要零件是导柱和导套。有的不用导套而在模板上镗孔代替导套，该孔通称导向孔。

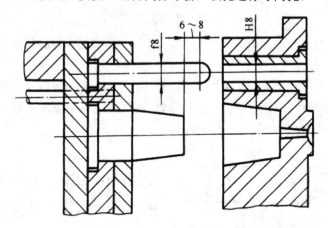

图 9-6　导柱导向装置

1. 导向装置的作用

（1）导向作用。动模和定模（上模和下模）合模时，首先是导向零件接触，引导上、下模准确合模，避免凸模或型芯先进入型腔，保证不损坏成型零件。

（2）定位作用。直接保证了动模和定模（上模和下模）合模位置的正确性，保证了模具型腔的形状和尺寸的正确性，从而保证塑件精度。导向机构在模具装配过程中也起到了定位作用，便于装配和调整。

（3）承受一定的侧向压力。塑料注入型腔过程中会产生单向侧面压力，或由于成型设备精度的限制，使导柱在工作中承受一定的侧压力。但是如果侧向压力很大时，则不能完全由导柱来承担，需要增设锥面定位装置。

2．导向装置的设计原则

（1）导向零件应合理地均匀分布在模具的周围或靠近边缘的部位，其中心至模具边缘应有足够的距离，以保证模具的强度，防止压入导柱和导套时发生变形。

（2）根据模具的形状和大小，一副模具一般需要2～3个导柱。对于小型模具，通常只用两个直径相同且对称分布的导柱（图9-7a）；如果模具的凸模与凹模合模时有方位要求时，则用两个直径不同的导柱（图9-7b）或用两个直径相同，但不对称布置的导柱（图9-7c）；对于大中型模具，为了简化加工工艺，可采用三个或四个直径相同的导柱，但分布不对称（图 9-7d）或导柱位置对称，但中心距不同（图9-7e）。

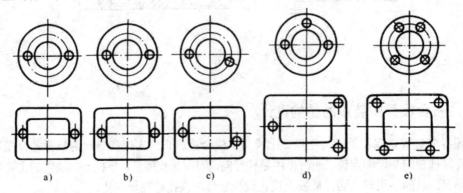

图 9-7　导柱的分布形式

（3）导柱可设置在定模，也可设置在动模。在不妨碍脱模取件的条件下，导柱通常设置在型芯高出分型面的一侧。

（4）当上模板与下模板采用合模加工工艺时，导柱装配处直径应与导套外径相等。

（5）为保证分型面很好地接触，导柱和导套在分型面处应设置承屑槽，一般都是削去一个面（图9-8a）或在导套的孔口倒角（图9-8b）。

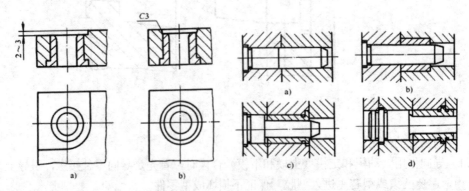

图 9-8　导套的承屑槽形式　　　　图 9-9　台阶式导柱导向装置

（6）各导柱、导套（导向孔）的轴线对平行度有较高要求，否则将影响合模的准确性，甚至损坏导向零件。

3．导柱的结构、特点及用途

导柱的结构形式随模具结构大小及塑件生产批量的不同而不同。目前在生产中常用的结构有以下几种。

（1）台阶式导柱。注射模常用的标准台阶式导柱有带头和有肩的两类，压缩模也采用类似的导柱。图9-9所示为台阶式导柱导向装置。在小批量生产时，带头导柱通常不需要导套，导柱直接与模板导向孔配合（图9-9a），也可以与导套配合（图9-9b），带头导柱一般用于简单模具。有肩导柱一般与导套配合使用（图9-9c），导套内径与导柱直径相等，便于导柱固定孔和导套固定孔的加工，如果导柱固定板较薄，可采用图9-9d所示有肩导柱，其固定部分有两段，分别固定在两块模板上。

（2）铆合式导柱。它的结构如图9-10所示，图9-10a所示的结构，导柱的固定不够牢固，稳定性较差，为此可将导柱沉入模板1.5~2mm，如图9-10b、c所示。铆合式导柱结构简单，加工方便，但导柱损坏后更换麻烦，主要用于小型简单的移动式模具。

（3）合模销。如图9-11所示，在垂直分型面的组合式凹模中，为了保证锥模套中的拼块相对位置的准确性，常采用两个合模销。分模时，为了使合模销不被拔出，其固定端部分采用H7/k6过渡配合，另一滑动端部分采用H9/f8间隙配合。

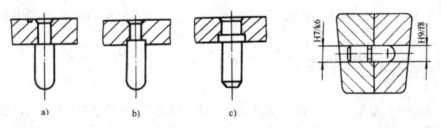

图9-10　铆合式导柱　　　　　　　　图9-11　合模销

4．导套和导向孔的结构及特点

（1）导套。注射模常用的标准导套有直导套和带头导套两大类。它的固定方式如图9-12所示，图9-12a、b、c为直导套的固定方式，结构简单，制造方便，用于小型简单模具；图9-12d为带头导套的固定方式，结构复杂，加工较难，主要用于精度要求高的大型模具。对于大型注射模或压缩模，为防止导套被拔出，导套头部安装方法如图9-12c所示；如果导套头部无垫板时，则应在头部加装盖板，如图9-12d所示。根据生产需要，也可在导套的导滑部分开设油槽。

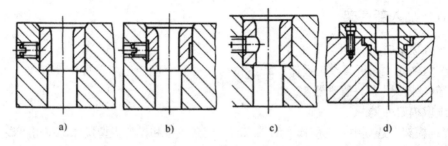

图9-12　导套的固定方式

（2）导向孔直接开设在模板上，它适用于生产批量小、精度要求不高的模具。导向孔应做成通孔（图9-13b），如加工成不通孔（图9-13a），则因孔内空气无法逸出，对导柱的进入有阻碍作用。如果模板很厚，导向孔必须做成不通孔时，则应在不通孔侧壁增加通孔或排除废料的孔，或在导柱侧壁及导向孔开口端磨出排气槽（图9-13c）。

在穿透的导向孔中，除按其直径大小需要一定长度的配合外，其余部分孔径可以扩大，以减少配合精加工面，并改善其配合状况。

5. 锥面定位结构

图9-14所示为增设锥面定位的模具，适用于模塑成型时侧向压力很大的模具。其锥面配合有两种形式：一种是两锥面之间镶上经淬火的零件 A；另一种是两锥面直接配合，此时两锥面均应经过热处理，并达到一定硬度，从而增加其耐磨性。

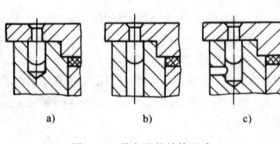

图9-13 导向孔的结构形式

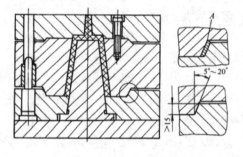

图9-14 锥面定位结构

9.2 IMOLD 模架设计

"模架设计"模块可以辅助设计者从系统自带的模架厂家的模架库系列产品中选取适合设计方案的模架类型和尺寸，将其加入到设计方案中。在将模架加入到设计中之前，可以通过观察模架的3D预览效果图，来帮助确定合适的模架类型和尺寸，同时，系统提供了修改功能，对已经加入到设计方案中的模架进行修改。

模架库是根据厂商的产品情况在 IMOLD 软件中以参数化的形式创建的，除了利用现有的模架库以外，设计者还可以根据某个特定的设计方案定制合适的模架。

本节通过具体步骤讲述模架设计的以下内容：根据设计要求，选取并加入模架，编辑模架，改变模架组件的位置以及模架工具。

📖 9.2.1 加入新模架

1. 进入模架属性管理器

单击"IMOLD"面板"模架设计"☰下拉列表中的"创建模架"按钮☰，弹出如图9-15所示的"创建模架"属性管理器。

2. 选取模架种类

在"选模架"选项中，选取模架的供应商、模架单位和模架类型尺寸，单击"显示详细资料"按钮便可以查看当前选择模架的结构示意图。

3. 定义模架设置

在"定义设置"选项中，指定选择的模架在加入到设计方案中时是否需要旋转，如果需要可以选择"旋转"选项。

4．定制模架参数

如果要定制模架尺寸，可以选择"定制模架"选项，如图 9-16 所示，在其中修改模架尺寸，单击"显示详细资料"按钮可以显示模架尺寸示意图供参考。

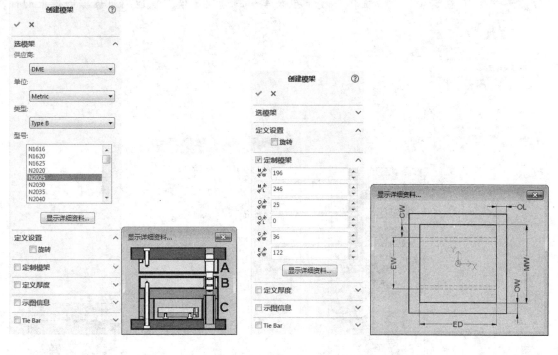

图 9-15　选择模架　　　　　　　　　　　图 9-16　定制模架

在"定制模架"中各个图标代表的含义如下：

模架的宽度。

模架的长度。

顶部和底部夹紧板的宽度。

顶部和底部夹紧板的长度。

支承块的宽度。

顶推器和顶推器保持板的宽度。

注意：

在 IMOLD 中的模架组件均以模具坐标系的 x 和 y 轴确定所有尺寸，单击"显示详细资料"可弹出放大图查看各个尺寸的含义。

5．设置模板厚度

如果需要改变模架中模板的厚度，可以选择"定义厚度"选项，系统会显示出当前模架中所有模板的厚度，包括并未引入模组组件的模板，如图 9-17 所示。单击"显示详细资料"按钮可以查看模架的模板示意图，其中标明了各个模板的名称，如图 9-17 左图所示。

单击"厚度"按钮，弹出"改厚度"对话框，在其中对需要修改的模板厚度进行设置，如

图 9-18 所示,在"改厚度"中单击"显示详细资料"按钮可以分别显示出模架固定部分和移动部分的结构示意图。

注意:

在这个设置界面的厚度下拉菜单中的选项是模架供应商可提供的模板的标准厚度。

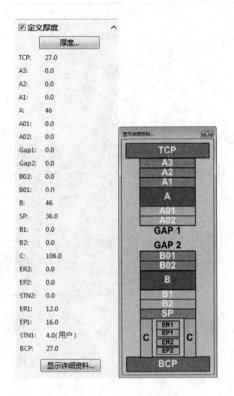

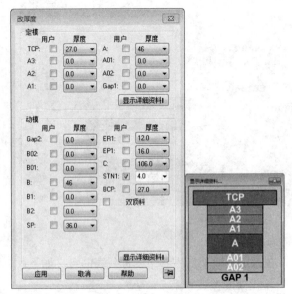

图 9-17　模架组件厚度　　　　　　　　　图 9-18　"改厚度"对话框

6. 查看尺寸信息

通过选择"示图信息"选项,可以得到当前模架结构中更多的尺寸信息,如顶出行程和模架总高尺寸,如图 9-19 所示,单击"显示详细资料"按钮可以查看示意图。

7. 完成模架设计

设置完成后单击"确定"按钮 ✔,创建模架。模架调入将生成一系列的文件,系统运算时会在状态栏显示文件生成的进展。

注意:

模架加入后只能通过图中的自定义功能对其进行修改,如果需要改变模架供应商或模架类型,则必须从顶层装配体中将模架删除后再增加一个新模架。

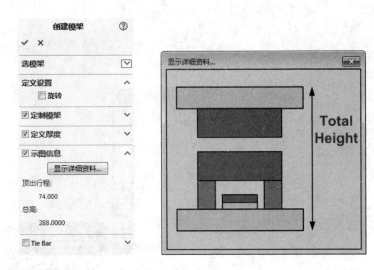

图 9-19 查看模架信息

9.2.2 编辑模架

1. 编辑模架尺寸

（1）单击"IMOLD"面板"模架设计"下拉列表中的"修改尺寸"按钮，弹出"修改尺寸"属性管理器。

（2）在"选模架"选项下，只有"定制模架"中的模架尺寸可以修改，与加入新模架时的方法相同，选取需要修改的模架新尺寸。

（3）如果需要将模架方向旋转 90°，可以选择"定义设置"下的"旋转"选项实现。

（4）如果需要按一些特殊的要求定制模架尺寸，可以在"选模架"选项中改变相应的参数来对模架进行定义。

（5）更改设置完成后单击"确定"按钮。

2. 编辑模板厚度

（1）单击"IMOLD"面板"模架设计"下拉列表中的"修改厚度"按钮，弹出"修改模架"属性管理器，如图 9-20 所示。

（2）单击"定义厚度"选项展开厚度定义栏，在其中显示了各个模板的厚度，单击"厚度"按钮可以对厚度进行编辑。厚度为零的模板将被自动隐藏起来。

（3）其他设置与加入模架时的厚度定义相同。

（4）更改设置完成后单击"确定"按钮。

3. 编辑模架螺钉位置

（1）单击"IMOLD"面板"模架设计"下拉列表中的"螺钉位置"按钮，弹出"修改螺钉"属性管理器。

（2）在"底部螺钉"选项中输入螺钉之间在长度和宽度方向上的距离值，单击"显示详细资料"按钮可以查看距离的参数定义，如图 9-21 所示。

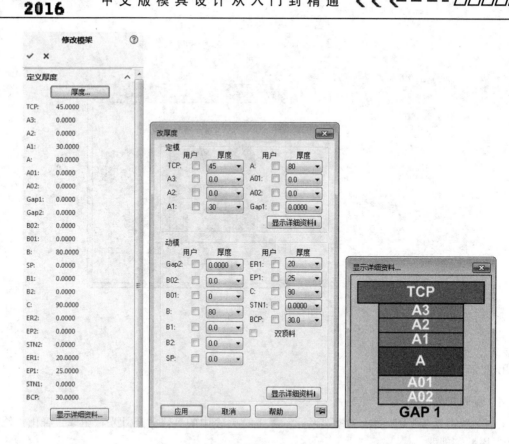

图 9-20 "修改模架"属性管理器

注意：这里模架顶部和底部安装螺钉的位置是相同的，位置变更时会随之改变。

（3）在"顶板螺栓"选项中设置顶板上顶出螺钉的位置，单击"显示详细资料"按钮可以显示螺钉位置参数定义，如图 9-21 所示。

注意：对于需要二次顶出的模架结构，可以使用 e2W 和 e2L 参数确定第二套推板的螺钉参数。

4. 编辑销钉位置

这里可以修改导向销、支撑销、复位销和定位销的位置。

（1）单击"IMOLD"面板"模架设计"≡下拉列表中的"柱销位置"按钮.ᴵᴵ，弹出"修改柱销"属性管理器，如图 9-22 所示。

（2）例如可以在"回程销"选项中设置导向机构的距离参数，单击"显示详细资料"按钮可以显示出位置参数示意。

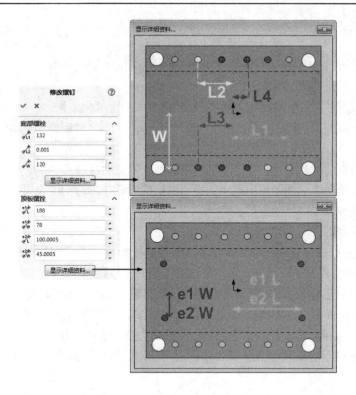

图 9-21　修改螺钉位置

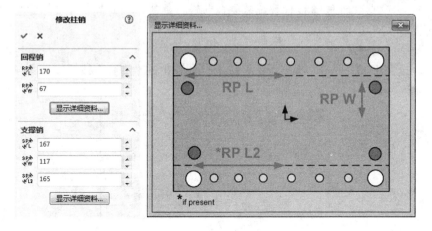

图 9-22　修改柱销位置

注意:

　　导向零件是根据选择的标准模架种类来确定的，如果在标准模架中有这些零件，这些设置才能是可用的。

（3）更改设置完成后单击"确定"按钮 ✓ 。

📖9.2.3 模架工具

IMOLD 插件提供了一系列用于模架设置的工具，下面分别进行介绍。

1. 设置模架的透明度

通过对模架板类零件透明度的设置，可以获得更好的可视化效果。

（1）单击"IMOLD"面板"模架设计" 下拉列表中的"透明"按钮 ，弹出"透明度"属性管理器。

（2）在"透明"选项中，指定从模架中增加或去除透明度设置。

（3）在"透明色"选项中选取颜色或使用默认的颜色作为透明度设置。

（4）设置完成后单击"确定"按钮 ✔ 。

2. 清除多余零部件

在系统自动加载的模架中包含了大量不需要的模板等零件，它们的厚度是零，通常在设计后期，确认模架不会再发生改变时，可以将这些无用的零件删除。

在模具设计的工作目录中有 3 个文件，分别是 Plate to Suppress.txt、Screws to Suppress.txt 和 Screws to Designer.txt，它们的作用是控制把工作目录中没有用到的组件压缩起来。在创建模架或对模架进行修改后这些文件都会被创建或更新。在使用 Purge 功能时，系统根据这些文件的内容确定不需要的文件，然后将它们从装配体和工作目录中删除。

注意：

这些文件能够根据系统需要自动进行更新，因此建议不要对这些文件中的文本进行人工修改，以避免文件被破坏。

（1）单击"IMOLD"面板"模架设计" 下拉列表中的"清除"按钮 ，系统出现图 9-23 所示的提示框。

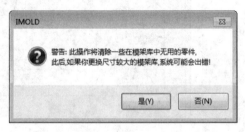

图 9-23 清除提示框图

（2）信息提示是否需要删除零厚度的模板及模架中没有用到的组件，单击"是"按钮进行删除。

注意：

清除功能去除不需要的零件后，仍然可以对模板厚度和尺寸进行编辑，但是不能再加入模板到模架中，同时在需要对模架中加入螺钉的时候，也必须使用 IMOLD 的螺钉功能来加入，而不能使用模架功能来加入螺钉。

Chapter 09

3. 确定模板材料

在 MOLD 中可以为每一个模板指定材料，在加入时模架中已经指定了一些大众化的材料类型。

（1）单击"IMOLD"面板"模架设计" 下拉列表中的"板的材料"按钮 ，弹出如图 9-24 所示的"板的材料"属性管理器。

（2）在"定模"和"动模"选项中，会显示出模架中的所有模板，其中每个使用的模板名称后都有一个下拉列表框，可以从中选择所需要的模板材料。

模板材料信息将跟在模型中，以后生成 BOM

（材料清单）时，会自动列出模板使用的材料。如果没有使用"板的材料"功能设置模架钢材种类，默认均使用供应商的标准钢材。

图 9-24　"板的材料"

属性管理器

9.3　全程实例——加入模架

光盘\动画演示\第 4-13 章\全程实例-散热盖模具设计.avi

01 设置模架并添加。

❶单击"IMOLD"面板"模架设计" 下拉列表中的"创建模架"按钮，弹出"创建模架"属性管理器，在这里设置模架参数。

❷在"选模架"选项中，选取模架的供应商为"FUTABA"，模架单位为"Metric"，以及模架类型为"Type FC"和尺寸为 2527，单击"显示详细资料"按钮便可以查看当前选择模架的结构示意图，如图 9-25 所示。

❸在"定义设置"选项中，指定选择的模架在加入到设计方案中时需要旋转，这里选择"旋转"选项。

❹设置完成后单击"创建模架"属性管理器的"确定"按钮 ✓，完成模架的添加。

02 清除多余零部件。

❶单击"IMOLD"面板"模架设计" 下拉列表中的"清除"按钮，系统出现提示框。

❷信息提示是否需要删除零厚度的模板及模架中没有用到的组件，单击"是"按钮进行删除。

03 调整模架参数。

❶单击"IMOLD"面板"模架设计" 下拉列表中的"修改厚度"按钮，弹出"修改模架"属性管理器。

❷单击"厚度"按钮，弹出"改厚度"对话框，如图 9-26 所示，修改模架的厚度，修改的

参数有固定模组的 TCP/A1/A 参数，以及移动模组的 B 参数。该图还给出了参数修改后的模架变化情况，注意到几个模板的厚度变化情况。

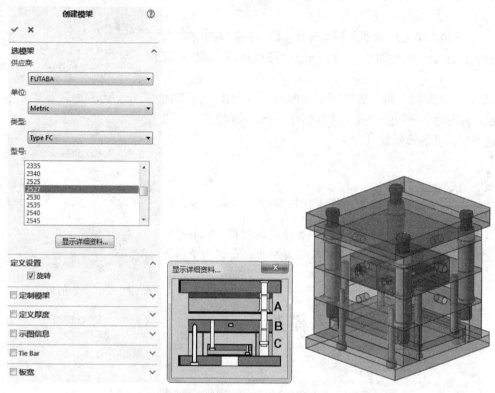

图 9-25　"创建模架"属性管理器

❸设置完成后单击"修改模架"属性管理器"确定"按钮 ✓，修改模架参数。

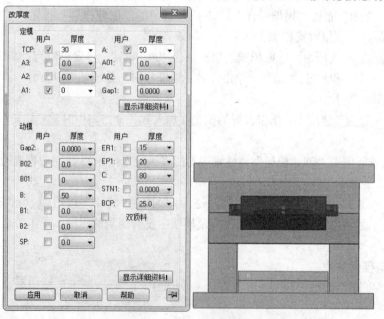

图 9-26　调整模架参数

04 创建螺钉草图。IMOLD 特征管理提供了一个按模具系统逻辑关联的方式管理零件的工具。这里点击"IMOLD 特征管理"▥图标便进入了模具特征管理界面。这里显示了模具特征的各个组成部分，如图 9-27 所示，打开"100-ex1 衍生件_型腔"型腔零件。

在型腔零件的前视基准面上创建如图 9-28 所示的草图，草图为矩形，各个边与型腔边缘的距离为 8mm。

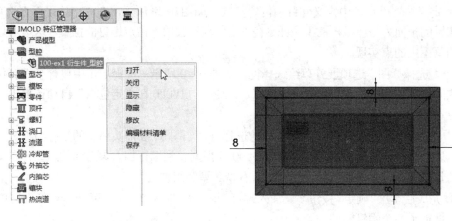

图 9-27　打开型腔零件　　　　　　　　图 9-28　添加螺钉草图

05 创建型腔模块螺钉。

❶这里压缩定模固定板。

❷单击"IMOLD"面板"智能螺钉"▮下拉列表中的"增加螺钉"按钮▮，弹出"增加螺钉"属性管理器，如图 9-29 所示。

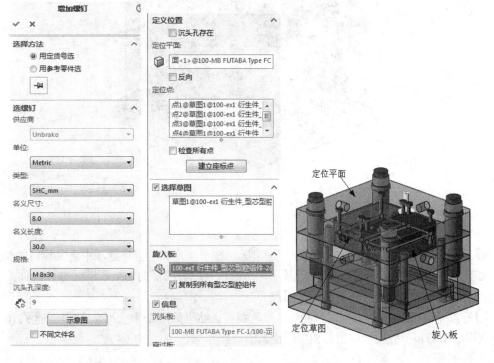

图 9-29　"添加螺钉"属性管理器

❸单击"选螺钉"选项，展开螺钉选择属性管理器。首先选取螺钉"单位"为"Metric"，然后设置螺钉"类型"为"SHC_mm"。

❹在"名义尺寸"下拉列表中，选取标准螺钉直径为8mm。在"名义长度"下拉列表中指定长度。这里不指定长度，在创建槽腔时系统将使用最小标准尺寸的长度数值。在"沉头孔深度"输入框中指定从放置面到螺钉孔的距离为9mm。

❺在"定义位置"选项中定义螺钉的位置参数，如图9-29所示，在"定位平面"选项下，选取放置螺钉的平面为型腔模板的上表面。在"定位点"选项中指定螺钉的位置，这里通过选取预先定义的草图中的点实现。

❻选择"选择草图"选项展开草绘选择框，如图9-29所示。选择上步中包含了螺钉位置点的草图，从而将草图中的所有点作为位置点来加入螺钉。IMOLD在"定位点"自动计算出4个点作为"定位点"。

❼单击"旋入板"选项展开最后到达板的选择框，如图9-29箭头所示的型腔模板。它是螺钉加入时最后接触到的模板类零件。指定后，IMOLD根据它到螺钉加入参考面的距离，自动确定一个螺钉的长度值。这里需要选择"复制到所有型芯型腔组件"。

❽设置完成后单击"确定"按钮 ✓，加入螺钉。结果如图9-30所示，可以看到在SOLIDWORKS特征树里面增加了8个螺钉零件。

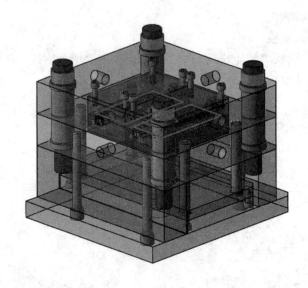

图 9-30　添加型腔螺钉

06 创建型芯模块螺钉。

❶其他设置创建型腔模块螺钉过程。这里区别在于"定义位置"选项中定义螺钉的位置参数，如图9-31所示，在"定位平面"选项下，选取放置螺钉的平面为型芯模板的下表面。同样，在"定位点"选项中选取预先定义的草图。

❷设置完成后单击"确定"按钮 ✓，加入螺钉。结果如图9-31所示，这里创建了16个螺钉分别用于型芯和型腔模仁同型芯和型腔模板的连接。

Chapter 09

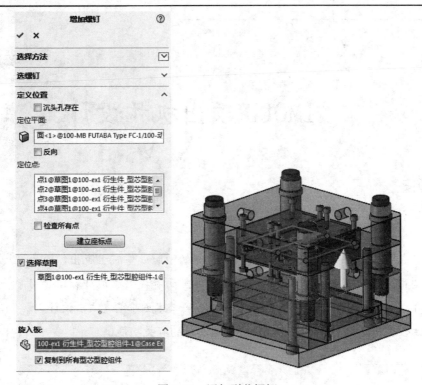

图 9-31　添加型芯螺钉

IMOLD 顶出机构设计

SOLIDWORKS 2016

本章导读

在注射成型的每一循环中，塑件必须从模具的型腔或型芯上脱出，脱出塑件的机构称为顶出机构。许多公司的标准件库里面都提供了顶杆和顶管用于顶出设计，然后再利用 IMOLD 的顶杆的后处理工具便可完成顶出设计。

本章结合实例介绍 IMOLD 进行顶出机构设计的有关功能。

学习要点

    📁 顶出机构结构

    📁 IMOLD 顶杆设计

    📁 全程实例——加入顶杆

10.1 顶出机构结构

10.1.1 顶出机构的设计要求

1. 塑件留在动模

在模具的结构上应尽量保证塑件留在动模一侧，因为大多数注射机的顶出机构都设在动模一侧。如果不能保证塑件留在动模上，就要将制品进行改形或强制留模，否则就要在定模上设计顶出机构。

2. 塑件在顶出过程中不变形、不损坏

保证塑件在顶出过程中不变形、不损坏是对顶出机构的基本要求，所以设计模具时要正确分析塑件对模具包紧力的大小和分布情况，用此来确定合适的顶出方式、顶出位置、型腔的数量和顶出面积等。

3. 不损坏塑件的外观质量

对于外观质量要求较高的塑件，顶出的位置应尽量设计在塑件内部，以免破坏塑件的外观。由于塑件收缩时包紧型芯，因此顶出力作用点应尽可能靠近型芯，同时顶出力应施于塑件上强度、刚度最大的地方，如筋部、凸台等处，推杆头部的面积也尽可能大些，保证制品不损坏。

4. 合模时应使顶出机构正确复位

顶出机构设计时应考虑合模时顶出机构的复位，在斜导杆和斜导柱侧向抽芯及其他特殊情况下，有时还应考虑顶出机构的先复位问题。

5. 顶出机构应动作可靠

顶出机构在顶出与复位过程中，其工作应准确可靠，动作灵活，容易制造，配换方便。

10.1.2 简单顶出机构

简单顶出机构也叫一次顶出机构，即塑件在顶出机构的作用下，通过一次动作就可以脱出模外的形式。它一般包括推杆顶出机构、推管顶出机构、推件板顶出机构、推块顶出机构等，这类顶出机构应用最广泛。

1. 推杆顶出机构

（1）推杆的特点和工作过程。推杆顶出机构是最简单、最常用的一种顶出机构。由于设置推杆的自由度较大，而且推杆截面大部分为圆形，容易达到推杆与模板或型芯上推杆孔的配合精度，推杆顶出时运动阻力小，顶出动作灵活可靠，损坏后也便于更换，因此在生产中广泛应用。但是因为推杆的顶出面积一般比较小，易引起较大局部应力而顶穿塑件或使塑件变形，所以很少用于脱模斜度小和脱模阻力大的管类或箱类塑件。

如图 10-1 所示，其工作过程是：开模时，当注射机推杆与推板 5 接触时，塑件由于推杆 3 的支承处于静止位置，模具继续开模，塑件便离开动模 1 脱出模外；合模时，顶出机构由于复位杆 2 的作用回复到顶出之前的初始位置。

（2）推杆的设计。推杆的基本形状如图 10-2 所示。图 a 为直通式推杆，尾部采用台肩固定，是最常用的形式；图 b 为阶梯式推杆，由于工作部分较细，故在其后部加粗以提高刚性，一般直径小于 2.5~3mm 时采用；图 c 为顶盘式推杆，这种推杆加工起来比较困难，装配时也与其他推杆不同，需从动模型芯插入，端部用螺钉固定在推杆固定板上，适合于深筒形塑件的顶出。

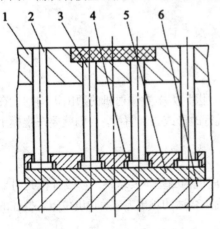

图 10-1 推杆顶出机构

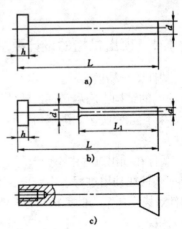

图 10-2 推杆的基本形式

1—动模 2—复位杆 3—推杆

4—推杆固定板 5—推板 6—动模底板

推杆的材料常用 T8A、T10A 等碳素工具钢或 65Mn 弹簧钢等，前者的热处理要求硬度为 50~54HRC，后者的热处理要求硬度为 46~50HRC。自制的推杆常采用前者，而市场上推杆标准件多采用后者为材料。推杆工作端配合部分的表面粗糙度值 Ra 一般取 $0.8\mu m$。

图 10-3 所示为推杆在模具中的固定形式。图 a 是最常用的形式，直径为 d 的推杆，在推杆固定板上的孔应为 $d+1mm$，推杆台肩部分的直径为 $d+6mm$；图 b 为采用垫块或垫圈来代替图 a 中固定板上沉孔的形式，这样可使加工方便；图 c 为推杆底部采用顶丝拧紧的形式，适合于推杆固定板较厚的场合；图 d 用于较粗的推杆，采用螺钉固定。

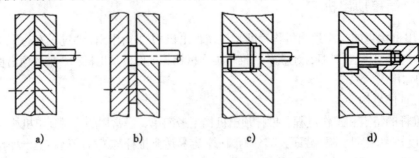

图 10-3 推杆的基本形式

（3）推杆设计的注意事项。

① 推杆应选择在脱模阻力最大的地方，因塑件对型芯的包紧力在四周最大，若塑件较深，则应在塑件内部靠近侧壁的位置设置推杆，如图 10-4a 所示，若塑件局部有细而深的凸台或筋，则必须在该处设置推杆，如图 10-4b 所示。

② 推杆不宜设在塑件最薄处，否则很容易使塑件变形甚至破坏，必要时可增大推杆面积来降低塑件单位面积上的受力，图 10-4c 所示即为采用顶盘顶出。

③ 当细长推杆受到较大脱模力时，推杆就会失稳变形，如图 10-5 所示，这时就必须增大推杆直径或增加推杆的数量。同时要保证塑件顶出时受力均匀，从而使塑件顶出平稳而且不变形。

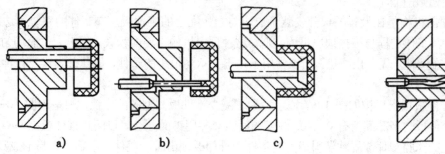

图 10-4 推杆位置的选择   图 10-5 推杆本身刚性

④ 因推杆的工作端面是成型塑件的部分内表面，如果推杆的端面低于或高于该处型面，则在塑件上就会产生凸台或凹痕，影响塑件的使用及美观，因此，通常推杆装入模具后，其端面应与型腔面平齐或高出 0.05~0.1mm。

⑤ 当塑件各处脱模阻力相同时，应均匀布置推杆，且数量不宜过多，以保证塑件被顶出时受力均匀、平稳、不变形。

2. 推管顶出机构

推管顶出机构是用来顶出圆筒形、环形塑件或带有孔的塑件的一种特殊结构形式，其脱模运动方式和推杆相同。由于推管是一种空心推杆，故整个周边接触塑件，顶出塑件的力量均匀，塑件不易变形，也不会留下明显的顶出痕迹。

（1）推管顶出机构的结构形式。图 10-6a 所示结构型芯较长，可兼作顶出机构的导向柱，多用于脱模距离不大的场合，结构比较可靠。图 10-6b 所示的形式是型芯用销或键固定在动模板上的结构。这种结构要求在推管的轴向开一长槽，容纳与销（或键）相干涉的部分，槽的位置和长短依据模具的结构和顶出距离而定，一般是略长于顶出距离。与上一种形式相比，优点是这种结构形式的型芯较短，模具结构紧凑；缺点是型芯的紧固力小，适用于受力不大的型芯。图 10-6c 所示的形式是型芯固定在动模垫板上，而推管在动模板内滑动，这种结构可使推管与型芯的长度大为缩短，但顶出行程包含在动模板内，致使动模板的厚度增加，用于脱模距离不大的场合。

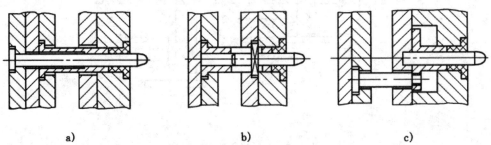

图 10-6 推杆顶出机构的形式

（2）有关推管的配合。推管的内径与型芯相配合，小直径时选用 H8/f7 的配合，大直径取 H7/f7 的配合；外径与模板上的孔相配合，直径较小时采用 H8/f8 的配合，直径较大时采用 H8/f7 的配合。推管与型芯的配合长度一般比顶出行程大 3~5mm，推管与模板的配合长度一般为推管外径的 1.5~2 倍，推管固定端外径与模板有单边 0.5mm 装配间隙，推管的材料、热处理、硬度要求及配合部分的表面粗糙度要求与推杆相同。

3. 推件板顶出机构

推件板顶出机构是在型芯的根部安装了一块与之相配合的推件板，在塑件的整个周边端面上进行顶出，其工作过程与推杆顶出机构类似。这种顶出机构作用面积大，顶出力大而均匀，运动平稳，并且在塑件上无顶出痕迹，所以常用于顶出支承面很小的塑件，如薄壁容器及各种罩壳类塑件。

常用的推件板顶出机构如图 10-7 所示。为了减少推件板与型芯的摩擦，可采用图 10-8 所示的结构，推件板与型芯间留有 0.2~0.25mm 的间隙，并用锥面配合，以防止推件板因偏心而溢料。对于大型的深腔塑件或用软塑料成型的塑件，推件板顶出时，塑件与型芯间容易形成真空，在模具上可设置进气装置，如图 10-9 所示。

推件板顶出机构的复位靠合模动作完成，不需另外设置复位杆。推件板一般需经淬火处理，以提高其耐磨性。

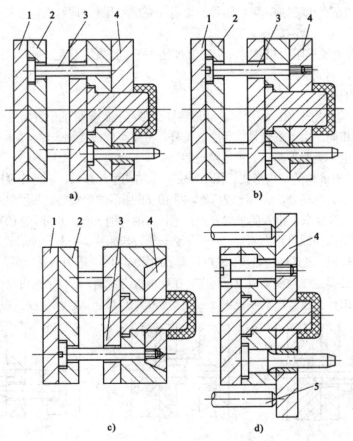

图 10-7 常见推件板顶出机构

1—推板 2—推杆固定板 3—推杆 4—推件板 5—注射机顶杆

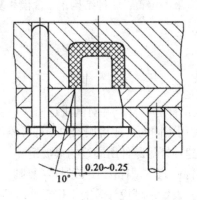
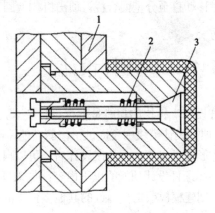

图10-8 推件板与凸模锥面配合   图10-9 推件板顶出机构的进气装置

1—推件板 2—弹簧 3—阀杆

📖10.1.3 顶出机构的导向与复位

1. 导向零件

有时顶出机构中的推杆较细、较多或顶出力不均匀，顶出后推板可能发生偏斜，造成推杆弯曲或折断，此时，应考虑设计顶出机构的导向装置。常见的顶出机构导向装置如图10-10所示。图a、b中的导柱除起导向作用外还能起支承的作用，以减小在注射成型时动模垫板的变形；图c的结构只起导向作用。模具小、顶杆少、塑件产量又不多时，可只用导柱不用导套；反之模具还需装导套，以延长模具的使用寿命以及提高模具的可靠性。

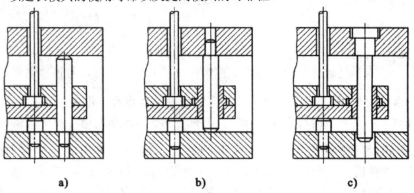

图10-10 顶出机构的导向装置

2. 复位零件

顶出机构在开模顶出塑件后，为了下一次注射成型能够进行，需使顶出机构复位，以便恢复完成的模腔，所以必须设计复位装置。最简单的方法是在推杆固定板上同时安装复位杆，也叫回程杆。

复位杆端面设计在动、 定模的分型面上。开模时，复位杆与顶出机构同时顶出；合模时，复位杆先与定模分型面接触，在动模向定模逐渐合拢过程中，顶出机构被复位杆顶住，从而与动模产生相对移动直至分型面合拢，顶出机构就回复到原来的位置。这种结构中，合模和复位是同时完成的。

10.2　IMOLD 顶杆设计

"顶杆设计"模块的功能是根据设计要求，加入顶杆等零件，并对其进行修改、移动等操作。另外，顶杆设计模块中还提供了修剪功能，可以使用不同的方法将加入的顶杆等零件按所要求的零件外形进行修剪，并且在设计后还可以自动创建顶杆等零件所通过的模板槽腔。

本节讲述顶杆设计功能的以下内容：加入顶杆零件；修改顶杆；平移顶杆（复制或旋转）；修剪顶杆；创建模板或顶杆通过的其他零件中的槽腔；设置顶杆设计时的工作零件；顶杆参数。

📖10.2.1　加入顶杆

1. 设置工作装配

单击"IMOLD"面板"顶杆设计"▥下拉列表中的"增加顶杆"按钮▥，系统出现一个信息属性管理器，提示选择工作零件，如图 10-11 所示。从"选择工作装配体"属性管理器中，选取需要加入顶杆的当前组件文件，并单击"确定"按钮进入该文件。

图 10-11　设置工作装配体

> 📥 **注意:**
> 　　　　如果设计都是在当前的工作文件中加入顶杆，可以勾选"设置当前装配体为缺省"选项，该选项将一直默认使用当前的组件文件作为工作文件，以后如果需要修改，可以通过顶杆菜单中的"顶杆设计"→"设置工作装配体"命令来进行修改。

2. 设置顶杆零件名称

进入工作文件后，系统弹出"增加顶杆"属性管理器，如图 10-12 所示。在"零件名"选项中，定义将要加入到设计中的顶杆零件的名称，在每一个顶杆后系统自动增加一个数字序号以区别不同的顶杆等零件。

> 📥 **注意:**
> 　　　　系统自动增加序号以区别每一个顶杆，是因为一次加入的顶杆零件尺寸参数虽然是相同的，但是由于顶杆顶出位置的外形在最后需要通过型芯零件的外形来修剪得到，因此对每一个顶出零件来说外形可能是完全不一样的，所以系统在设计时将每一个顶杆零件都当作不同的零件来考虑，因此需要加入数字序号以示区别。

3. 选择顶杆特性

在"选择"选项中,选取顶杆零件的品牌、单位和类型,如图 10-12 所示。单击其中的"显示示意图"按钮,可以得到该设置下顶杆零件的尺寸示意图,图 10-12 所示为"DME"品牌的尺寸图。"单位"为"Inch","类型"为"AXE 型顶杆"的顶杆零件。

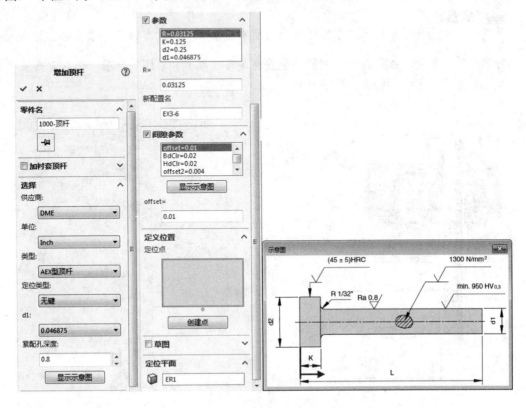

图 10-12　增加顶杆

4. 设置顶杆安装特征

在"定位类型"选项下,选取顶杆零件的底部安装外形特征。"无键"代表外形为圆形。"矩形键"特征为上凸形,在以后创建的槽腔外形也与之一致。"槽形键"特征为扁状。此种类型的顶杆类零件需要考虑防转。

在"定位类型"之后的选项是整个顶杆零件尺寸的驱动参数,在这里选择顶杆零件的关键尺寸参数,其具体含义可以参考给出的位图。

5. 设置匹配高度

在"紧配孔深度"选项中控制从修剪后的顶杆最高点到创建的槽腔最高点之间的距离,这一段通常是小间隙滑动配合的,起到导向顶杆的作用。

6. 设置零件尺寸

在"参数"选项中,定义顶杆零件各个部分的尺寸参数,如图 10-13 所示。

7. 定义顶杆位置

在"定义位置"中指定加入的顶杆零件的位置。可以在"定位点"选项中直接指定图形中的位置点,也可以通过选择"草图"选项选取草图中的所有点,并选取草图。为了选取草图,可以从特征管理器中选取它或在草图中选取任何点。该系统将自动拾取草图中的所有点作为定位点。

也可以使用"创建点"功能调出智能点创建功能创建这些位置点,如图 10-14 所示。

注意:

选择了草图后,草图中包含有所有点都将列在"定位点"选项中作为加入顶杆零件的位置点,如果有需要删除的位置点,可以取消"草图"选项,然后直接从"定位点"选项列表中删除不需要的点。

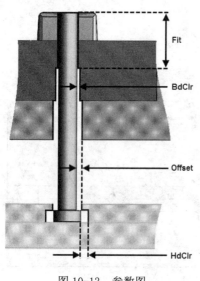

图 10-13　参数图

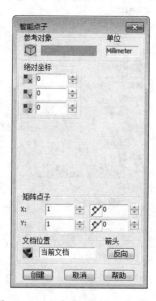

图 10-14　"智能点子"对话框

8. 定义顶杆平面

在"定位平面"选项下,选取顶杆零件的放置平面,默认情况下,该平面是顶板平面(ER1)。这是在转入模组结构中自动给出的平面。

9. 完成顶杆零件添加

参数设置完成后,单击"确定"按钮 ✔ 。

📖10.2.2　修改顶杆零件

将已经存在的顶杆零件的尺寸改为另一个标准尺寸或者自定义的尺寸。

1. 进入修改顶杆设计

单击"IMOLD"面板"顶杆设计" Ⅲ 下拉列表中的"修改顶杆"按钮Ⅲ,同样出现工作文件选择窗口。从中选择顶杆零件的工作文件后,系统弹出"修改顶杆"属性管理器,从绘图区中选择任意一个需要修改的顶杆零件,属性管理器变为图 10-15 所示的形式。

2. 选取顶杆零件

在图中"选择杆"选项中列出了选择的顶杆零件的名称。在"信息"选项中显示了需要修

改的顶杆零件的参数，其中不能修改的部分为不可选取状态，如图
10-15 所示。

3．更改顶杆类型

在"修改为"选项中选择修改的方式，其中"新尺寸"方式可以
将当前选择的顶杆零件改变为数据库中的另一个标准尺寸，"定制"方
式可以对选择的顶杆零件的某一个尺寸参数进行修改，而创建一个自
定义尺寸的零件，如图 10-15 所示。

4．更改顶杆参数

在"选尺寸"选项中选取标准尺寸下的驱动参数数值。在"间隙
参数"选项中对各个参数进行设置，创建自定义的顶杆零件。

5．完成顶杆零件修改

参数设置完成后，单击"确定"按钮 ✓ 。

图 10-15 "修改顶杆"
属性管理器

注意：
本功能可以修改加入到设计方案中的任何一个顶杆

零件的尺寸，但是如果需要修改顶杆零件的品牌类型等参数，
就需要将该零件删除，然后使用加入功能重新添加到设计方案
中。

10.2.3 平移顶杆零件

这里介绍通过使用平移和复制功能对已经存在的顶杆零件进行移动。

1．进入平移顶杆设计

单击"IMOLD"面板"顶杆设计" ▥ 下拉列表中的"平移顶杆"按钮 ▥，在弹出的"平移
顶杆"属性管理器中选择所需的工作文件名称后，从绘图区或特征树中选择需要移动的顶杆零件
后，属性管理器变为图 10-16 所示形式。

2．选取顶杆零件

在"选顶杆"选项中出现当前选择的顶杆零件名称，选择"信息"选项可以查看顶杆零件
的各项参数。在"操作"选项中选择移动操作的方式，有"复制"和"旋转"两种方式，选择"复
制"方式，如图 10-16 所示，然后在"新零件名"选项中指定新创建的顶杆零件的名称。

3．确定定位方法

在"定位方法"选项中，指定平移的方式，有"定义点"和"X-Y 转换"（X-Y 平移）相对
值两种方式，如图 10-16 所示，选择"定义点"方式，会出现如图 10-16 所示的"选择点"的选
项框来指定平移的起点和终点。选择相对值方式会出现选择框，通过指定 X、Y 方向的距离值来
确定平移距离。

4．设置平移参数

如果移动操作的方式选择的是"旋转"方式，则会出现一个"选转角度"输入框，用来指
定旋转的角度值。

5. 完成顶杆平移

参数设置完成后多单击"确定"按钮 ✓。

图 10-16　"平移顶杆"属性管理器

图 10-17　"裁剪顶杆"属性管理器

📖 10.2.4　自动修剪

顶杆系统设计模块提供了自动修剪功能，可以按照型芯零件的表面外形对加入到设计中的顶杆零件的头部进行自动修剪，这个功能只能修剪位于当前工作组件中的顶杆零件。

1. 进入修剪顶杆

单击"IMOLD"面板"顶杆设计" Ⅲ 下拉列表中的"裁剪顶杆"按钮 Ⅲ，弹出"裁剪顶杆"属性管理器，如图 10-17 所示。

2. 选择修剪选项

在"选择方式"选项中，根据修剪要求选择修剪选项，有"多个顶杆"和"所有零件"两种方式，含义如下：

多个顶杆：一次操作选择多个顶杆零件进行修剪。

所有零件：一次操作将设计方案中包含的所有顶杆零件进行修剪。

注意：

如果是处于顶层装配体中进行顶杆零件修剪操作，只能使用"多个顶杆"方式进行修剪。

3. 选择裁剪方法

曲面裁剪：选择一个曲面来对顶杆零件进行修剪，使用时需要定义一个曲面作为修剪工具，IMOLD 会自动选择缝合的型芯曲面。

实体裁剪：使用一个模型实体零件对顶杆零件进行修剪。

面裁剪：使用实体面进行裁减，IMOLD 会自动搜索需要用到的实体面。这种方式来裁减顶杆要比前两种方法快一些。同时可以在"偏置面"里面输入偏置距离来定义顶杆深入到产品模型内部的长度。

> **注意:**
> 如果在顶层装配体下进行修剪操作,不能使用"使用曲面"选项进行修剪。

同时,在修剪后,顶杆零件的外形与修剪工具相关联,即如果使用了"使用曲面"选项,那么该零件的外形与选择的曲面保持关联。

在"操作"选项中有4种操作方式可选。区别如下:

裁剪:使用选择的工具执行修剪操作。

取消裁剪:取消顶杆零件的修剪操作,恢复到它们的原始状态。

反向:如果使用修剪表面修剪顶杆,有时顶杆正确的一边可能被修剪掉。在此情况下,只能使用该选项修改此结果。

4. 完成自动修剪

参数设置完成后,单击"确定"按钮 ✓ 。

📖10.2.5　删除顶杆

1. 进入删除顶杆命令

单击"IMOLD"面板"顶杆设计" Ⅲ 下拉列表中的"删除顶杆"按钮 🔟 ,弹出"删除顶杆"属性管理器。

2. 选择顶杆零件

在"选择方式"选项中,根据需要选择需要选择的类型。在"单一零件"单个零件选项方式下,会出现"选择杆"选项,从绘图区或特征树中选择需要删除的顶杆零件,或使用"所有零件"选项删除所有的顶杆零件。

3. 完成删除顶杆

参数设置完成后,单击"确定"按钮 ✓ 。

10.3　全程实例——加入顶杆

> **参见光盘**　光盘\动画演示\第 4-13 章\全程实例-散热盖模具设计.avi

本节继续前面贯穿的实例介绍 IMOLD 顶杆设计的若干功能。

01 设置工作装配。单击"IMOLD"面板"顶杆设计" Ⅲ 下拉列表中的"增加顶杆"按钮 Ⅲ ,系统出现一个信息属性管理器,提示选择工作零件。从"顶杆设置"对话框中,选取需要加入顶杆的当前组件文件,如图 10-18 所示,并单击"确定"按钮进入该文件。

02 设置顶杆参数。

❶进入工作文件后,系统弹出"增加顶杆"属性管理器,如图 10-19 所示。在"零件名"

选项中，定义将要加入到设计中的顶杆零件的名称为"100-顶杆"。

图 10-18 "顶杆设置"对话框

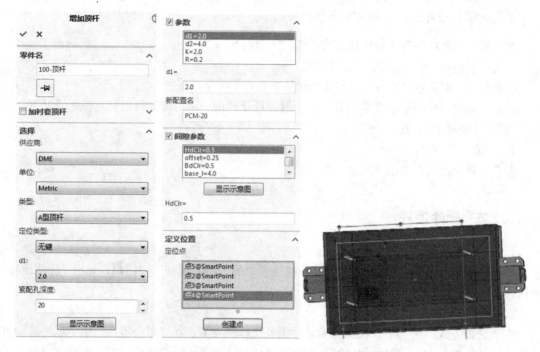

图 10-19 "增加顶杆"属性管理器

❷在"选择"栏中，选取顶杆零件的供应商、单位和类型。"DME"品牌的，"单位"为"Metric"，"类型"为"A型顶杆"的顶杆零件。

03 定义顶杆位置。

❶在"定义位置"中指定加入的顶杆零件的位置。使用"创建点"功能调出智能点创建功能创建这些位置点，如图 10-19 所示。这里选择模型下底面内侧的 4 个边线的交角点并适当调整。单击"创建点"按钮，选择模型的边角点并做出适当的调整，共创建 4 个点。"智能点子"对话框显示的是选中了边角并在 X 方向和 Y 方向调整 1mm 后的结果。

❷在"顶杆平面"选项下，选取顶杆零件的放置平面，默认情况下，该平面是顶板平面（ER1）。

❸参数设置完成后，单击"确定"按钮✔，完成顶杆的创建，如图 10-20 所示。

04 修剪顶杆。

❶单击"IMOLD"面板"顶杆设计"▥下拉列表中的"裁剪顶杆"按钮▥，弹出"裁剪顶杆"属性管理器，如图 10-21 所示。

❷在"选择方式"中，选择"所有零件"，在"裁剪方法"选项中，选择"实体裁剪"。

❸参数设置完成后，单击"确定"按钮✔，图 10-21 同时也给出了修剪结果。

图 10-20　创建顶杆

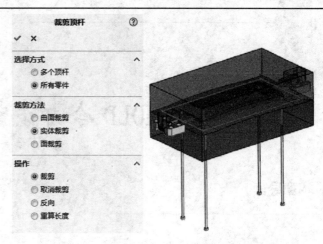

图 10-21　"裁剪顶杆"属性管理器

IMOLD 冷却设计

本章导读

    为了缩短成型周期，需要对模具进行必要的冷却，常用的方法是使用冷却水路循环来带走模仁的热量，实现型腔的降温。其具体过程为设计冷却回路的路线，修改回路或复制和移动回路，增加回路延长部分和过钻部分等。

学习要点

- 📂 模具冷却设计
- 📂 IMOLD 冷却设计功能
- 📂 全程实例——加入冷却系统

11.1 模具冷却设计

注射模的温度对塑料熔体的充模流动、固化定形、生产率及塑件的形状和尺寸精度都有重要的影响。热塑性塑料在注射成型过程中，根据其品种的不同，模温的要求也有所不同。对于熔融粘度较低，流动性较好的塑料，如聚乙烯、聚苯乙烯、聚丙烯、尼龙等，需要对模具进行人工冷却，对于结晶型塑料，冷凝时放出热量大，应对模具充分冷却，以便塑件在模腔内很快冷凝定型，缩短成型周期，提高生产率。

11.1.1 冷却系统设计原则

1. 冷却水孔应尽量多、孔径应尽量大。如图 11-1 所示，型腔表面的温度与冷却水孔的数量、孔径的大小有直接的关系。图 11-1a 的 5 个大孔要比图 11-1b 的两个小孔冷却效果好得多，图 11-1a 的模具表面温差较小，塑件冷却较均匀，这样成型的塑件变形小，尺寸精度易保证。

2. 冷却水道到型腔表面的距离应尽量相等。当塑件壁厚均匀时，冷却水道至型腔表面的距离最好相等，但是当塑件壁厚不均匀时，厚的地方冷却水道至型腔表面的距离应近一些。一般冷却水孔的孔径至型腔表面的距离应大于 10mm，常用 12 ～ 15 mm。

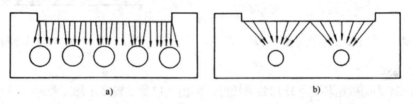

图 11-1　水孔数量及孔径

3. 浇口处加强冷却。一般熔融塑料填充型腔时，浇口附近的温度最高，距离浇口越远温度越低。因此浇口附近应加强冷却，在它的附近设冷却水的入口，而在温度较低的远处设置为冷却水出口，如图 11-2 所示。

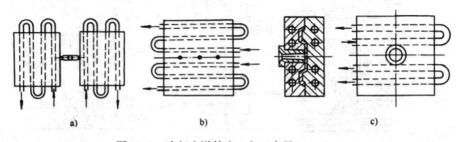

图 11-2　冷却水道的出、入口布局

4. 降低入水与出水的温差。如果冷却水道较长，则入水与出水的温差就较大，这样就会使模具的温度分布不均匀，为了避免这个现象，可以通过改变冷却水道的排列方式来克服这个缺陷。

5. 冷却水道要避免接近熔接痕部位，以免熔接不牢，影响塑件的强度。

6. 冷却水道的大小要易于加工和清理，一般孔径为 8 ～ 10 mm。

📖11.1.2 常见冷却系统结构

1. 直流式和直流循环式

如图 11-3a 所示,这种形式结构简单,加工方便,但模具冷却不均匀,图 11-3b 的冷却效果更差。它适用于成型面积较大的浅型塑件。

2. 喷流式

如图 11-4 所示,以水管代替型芯镶件,结构简单,成本较低,冷却效果较好。这种形式既可用于小型芯的冷却也可用于大型芯的冷却。

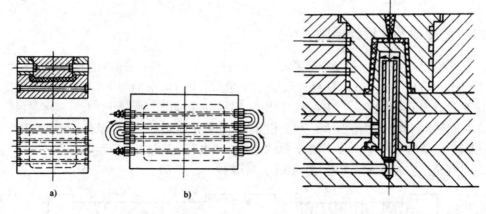

图 11-3　直流式和直流循环冷却装置　　　　　图 11-4　喷流式冷却装置

3. 循环式

图 11-5a 为间歇循环式,冷却效果较好,但出入口数量较多,加工费时;图 11-5b、c 为连续循环式,冷却槽加工成螺旋状,且只有一个入口和出口,其冷却效果比图 11-5a 稍差。这种形式适用于型芯和型腔。

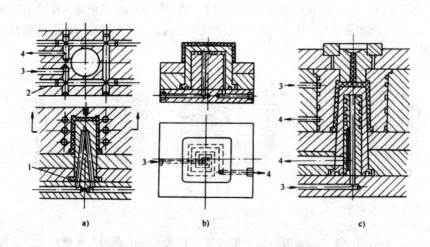

图 11-5　循环式冷却装置

1—密封圈　2—堵塞　3—入口　4—出口

Chapter 11

11.2　IMOLD 冷却设计功能

"冷却设计"模块可以很方便地在模具中创建各种冷却回路。冷却系统设计模块在进行回路创建时使用了 3D 草图技术以便观察和创建复杂的回路。同时为使加工方便，它也可以指定钻孔面和过钻部分。每一个单独的回路都是一个独立的文件，位于一个子装配体文件中。冷却通道基于实体建立，在设计时可以很方便地根据加工需要指定通道如何在模块上钻出。

📖11.2.1　设计冷却回路的路线

冷却回路的创建，首先需要在模具中定义出冷却通道的路径，完成回路的定义后还要定义通道的截面图表，完成创建过程，设计一个新的冷却回路的步骤如下：

1. 开启创建水路

单击"IMOLD"面板"冷却通路设计"🎛下拉列表中的"创建冷却通路"按钮🎛，弹出"创建水路"属性管理器，如图 11-6 所示。

2. 定义水路入口

在"入口选择"选项中，可以放置回路进口点所在的表面，也可以使用软件工具"创建点"功能创建一个点作为回路进入点，指定后会出现一个方向指示箭头，指向流动方向，如图 11-7所示的"智能点子"对话框。

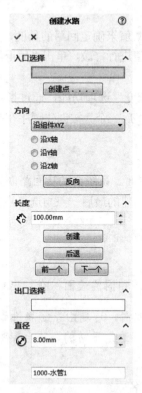

图 11-6　"创建水路"属性管理器

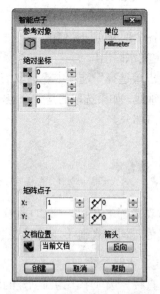

图 11-7　"智能点子"对话框

3. 定义水路方向

如图 11-8 所示，在"方向"选项中，指定回路水道的创建方向，　　　有如下 4 种指定方式：

图 11-8 "方向"选项

（1）"沿组件 XYZ"：通过选取坐标轴（X、Y 或 Z 轴）来控制回路的创建方向。在这种方式中，通过选择沿 X、Y、Z 的 3 个方向的选项，控制回路的创建。如果需要方向箭头指向相反方向，可以单击"反向"按钮。

（2）"绕 XYZ"：通过围绕某一个轴（X、Y 或 Z 轴）旋转来指定创建方向，这时指示的方向遵循右手定则，如图 11-7 所示，直接在 X、Y 或 Z 输入框中输入数值即可。

（3）"选特征"：通过选择一个平面、边线或点的方式来确定方向，单击"反向"选项可以使当前方向反向。

（4）"屏幕点选"：通过在绘图区窗口中使用鼠标选取方向，这时，系统自动切换到前视图，并将模型以线框方式显示，此种方式没有其他的选项。

4. 定义水路长度

在"长度"选项中，通过在 后的输入框中指定一个数值来确定回路的长度，然后单击"创建"按钮，显示出一条线段作为参考，这时可以对长度数值进行修改，单击"后退"按钮可以取消当前的回路设置。

在回路创建过程中，不断地交替使用"方向"和"长度"选项功能，通过指定方向和长度创建出整个回路。在创建过程中，可以使用"前一个"和"后一个"按创建顺序在整个已创建的回路中的各个部分间切换修改。

5. 定义水路出口

在"出口选择"选项中，选取需要放置回路出口的表面。系统自动从回路创建的最后一点向此面作垂线。如果选取的是一个点，系统则自动将回路创建的最后一点与选择点相连接，作为回路的出口部分。

注意：

　　　　如果"入口选择"和"出口选择"选择了相同的表面，在"出口选择"选项中出现表面名称时，"入口选择"中的表面名称会取消，这是由系统属性管理器的性质决定的，同一表面不能出现在不同的属性管理器中，这是正常的，不会影响任何操作。

6. 定义水路参数

在"直径"选项中，为新创建的回路指定直径大小及名称。

7. 完成水路设计

设置完成后单击"确定"按钮 ✔ 加入冷却水路。

Chapter 11

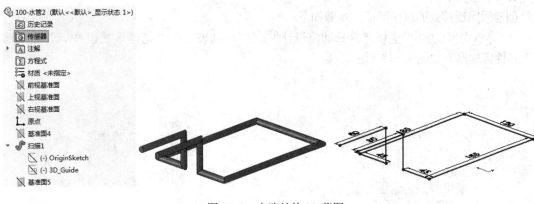

注意：
水路进入退出点的精确位置，以及水路空间位置，可以选择通过点创建功能进行定位，也可以在回路创建后，通过编辑 3D 草图，加入定位尺寸来约束定位，图 11-9 给出了水路草图的结构。

图 11-9　水路结构 3D 草图

11.2.2　修改或复制和移动水路

已经创建的冷却水路，可以进行修改、移动、复制等操作，也可以删除回路中的各个特征，步骤如下：

1．进入修改命令

单击"IMOLD"面板"冷却通路设计" 下拉列表中的"修订冷却通路"按钮 ，弹出"修订水路"属性管理器，如图 11-10 所示。

2．选择修改对象

从绘图区中选择需要改变的冷却回路，如果当前所在的工作文件是某一个冷却回路文件，则该回路自动成为可修改的状态，出现图 11-10 所示的修改设置界面。在"直径"选项中，为回路输入新的直径，然后单击"修订"按钮应用改变。

图 11-10　"修订水路"属性管理器

11.2.3　增加延长孔和过钻

1．增加延长孔

回路创建后，为便于加工，需要将某些回路段落延伸到模块之外，以便钻孔加工，在冷却设计模块中提供了将回路某一段延伸到某个面的功能，步骤如下：

（1）单击"IMOLD"面板"冷却通路设计" 下拉列表中的"钻孔"按钮 ，弹出"钻孔"属性管理器，如图 11-11 所示。

（2）在"堵塞面选择"选项中，选取需要将回路延伸到的零件表面，通常是型芯和型腔模块的侧面或底面。在"水管选择"选项中，选取需要延伸的回路段落靠近延伸面的一端。

（3）设置完成后单击"确定"按钮 ✓ 创建回路延伸部分。

在冷却水道界面中创建冷却回路时，这些回路之间通常采用直角连接，使用水道过钻功能可以将连接处略微延长，保证连接可靠，这样更符合实际的生产需要。

2．创建过钻

创建回路连接处的过钻特征的步骤如下：

（1）单击"IMOLD"面板"冷却通路设计" 下拉列表中的"延伸"按钮 ✚，弹出"延伸"属性管理器，如图 11-12 所示。

图 11-11 "钻孔"属性管理器

图 11-12 "延伸"属性管理器

（2）从绘图区中选择需要创建过钻部分的冷却回路，该回路会出现在图 11-12 所示的"水管选择"选项中。

> **注意：** 当选取水道中的圆柱表面时，鼠标点选处必须接近需要延长的一端。例如，如果选取靠近水道中某一圆柱面的右端，该处的圆柱面右端连接处将被过钻。如果在两个段落连接处需要创建过钻部分，需要将该功能执行两次。

（3）"参数"选项用来指定过钻的参数，在 后的输入框中，设置过钻部分的长度值。

（4）设置完成后，单击"确定"按钮 ✓ ，创建过钻特征。

> **注意：** 这个功能只能在零件编辑的环境中进行操作，如果当前的工作文件是在装配体环境中，系统会出现图 11-13 所示的提示，需要指出在某一个冷却回路成为当前工作文件时才有效。这时需要在 IMOLD 特征管理打开冷却回路文件。

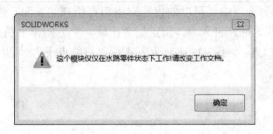

图 11-13　延伸异常

11.2.4　删除水路

在设计过程中，对于不需要的冷却回路，可以将其删除，步骤如下：

（1）单击"IMOLD"面板"冷却通路设计"  下拉列表中的"自动删除"按钮，弹出"自动删除"属性管理器，如图 11-14 所示。

（2）在"选项"区域下确定需要删除的冷却回路，可以选择"全部水路"选项来将设计中的所有回路进行删除操作，也可以选择"通过选项"选项，来有选择地将部分回路进行删除，这时选择的回路将出现在"水路选择"选项框中。

图 11-14　"删除水路"属性管理器

 注意：

实际上，使用 SOLIDWORKS 软件自身的功能也可以删除冷却水路。但是使用这些回路创建的删除后的槽腔则不能同时补删除。

（3）设置完成后单击"确定"按钮 进行删除操作。

11.3　全程实例——加入冷却系统

光盘\动画演示\第 4-13 章\全程实例-散热盖模具设计.avi

本节继续前面贯穿的实例介绍 IMOLD 冷却水路设计的若干功能。

11.3.1　设计冷却回路的路线

01 开启创建水路。单击"IMOLD"面板"冷却通路设计"下拉列表中的"创建冷却通路"按钮，弹出"创建水路"属性管理器，如图 11-15 所示。

02 定义水路出口入口点。

❶在"入口选择"选项中，可以放置回路进口点所在的表面，也可以使用软件工具"智能点"功能创建一个点作为回路进入点，指定后会出现一个方向指示箭头，指向流动方向。这里创建智能点确定出口入口点。如图 11-16 所示，图中"智能点子"对话框显示的是选中了定模板侧面圆孔中心创建的点。

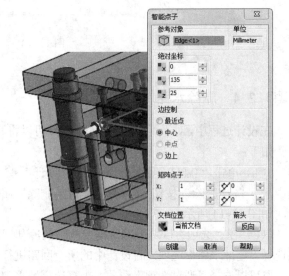

图 11-15　创建水路　　　　　　　　　　图 11-16　创建智能点确定出口入口点

❷如图 11-17 所示，以上述创建的智能点为参考点创建出口入口点草图点，在"智能点"对话框中对点作适当的 X 方向和 Y 方向参数的平移即可。

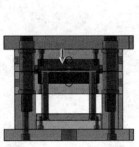

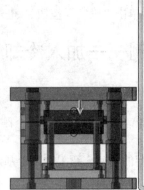

图 11-17　出口入口点草图点

03 定义水路方向和长度。

❶在"入口选择"选项中选中绘图中的智能点作为水路的入口开始水路的创建过程，然后依次创建每条水路，如图 11-18 所示。

❷在"长度"选项中，通过在💧后的输入框中指定一个数值来确定回路的长度，然后单击

"创建"按钮,显示出一条线段作为参考,这时可以对长度数值进行修改,单击"后退"按钮可以取消当前的回路设置。这里方向采用"沿组件 XYZ"选项来控制。图 11-18 是选中入口草图点的结果。

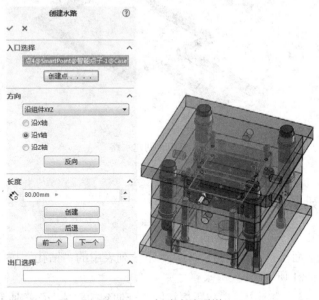

图 11-18　创建水路通道

❸在依次创建水路的过程中,水路的方向和长度可以参考表 11-1 给出的数值和方向。

04 定义水路出口。在"出口选择"选项中,选取需要放置回路出口的表面。系统自动从回路创建的最后一点向此面作垂线。这里选取创建的草图点,系统则自动将回路创建的最后一点与选择点相连接,作为回路的出口部分。图 11-19 给出了选中出口草图点的结果。

表 11-1　水路的方向和长度

步骤	是否反转方向	方向:长度	步骤	是否反转方向	方向:长度
(1)	否	Y:80	(4)	否	X:90
(2)	是	X:30	(5)	是	Y:110
(3)	否	Y:110	(6)	是	X:30

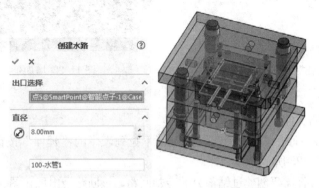

图 11-19　设置水路出口点

05 定义水路参数。在"参数"选项中,为新创建的水路指定直径大小为 8mm。

06 完成水路设计。设置完成后单击"确定"按钮 ✔ 加入冷却水路。水路零件如图 11-20

所示。

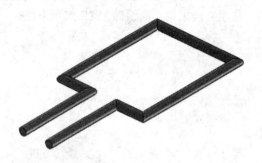

图 11-20　创建水路

11.3.2　增加延长孔和过钻

01 增加延长孔。

❶单击"IMOLD"面板"冷却通路设计" 下拉列表中的"钻孔"按钮，弹出"钻孔"属性管理器，如图 11-21 所示。

❷在"堵塞面选择"选项中，选取需要将回路延伸到的零件表面，通常是型芯和型腔模块的侧面或底面。在"水管选择"栏选取需要延伸的回路段落靠近延伸面的一端。

❸设置完成后单击"确定"按钮 创建回路延伸部分，创建的延长孔结果如图 11-22 所示。注意到本例为了加工方便，对较长的水路采用对钻的方法来加工，所以对该类水路双向取延长孔。

图 11-21　"钻孔"属性管理器

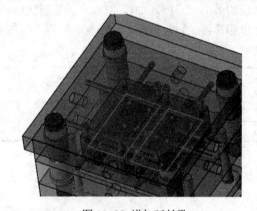

图 11-22 增加延长孔

02 创建过钻。

❶打开冷却回路文件"100-水管 1"。

❷单击"IMOLD"面板"冷却通路设计" 下拉列表中的"延伸"按钮，弹出"延伸"属性管理器，如图 11-23 所示。

❸从绘图区中选择需要创建过钻部分的冷却回路，该回路会出现在图 11-23 所示的"水管选择"选项中。

Chapter 11

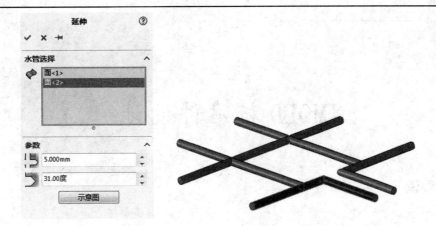

图 11-23 "延伸"属性管理器

❹ "参数"选项用来指定过钻的参数，在 ⌐ 后的输入框中，设置过钻部分的长度值。

❺ 设置完成后，单击"确定"按钮 ✔ 创建延伸特征，延伸的结果如图 11-24 所示。

图 11-24 延伸结果

12

IMOLD 标准件设计

本章导读

　　在 IMOLD 里面，已经将模架标准化并形成了标准模架库，使得结构、形式和尺寸都已经标准化和系列化。另外也提供了标准件，指的是模具的另一部分零件，IMOLD 把它们标准化，主要是顶杆、浇口套和定位环等。这是一个经常使用的组件库，同时也是一个能安装调整这些组件的系统。标准件是用标准件管理系统安装和配置的模具组件，也可以自定义符合公司的标准件设计体系的标准件库。

学习要点

📂 IMOLD 标准件功能

📂 全程实例——加入标准件

12.1 IMOLD 标准件功能

在 IMOLD 软件的数据库中保存了大量的标准零件种类。其中几乎包含了所有流行的标准件品牌，如 HASCO、DME 等。

通过"组件库"标准件功能，设计者可以非常直观地将标准件加入到设计方案中。在加入时，也可以将标准件修改为其他的标准类型或根据设计要求自己定制尺寸。

本节通过具体步骤讲述了标准件功能的以下内容：增加模具标准件，改变标准件尺寸，删除标准件和旋转标准件。

通过标准件功能可以把选择的标准件加入到任何一个组件装配体中，在启动标准件功能时，首先要确保当前的工作文件即是要加入标准件的装配体文件。例如，如果需要把一个冷却水道的接口零件加入到设计方案中，就需要将冷却组件作为当前的工作文件，然后再启动标准件功能进行添加。

12.1.1 添加标准件

1. 进入添加组件

单击"IMOLD"面板"标准件库" 下拉列表中的"增加标准件"按钮，弹出"增加标准件"属性管理器，如图 12-1 所示。

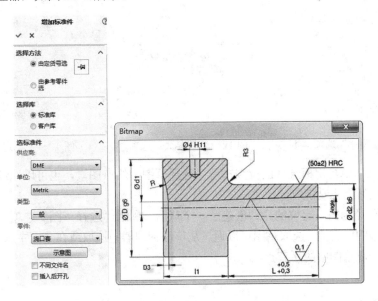

图 12-1 "增加标准件"属性管理器

2. 设置组件参数

在"选标准件"选项中，指定标准件的供应商和使用的单位。

在"类型"选项下，将标准件划分成了几个类型，可以从中选择合适的标准件种类，如用于顶出的标准件等。在标准件类型确定后，可以从"零件"选项中选择属于该类别的各种标准件，图 12-1 给出的是"浇口套"。

单击"示意图"按钮可以查看标准件的示意图。

3．设置组件尺寸

单击"选尺寸"，打开尺寸定义界面，如图 12-2 所示，根据设计要求选择合适的标准件尺寸，在这里，每当选取一个尺寸参数后，系统会自动进行一次过滤，将其他参数中不合适的尺寸去掉，只留下可以匹配的尺寸供进一步选择。

在所有尺寸参数选定后，系统会在"规格"选项下看到该标准件的型号名称，如果设计者对使用的标准件很熟悉，也可以直接在这里选择合适的标准件型号。

4．设置组件

在"参数"选项中，可以设置前面指定的标准件在创建槽腔时的尺寸参数。根据不同的标准件，这里的参数也各不相同，如图 12-3 所示。

5．设置标准件位置

在如图 12-4 所示的"定义位置"选项中，可以定义标准件放置在模具中的位置。其中"定位平面"选项用来确定标准件放置在模具中的放置平面。

图 12-2 "选尺寸"选项 　　　图 12-3 "参数"选项 　　　图 12-4 "定义位置"选项

在"定位点"中指定标准件的位置，可以选择草图中的点图素，也可以通过单击"建立坐标点"按钮调用智能点功能创建位置点。

或者如果已经为需要定位的元件创建了一个草图，利用"选择草图"选项来选取草图，就可以选取草图中的所有点。选取草图可以通过从特征管理器中选取或在草图中选取任何一个点，系统将自动地选取草图中的所有点。

注意：
　　　　一旦选取了草图，草图中所有的点将在"定位点"选项中列出。如果需要删除草图中的一些点，可以直接从"定位点"选项框中对点进行删除。

6．完成标准件添加

参数设置完成后，单击"确定"按钮 ✔ 加入标准件。

12.1.2 修改标准件

对加入到模具中的标准件，可以通过修改功能将其尺寸参数变为另一个标准尺寸，也可以对某些尺寸根据设计要求进行指定，步骤如下。

1. 进入修改标准件

单击"IMOLD"面板"标准件库"下拉列表中的"修改标准件"按钮，弹出"修改标准件"属性管理器，如图 12-5 所示。从绘图区或特征树中选择需要修改的标准件，该标准件的名称会出现在图 12-5 所示的选项框中。

注意：

如果需要把同类的所有标准件一起进行修改，可以选择"选择全部"。

2. 标准件信息

选择了欲修改的标准件后，在属性管理器中出现几个修改选项，如图 12-5 所示。选择"信息"，系统会列出当前选择的标准件的详细信息。单击图中的"示意图"按钮，会弹出标准件示意图。

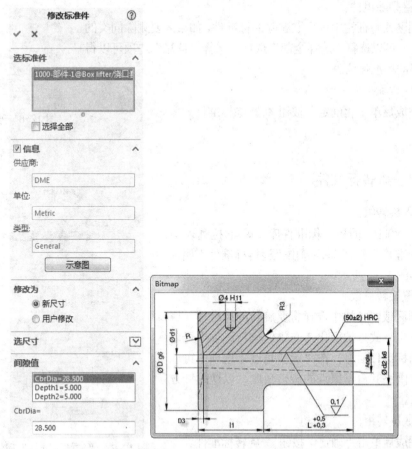

图 12-5　"修改标准件"属性管理器

3．标准件尺寸修改

在"修改为"选项中，可以根据要求使用下面两种方式对标准件的尺寸进行修改。

"新尺寸"：为标准尺寸方式，把标准件的当前尺寸修改为另一种标准尺寸。使用标准尺寸方式进行修改时，在"选尺寸"选项中指定标准尺寸的数值和型号。

"用户修改"：自定义尺寸方式，对标准件的参数根据设计要求进行修改，需要输入每个欲改变的尺寸。使用自定义尺寸方式进行修改时，在"选尺寸"选项中的"新规格"输入栏指定一个新尺寸的标准件结构的名称，然后在"参数"选项中选取需要修改的参数，并输入相应的数值。

4．完成尺寸修改

参数设置完成后，单击"确定"按钮 ✔ 修改标准件。

📖12.1.3 删除标准件

1．进入删除组件

单击"IMOLD"面板"标准件库" 🖾 下拉列表中的"删除标准件"按钮 🖾，弹出"删除标准件"属性管理器，如图12-6所示。

2．设置删除组件

从绘图区或特征树中选择欲删除的标准件，如果需要删除同类的所有标准件，可以选择"选择全部"选项。选择"信息"选项可以得到当前选择的标准件信息。

3．完成删除组件

选择完成后单击"确定"按钮 ✔ 删除标准件。

图12-6　删除标准件

📖12.1.4 旋转标准件

1．进入旋转组件

单击"IMOLD"面板"标准件库" 🖾 下拉列表中的"旋转标准件"按钮 🖾，弹出"旋转标准件"属性管理器，如图12-7所示。

2．设置旋转参数

从绘图区或特征树中选择将要旋转的标准件，属性管理器发生形式上的变化。在"信息"选项中可以查看当前的标准件信息，在"旋转角度"选项中可以指定标准件围绕其自身原点的旋转角度，以逆时针方向为正方向。

3．完成旋转组件

设置完成后单击"确定"按钮 ✔ 旋转标准件。

图12-7　"旋转标准件"属性管理器

12.2　全程实例——加入标准件

标准件是模具设计制造中非常重要的组成部分。在 IMOLD 软件中的标准件功能包含了各种各样的非常多的零件，在将它们加入到设计方案中时需要指定它们的种类和位置，同时对于加入到模具中的标准件，IMOLD 会自动创建标准件的槽腔。

本部分里面以标准件的方式加入定位环零件、浇口套零件和管路附件。

 | 光盘\动画演示\第 4-13 章\全程实例-散热盖模具设计.avi

12.2.1　添加定位环

01 进入添加组件。单击"IMOLD"面板"标准件库" 下拉列表中的"增加标准件"按钮，弹出"增加标准件"属性管理器，如图 12-8 所示。

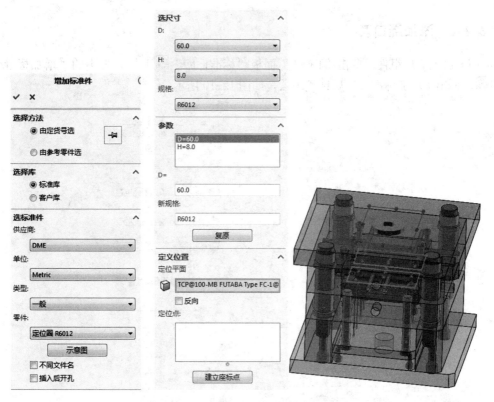

图 12-8　"增加标准件"属性管理器

02 设置组件参数。在"选标准件"选项中，指定标准件的供应商为"DME"和使用的单位为"Metric"。

在"类型"选项下选择类型，可以从"零件"选项中选择属于该类别的各种标准件。这里选择"类型"为"一般"，并且按图 12-8 选出"定位圈 R6012"零件。

03 完成定位环添加。参数设置完成后，选择模架的上端面，单击"确定"按钮 ✓ 加入定位环，如图 12-9 所示。

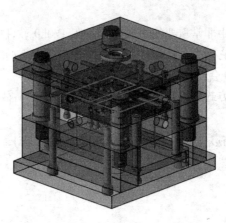

图 12-9　添加定位环

12.2.2　添加浇口套

01 进入添加组件。单击"IMOLD"面板"标准件库" 🗗 下拉列表中的"增加标准件"按钮🗗，弹出"增加标准件"属性管理器，如图 12-10 所示。

图 12-10　添加浇口套

02 设置组件参数。

❶在"选标准件"选项中，指定标准件的供应商为"DME"和使用的单位为"Metric"。

❷在"类型"选项下选择类型，可以从"零件"选项中选择属于该类别的各种标准件。这里选择"类型"为"一般"，选出"浇口套"零件，并且按图 12-10 所示设置浇口套的尺寸参数。这里按该参数设置尝试添加浇口套，其他参数按默认设置。

03 完成浇口套的添加。参数设置完成后，如图 12-11 所示选择模架的上端面和端面的中心点作为浇口套的放置面以及位置点，单击"确定"按钮 ✓ 加入标准件的浇口套，放置的结果如图 12-12 所示。这里可以看到，添加浇口套的底端并没有同先前添加的分流道连接，需要进行改动设计。

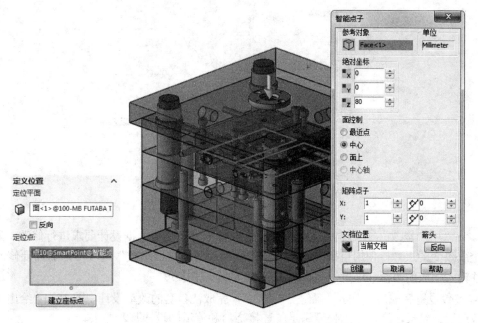

图 12-11　浇口套定位点

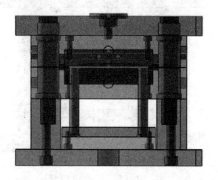

图 12-12　添加的浇口套

04 浇口套的改动设计。

❶单击"IMOLD"面板"标准件库" 下拉列表中的"修改标准件"按钮 ，弹出"修改标准件"属性管理器，如图 12-13 所示。从绘图区或特征树中选择需要修改的标准件，该标准

件的名称会出现在图 12-13 所示的选项框中。

❷选择了欲修改的标准件后,在属性管理器中出现几个修改选项,如图 12-13 所示。选择"信息"选项,系统会列出当前选择的标准件的详细信息。单击图中的"示意图"按钮,会弹出标准件示意图。

图 12-13　"修改标准件"属性管理器

❸在"用户修改",使用自定义尺寸方式,对标准件的参数根据设计要求进行修改,需要输入每个欲改变的尺寸。使用自定义尺寸方式进行修改时,在"参数"选项中选取需要修改的参数,并输入相应的数值。这里手工输入 L=50mm 的浇口套长度。

❹参数设置完成后,单击"确定"按钮 ✔,完成浇口套的改动设计。图 12-14 给出了浇口套的改动设计结果,浇口套的长度满足了连接浇口和流道的设计基本要求。

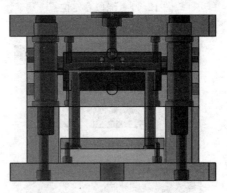

图 12-14　修改浇口套

📖12.2.3　添加冷却管路附件

01 开启添加管路附件。单击"IMOLD"面板"冷却通路设计" 🔧 下拉列表中的"附件"

按钮 , 弹出"附件"属性管理器, 如图 12-15 所示, 这里依次设置各个附件的参数。

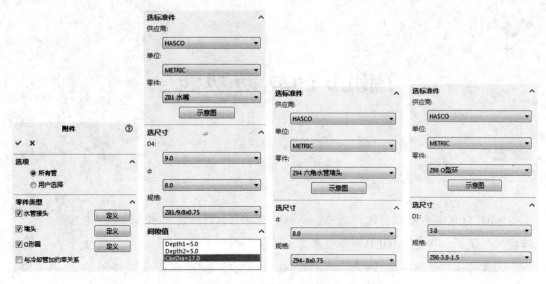

图 12-15　"附件"属性管理器

02 定义冷却管路附件。

❶在"选项"区域中, 选中"所有管", 用于在全部冷却回路上添加冷却管路附件的零部件。在"零件类型"选项里面, 选择"水管接头""堵头"和"O 形圈"选项, 并分别定义三种零件的尺寸, 必要时可以观看零件位图显示的结构示意。

❷单击"确定"按钮 ✔, 加入冷却管路附件, 添加的结果如图 12-16 所示。

图 12-16　冷却及浇注系统

13

IMOLD 的辅助功能

本章导读

　　IMOLD 还有一些辅助设计功能，包括智能螺钉、材料表（BOM）、创建槽腔、智能点、指定 IMOLD、视图管理、最佳视图和工程图等。

　　本章通过对菜单功能的描述，介绍了这些功能的使用方法，最后给出了完成模具设计的实例结果。

学习要点

📁 智能螺钉

📁 材料表（BOM）

📁 创建槽腔

📁 智能点

📁 指定 IMOLD

📁 视图管理

📁 工程图

SOLIDWORKS 2016

13.1 智能螺钉

智能螺钉功能用来向设计中加入标准尺寸的螺钉零件。在"智能螺钉"模块中提供了两种米制单位下的螺钉类型，内六角螺钉（SHC）和平头螺钉（FHS）。

通过智能螺钉提供的向导帮助，可以很容易地将它们在模具装配体中定位，加入螺钉后，它们能自动确定需要创建槽腔的零件对象。本节讲述智能螺钉的如下功能：加入螺钉的方法，修改设计方案中的螺钉，以及从设计方案中删除螺钉。

13.1.1 加入螺钉

将系统数据库中的标准螺钉加入到设计方案中的方法如下：

（1）单击"IMOLD"面板"智能螺钉" 下拉列表中的"增加螺钉"按钮 ，弹出"增加螺钉"属性管理器，如图 13-1 所示。

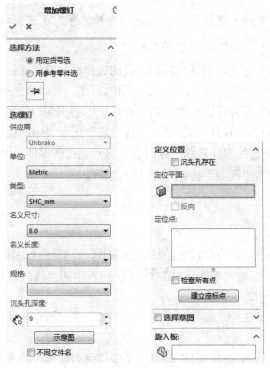

图 13-1 "增加螺钉"属性管理器

（2）单击"选螺钉"选项，展开螺钉选择对话框。首先选取螺钉"单位"，然后设置螺钉"类型"。在"名义尺寸"下拉列表中，选取标准螺钉直径，在"名义长度"下拉列表中指定长度。如果不指定长度，在创建槽腔时系统将使用最小标准尺寸的长度数值，也可以在"规格"中直接指定螺钉的型号参数。在"沉头孔深度"输入框中指定从放置面到螺钉孔的距离。单击"示意图"按钮可以得到当前选择的螺钉类型的示意图。

（3）在"定义位置"选项中，可以定义螺钉的位置参数。如果螺钉的放置槽腔在加入螺钉前已经创建好，可以选择"沉头孔存在"，以免再次创建。在"定位平面"选项下，选取放置螺钉的平面。如果已选择了"沉头孔存在"，这里就要选择与已经存在的槽腔孔相对应的表面作为放置面。在"位置点"选项中指定螺钉的位置。可以通过选取预先定义的草图中的点，也可以单击"建立坐标点"按钮调用智能点功能来创建定位点。

注意：

如果选择"检查所有点"选项来选取放置螺钉的这些位置点，系统会检查螺钉通过的每一个零件。

（4）选择"选择草图"选项展开草绘选择框，如图 13-1 所示。可以选择包含了螺钉位置点的草图，从而将草图中的所有点作为位置点来加入螺钉。

注意：

选择了草图后，草图中的所有点都将列在"定位点"选项框中。如果其中某些点的位置上不需要加入螺钉，可以取消"选择草图"的选择状态，然后从"定位点"选项框中删除不需要加入螺钉的位置点。

（5）单击"旋入板"选项，展开最后到达板的选择框。它是螺钉加入时最后接触到的模板类零件，指定后，系统会根据它到螺钉加入参考面的距离，自动确定一个螺钉的长度值。

（6）在选取螺钉放置面并指定位置点后，对话框中会出现"信息"选项框，当"旋入板"被选中时，在这个选项框中会看到"第一板"，有时还会出现"中间板"的列表，分别指出螺钉创建的第一个零件和所通过的零件名称，以后会在这些通过的零件上创建螺钉的槽腔。

（7）设置完成后单击"确定"按钮✓，加入螺钉。

13.1.2　修改螺钉

加入到设计中的智能螺钉，可以通过系统提供的修改功能进行编辑，步骤如下：

（1）单击"IMOLD"面板"智能螺钉" 下拉列表中的"修改螺钉"按钮 ，弹出"修改螺钉"属性管理器，如图 13-2 所示。

（2）从绘图区或特征树中选取欲修改的螺钉，如果要对所有相同结构的螺钉进行修改，可以选择"全选"选项。

（3）选择"信息"选项展开信息框，可以从中得到当前螺钉的单位和类型参数信息。

（4）在"修改为"选项中，选取尺寸定义的方式，有如下两种：

其他标准尺寸：标准尺寸，把当前螺钉的尺寸修改为另一个标准尺寸。这时，直接在"新尺寸"选项中设置尺寸或定义类型参数即可。

自定义尺寸：定制尺寸，把螺钉根据设计要求进行尺寸修改。这时需要在"用户修改"选项中指定螺钉的名称，同时还要在"参数"选项中指定各个尺寸参数。

（5）设置完成后单击"确定"按钮✓进行修改。

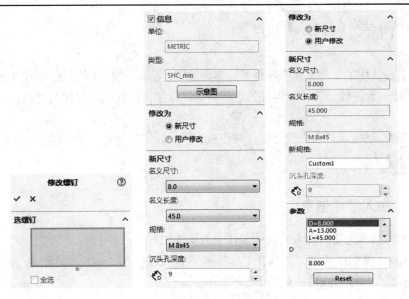

图 13-2   "修改螺钉"属性管理器

注意：

　　　　在对螺钉进行修改时，会导致之前的螺钉创建的槽腔不匹配的情况，如将螺钉由一个较大尺寸改为较小尺寸时，可能出现无法通过部分模板的情况，此时，可直接将模板中的槽腔特征删除。

13.1.3　删除螺钉

　　对于系统中不再需要的螺钉，可以将其删除，步骤如下：

　　（1）单击"IMOLD"面板"智能螺钉"下拉列表中的"删除螺钉"按钮，弹出"删除螺钉"属性管理器，如图 13-3 所示。

　　（2）从绘图区或特征树中选择螺钉，如果需要删除所有相同类型的螺钉，可以选择"全选"，选择螺钉后对话框改变。

　　（3）选择"信息"选项可以查看当前选择螺钉的参数信息。

　　（4）设置完成后单击"确定"按钮，进行修改。

图 13-3   "删除螺钉"属性管理器

注意：

　　　　删除螺钉时，与螺钉相关的所有槽腔将会被自动删除。如果采用在 SOLIDWORKS 中手动删除螺钉的方式，同时也必须将这些槽腔特征一起删除。

13.2 材料表（BOM）

每个模具设计中的零件都包含零件号、零件说明、品牌、材料等信息。IMOLD 软件中的材料表（BOM）功能，允许设计者修改零件的这些信息，以便在设计后期创建的材料表中显示所需的内容。

通过"BOM"功能，可以在设计过程的任意阶段，创建一个材料表并输出为文件。下面叙述材料表的 3 个用法。

13.2.1 加入零件信息

把有关零件的信息资料加入到设计零件中的步骤如下：

（1）单击"IMOLD"面板"IMOLD 工具" ✂ 下拉列表中的"编辑零件信息"按钮 █，弹出"编辑零件信息"属性管理器，如图 13-4 所示。

图 13-4　"编辑零件信息"属性管理器

（2）在"选择零件"选项中，选取需要进行信息修改的零件，出现"细节"选项框，如图 13-4 所示。

（3）在"细节"选项中输入零件的具体信息参数，完成后单击"更新"按钮。

（4）对于标准件，通常是从品牌厂商处购买的，可以选择"来自外部"选项，并在"供应商"下的输入框中写上厂商的名字。图 13-4 中给出的是上模板的材料信息，该信息来源于"Futaba"提供的标准件。

（5）设置完成后单击"取消" ✕ 按钮退出对话框。

该功能的作用是对零件进行必要的描述，并为生成零件信息的装配表格做出准备。IMOLD 在此提供了一个统一的界面来对零件进行信息的设置，并通过在绘图区域直接零件的选择来切换不同的设置对象。

13.2.2　生成零件表

生成装配体零件表的方法如下：

（1）单击"IMOLD"面板"IMOLD 工具"下拉列表中的"产生材料表单"按钮，弹出"材料清单"窗口，其中根据设置文件显示了各种零件内容参数，如图 13-5 所示。

（2）从窗口的菜单中，选择"输出"、"输出文本文件"或"到 Excel 文件"命令，指定输出的文件名后，将表格内容输出。

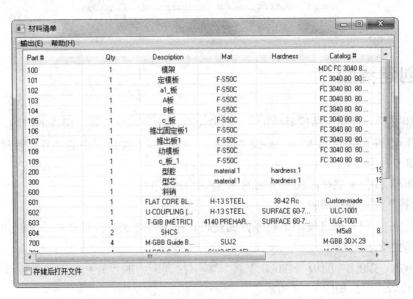

图 13-5　生成零件表

13.2.3　调整材料表

调整材料表中的各项选项的方法如下：

（1）单击"IMOLD"面板"IMOLD 工具"下拉列表中的"材料清单选项"按钮，弹出"材料清单选项"对话框，如图 13-6 所示。

（2）在窗口的左边列出了表格的选项，其中包括"列标题"栏目标题、"列顺序"栏目顺序、"装配组件列"组件列表、"号码规定"设计序号规则和"一般"设置几个内容，可以在这里分别设置相关内容。

（3）选择"所有工程均存储为缺省"选项，可以将当前的设置值作为默认值。

（4）单击"应用"按钮应用。

图 13-6　"材料清单选项"对话框

13.3　创建槽腔

"创建槽腔"功能用来从模具结构中的模板等零件上创建安装其中组件的槽腔，这些组件一般是添加的标准件。单击"IMOLD"面板"IMOLD 工具" 下拉列表中的"开孔管理自动"按钮 ，如图 13-7 所示。

创建槽腔的操作一般在添加完全部的标准件后统一进行。

1."选择"方式创建槽腔

在该功能中，可以通过使用工具零件的旋转、挤压等方式，在对象零件中创建工具零件的槽腔。创建槽腔的步骤如下文：

（1）单击"IMOLD"面板"IMOLD 工具" 下拉列表中的"开孔管理选择"按钮 ，弹出"开孔"属性管理器，如图 13-8 所示。

（2）在"选择开孔零件"选项下，从绘图区或特征树中选择需要创建槽腔的零件对象。

（3）在"选择被开孔零件"选项下，从绘图区或特征树中选择需要创建槽腔的工具零件。

（4）选取一个槽腔创建方式选项，有 3 种可用的方式。

开旋转孔：旋转切除方式，在工具零件中必须包含一个草图和一条中心线。

开拉伸孔：拉伸切除方式，如果该零件不是使用 IMOLD 功能创建的零件，在零件中必须包含用于拉伸切除功能的草图。

开螺纹孔：线切除方式，该选项用于创建螺钉螺纹部分的型腔。

（5）设置完成后单击"确定"按钮 创建槽腔。

2."自动"方式创建槽腔

单击"IMOLD"面板"IMOLD 工具" 下拉列表中的"开孔管理自动"按钮 ，弹出"自动开孔"属性管理器，如图 13-9 所示。

在"开孔选择"方式开槽功能里面可以通过选定组件的方式在模组零件上开槽。

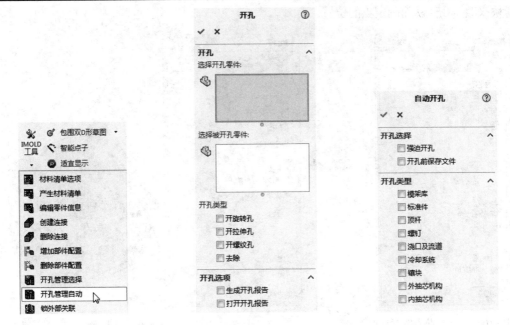

图 13-7 创建槽腔命令 　　图 13-8 "开孔"属性管理器 　　图 13-9 "自动开孔"属性管理器

其中"开孔类型"选项用来控制已经开槽的组件是否需要在经过改动设计之后，再次在模架零件上面做开槽的操作。

13.4 智能点

"智能点"工具可以在模型中已经存在的几何图形上创建点，如边、面、端点或已经存在的点上，这些点不需要再加入尺寸或约束就可以确定下来。这个工具可以在需要创建浇口、流道或其他组件时用来定位。

单击"IMOLD"面板上的"智能点子"按钮 ，弹出"智能点子"对话框，如图 13-10 所示。

📖13.4.1 边线上创建点

（1）选取需要创建点的边线。在"参考对象"输入框中会显示出选取的边线名称。

在"绝对坐标"下的 X、Y、Z 输入框中会显示鼠标单击处的坐标，同时在绘图区中的点击位置上会出现一个箭头，如图 13-11 所示。

如果箭头不可见，可以单击对话框图中的"反向"按钮，或者把显示方式改变为线框方式。

（2）在"边控制"选项下，选取需要放置点的位置，在选择边线的情况下可以使用下面的选项。

最近点：在鼠标点击的位置创建点。

中心：只有当选择了圆或椭圆边线时才可用。

中点：在所选边线的中点创建点。

边上：从边线的端点起的指定距离上创建点，如图 13-11 所示，可以通过输入距离值或拖动滑块来改变 U 值从而确定点的位置。

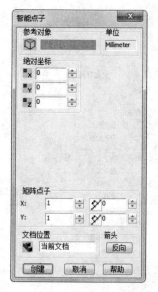

图 13-10 "智能点子"对话框

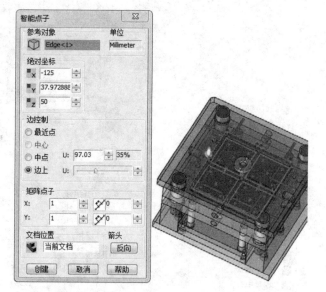

图 13-11 "智能点子"对话框

（3）通过在"绝对坐标"选项下的输入框中直接输入坐标值来确定点。X、Y 和 Z 输入框中的数值都是相对于目前零件的原点计算的，使用的单位是当前设计中的默认单位。

（4）如果需要将点创建在不同的文件中，可以单击"文档位置"选项下的输入框，然后从绘图区中或特征设计树中选择零件，该零件的名称将出现在"文档位置"输入框中。

（5）设置完成后单击图 13-11 中的"创建"按钮创建点。

系统会自动在"文档位置"选项下指定的零件中创建一个"智能点"草图，并把定义的点加入到其中。如果已经存在"智能点"草图，定义的点会被加入到草图中。

13.4.2 面上创建点

（1）选取需要在其上创建点的面，智能点创建界面中出现面的控制选项，如图 13-11 所示。

在"参考对象"输入框中将显示所选面的名称。并在"绝对坐标"下的选项中，显示鼠标单击处的坐标。

（2）在图 13-12 的中的"面控制"栏下的几个选项用于在面上创建点。

最近点：在选取面的点击位置上创建点。

中心：在选择面的中心位置创建点。

面上：该选项在选择面上的指定 UV 位置创建点。通过直接输入 U、V 的数值或移动滑条设置 U、V 数值，可以在 UV 位置创建点。为了使 U 或 V 有一个确定的值，分别在 U 或 V 中输入值。

中心轴：这个选项只有在被选取面是圆柱面时才可以使用。它在从选择面的中心轴开始的一个距离上（用 U 代表）创建一个点。

（3）通过在"绝对坐标"下的输入框中直接输入坐标值来确定点。

（4）为了改变点创建所在的文件，单击"文档位置"下的输入框然后从绘图区或特征设计树中选择零件作为创建点的文件。在选取的文件中，创建"智能点子"草图。

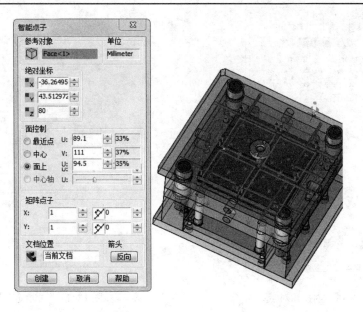

图 13-12　在面上创建点

（5）单击"创建"按钮创建点。

📖13.4.3　创建相对点

相对于现存点或顶点可以创建相对点，其步骤如下：

（1）选取一个存在点或顶点。在"参考对象"框中会显示该点或顶点的名称。在"绝对坐标"选项下显示鼠标单击处的坐标值。

（2）如果需要创建某个点的相对点，可以在"参考点"中输入相对值，如图 13-13 所示。同样可以通过"当前文档"选项将点创建在不同的文件中。

13.5　指定 IMOLD

"指定"工具可以将 SOLIDWORKS 中或其他 3D 的 CAD 软件中创建的零件指定为在 IMOLD 的设计方案中作为型芯、型腔或侧型芯的零件。指定一个外界零件到设计方案中的步骤如下：

（1）单击"IMOLD"面板"IMOLD 工具"🔧下拉列表中的"指定 IMOLD 产品"按钮⛏️，弹出 13-14 所示的"指定"属性管理器。

（2）单击"恢复信息"按钮，可以显示当前选择零件的指定类型信息。

（3）在"选项"栏，可以选取指定的零件对象。

型芯型腔组件：指定作为型芯零件，或者指定作为型腔零件。

模架：指定作为模架零件。

总装配：指定作为总装配零件。

虚幻：指定作为虚幻零件。

（4）设置完成后单击"确定"按钮✔️，进行指定。

图 13-13　创建相对点　　　　　图 13-14　"指定"属性管理器

13.6　视图管理

视图管理模块用于管理设计方案中各部分组件的显示状态。在设计过程中，为了便于观察，经常需要将暂时不用的零件或装配体隐藏或显示，这时可以使用该功能，通过方便的选项开关进行切换。即使在某个功能模块的执行过程中，也可以调用它对零件的显示状态进行调整。

本节通过具体的步骤叙述如何对设计方案中的零件进行隐藏或显示状态的切换，以及透明度的加入和删除。

1．显示和隐藏零件组件

（1）单击"IMOLD"面板"显示管理器" 下拉列表中的"显示／隐藏"按钮 ，弹出"显示管理器"对话框，如图 13-15 所示。

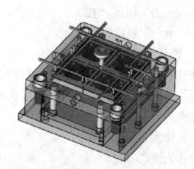

图 13-15　"显示管理器"对话框

（2）在"显示／隐藏"选项下列出了模具结构中的所有组件名称，名称前被选择的组件将会显示在绘图区中。如果当前的设计方案中不存在某个组件，该组件将是不可选状态。

（3）按需要对各个组件的显示状态选择后，可以单击"存储"按钮将其作为默认设置保存起来，以后可以通过单击"复原"按钮恢复。

（4）对显示状态进行调整后，可以单击"刷新"按钮进行更新。

（5）调整完成后，单击"关闭"按钮，关闭视图管理对话框。

2．反转隐藏状态

如果需要反转各个组件的隐藏状态，单击"IMOLD"面板"显示管理器" ▣ 下拉列表中的"反向隐藏"按钮 ▣ 即可。

3．设置透明度

通过视图管理工具，还可以对模具的透明度进行调整。

单击"IMOLD"面板"显示管理器" ▣ 下拉列表中的"增加"按钮 ▣，可以加入透明度的设置。另外，选择"删除"命令可以移除透明度的设置。

13.7　最佳视图

最佳视图功能可以在零件或组件被旋转或移动后，把视图恢复到默认的方位。

直接单击"IMOLD"面板中"适宜显示"按钮 ● 就可以恢复视图到默认的位置上，这个位置是 Z 轴方向上的等角视图。

13.8　工程图

在 IMOLD 软件中提供了工程图绘制功能，它可以提高设计者的出图效率，在创建工程图时可以根据组件来选择生成的视图，比如按定模部分或动模部分来创建视图，同时设计者可以自行定义模具结构中的组件创建在哪一个视图中。

本节叙述 IMOLD 软件提供的工程图功能，包括如何创建和编辑一个装配图，以及如何创建剖视图。

📖13.8.1　创建工程图

创建动定模部分工程图时，只能在模具设计的顶层装配体或模架装配体中创建，具体步骤如下：

（1）单击"IMOLD"面板"出图" 🖼 下拉列表中的"组件视图"按钮 🖼，弹出如图 13-16 所示的状态窗口，系统自动对设计中的零件进行搜寻，完成后弹出"组件视图"属性管理器，如图 13-16 所示。

（2）在"图纸设置"选项中，设置与图纸有关的参数，包括"页面尺寸"下的幅面大小尺寸列表框，和"比例"中的比例设置。这里的每种尺寸的模板文件是 SOLIDWORKS 软件中的默认模板。

（3）在"显示部件"选项中，可以指定显示在动定模部分列表框中的零件，有两个列表框，如图 13-16 所示。在"定模侧"的列表框中显示的是出现在定模部分工程图中的零件名称,在"动模侧"的列表框中显示的是出现在动模部分工程图中的零件名称。通过两个列表框之间的"移下"和"移上"按钮,可以将零件在两个列表框中移动,从而控制它们出现在相应的图中。

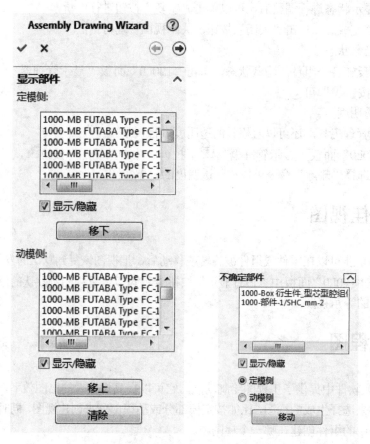

图 13-16 "组件视图"属性管理器

如果要取消零件在工程图中的显示,可以选择该零件名称,然后单击"清除"按钮将其删除。删除后的零件将被移动到"不确定组件"选项下的列表框中,这个选项框用来放置不希望出现在动定模工程图中的零件,如果需要将某个零件再放到动定模工程图中,可以选中该零件,然后选择下方的"定模侧"或"动模侧"选项,再单击"移动"按钮进行移动。

注意:
如果需要在图中选中的两个列表框及生成的两个工程图中都可以看到,可以同时选择"定模侧"和"动模侧"两个选项。

(4) 单击"确定"按钮 ✔ 创建工程图,在新创建的工程图中,型芯图(工程视图 2)位于左侧,型腔图(工程视图 1)位于右侧。将该图保存,完成工程图的创建。图 13-17 给出了一个工程图的创建结果。

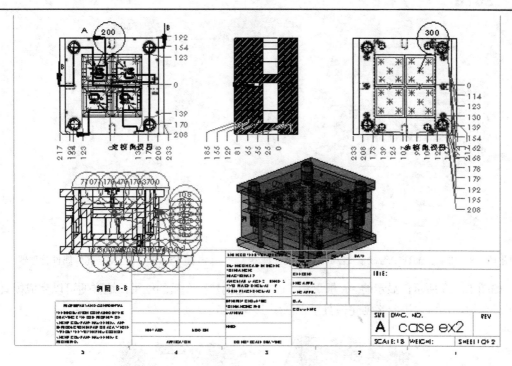

图 13-17　模具工程图

13.8.2　编辑工程图

工程图创建后，还可以将零件在不同的视图间移动，从而达到编辑的目的，具体步骤如下：

（1）在已经创建的工程图文件中，再次单击"IMOLD"面板"出图" 下拉列表中的"组件视图"按钮 ，弹出"Assembly Drawing Wizard（编辑组件视图）"属性管理器，如图 13-18 所示。

（2）根据要求使用创建工程图时的方法移动或隐藏相关的零件。

（3）单击"确定"按钮 ，更新工程图。

13.9　全程实例——完成设计

光盘\动画演示\第 4-13 章\全程实例-散热盖模具设计.avi

在标准件设计完成后，需要在模架模板中创建各个组件的槽腔，并删除浇口、流道和冷却管道。

01 单击"IMOLD"面板"IMOLD 工具" 下拉列表中的"开孔管理自动"按钮 ，弹出如图 13-19 所示的"自动开孔"属性管理器。

02 选择"强迫开孔"选项，然后选中"模架库"开孔类型。

249

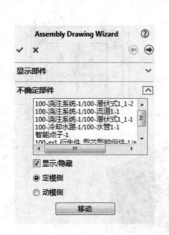

图 13-18　"Assembly Drawing Wizard"属性管理器　　　图 13-19　"自动开孔"属性管理器

　　如图 13-20 所示，显示的"A 板"和"B 板"是创建开孔后的结果，这样便可以完成模具设计了。当然，也可以进一步创建模具工程图用于零件加工。

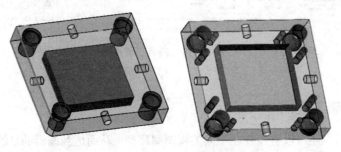

图 13-20　A 板和 B 板创建槽腔结果

薄壳模具设计

SOLIDWORKS 2016

本章导读

　　本例塑件是一种典型的壳类零件，即主体为壳体的零件表面开有通孔或者是凸起、凹槽结构。设计流程遵循修补/分型基本思路，其分型线比较明晰，分型面位于最大截面处或者底部端面。

**学习要点**

📁 初始化设计

📁 分型设计

📁 布局和浇注设计

📁 模架设计

📁 顶出设计

📁 冷却设计

📁 添加标准件

📁 完成设计

14.1 初始化设计

光盘\动画演示\第 14 章\薄壳模具设计.avi

📖14.1.1 数据准备

这里使用数据准备功能对零件重新定位,使其
Z 轴方向与开模方向相同。

01 认识产品零件。启动 SOLIDWORKS 2016
软件,调出源文件中的"14\Shell\Shell.sldprt"
零件,如图 14-1 所示,从中可以看出,它的开模方
向应为图中所示的 Y 轴正方向。需要进行调整,即
把 Z 轴正方向调整为 Y 轴正方向。

02 衍生模型零件。单击"IMOLD"面板"数
据准备" ▦下拉列表中的"数据准备"按钮▦,
弹出"需衍生的零件名"对话框,选择
"Shell.sldprt"零件,如图 14-2 所示,单击"打
开"按钮,将其调入,同时弹出"衍生"属性管理器。

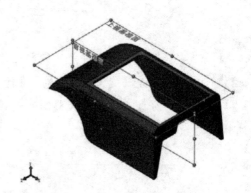

图 14-1 薄壳实例原产品模型

图 14-2 "需衍生的零件名"对话框

03 衍生参数设置。

❶在"衍生"属性管理器里面,可以看到"输出"选项框 IMOLD 自动生成的装配体名称和

衍生的产品模型文件名称。在"原点"选项框里面，选中"中心"作为原点。在"新坐标系"选项框里面，选中 Z 轴激活，选中图 14-3 所示的模型上端平面作为 Z 轴的基准平面。保持其他设置不变，单击"确定"按钮 ✔ 进行产品模型的复制。

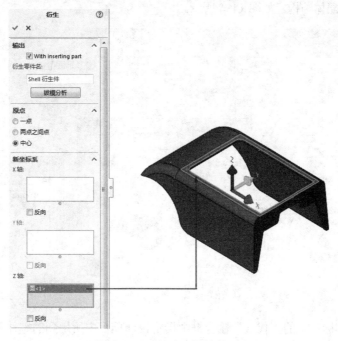

图 14-3 "衍生"属性管理器

❷图 14-4 同时表明了＋Z 轴的变化情况，即完成后零件与基准面的位置关系，可以看到，前视基准面已经位于零件底面上了，这样确保了+Z 轴方向与开模方向相同。当前文件保存并关闭，文件名默认为"Shell 衍生件.sldprt"，它是原产品模型零件经过坐标调整后的复制零件，并且和原模型保存在同一个文件目录下。

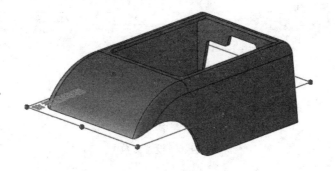

图 14-4 衍生零件

📖14.1.2 项目控制

01 开始一个新的设计项目。单击"IMOLD"面板"项目管理" 📧 下拉列表中的"新项目"按钮📧，弹出"项目管理"对话框。

02 项目参数设置。

❶在对话框"项目名"选项中输入项目名称"Case Shell"。单击"调入产品"按钮,弹出"选择产品"对话框,选择衍生零件"Shell 衍生件.sldprt"。单击"打开"按钮,此时 IMOLD 自动创建了一个装配体结构,如图 14-5 所示。

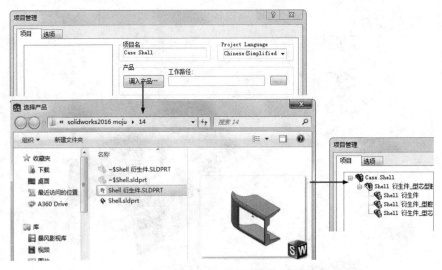

图 14-5　添加零件

❷在"选项"标签中的"代号"输入框中指定设计项目中所用到的零件名称的前缀,这里输入 100-,如图 14-6 所示。也可以根据需要选择"为所有标准件增加代号"选项,把这个前缀添加到以后生成的其他标准零件中,包括模架中的模板以及从标准库和滑块、顶块设计中产生的任何零件上。随着前缀的添加,可以发现刚才 IMOLD 生成的装配体结构的自动变化,这里添加到了型芯、型腔和组件名称的前面。

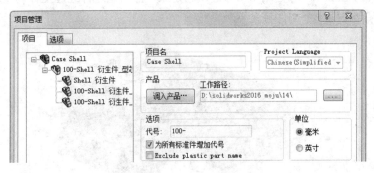

图 14-6　设置参数

❸"单位"选项用于确定设计项目使用的单位,这里默认为毫米。

❹如图 14-7 所示,设置塑件的收缩率。在装配体结构中选择一个 impression 结构或其下的零件"Shell 衍生件"时,这些参数成为可输入状态。这里在"塑料"下拉列表中选择"PC",此时该材料的"系数"默认收缩率为 1.006。

03 创建项目。单击"项目管理"对话框的"同意"按钮,IMOLD 则自动创建使用项目名称作为文件名的装配体,即"Case Shell.sldasm"。并且创建的模组结构(Impression)子装备体中包含了模型零件、型芯和型腔零件。其装配树如图14-8所示。

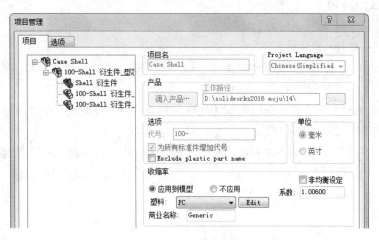

图14-7　设置收缩率

图14-8　创建的装配树

04 关闭并再次打开设计项目。

❶单击"IMOLD"面板"项目管理" 📥下拉列表中的"关闭项目"按钮📄，弹出如图 14-9 所示的对话框，提示关闭项目前对全部文件进行保存。这里单击"是"按钮，保存所有文件。

图14-9　关闭项目

❷单击"IMOLD"面板"项目管理" 📥下拉列表中的"打开项目"按钮📄，弹出"打开 IMOLD 项目"对话框，选择已经创建的"Case Shell.imoldprj"，单击"打开"按钮，打开该项目。

14.2 分型设计

01 创建分型线。

❶单击"IMOLD"面板"型芯/型腔设计" 下拉列表中的"分型线"按钮❀，弹出"分型线"属性管理器。

❷在"外分型线"选项里，选取模型边线作为模型的外部分型线；在"内分型线"选项里，选取模型边线作为模型的内部分型线。

❸在"操作"区域里，单击"自动查寻"按钮，IMOLD 自动搜索外部分型线和内部分型线，其结果如图 14-10 所示。完成定义后单击"确定"按钮✔，完成分型线的创建。

图 14-10 "分型线"属性管理器

02 创建分型面。

❶单击"IMOLD"面板"型芯/型腔设计"下拉列表中的"分型面"按钮，弹出"分型面"属性管理器。

❷因为预先定义了分型线，如图 14-11 所示，在"操作"选项中选择"简单分析"选项。这样预先定义的分型线会辅助分型面的搜索过程。

❸单击"查找"按钮，IMOLD 完成型芯和型腔表面的搜索，然后系统会将产品模型上已经找出并确定的表面渲染为型芯和型腔表面的颜色。可以通过单击"信息"选项中"报告信息"按钮弹出有关分型面的相关信息。

❹爆炸查看的设置如图 14-11 所示，通过选择"实体""型腔"和"型芯"选项，指定显示这些零件模型和型腔及型芯表面，拖动滑块，设定爆炸时各曲面组的偏移量为 100。最后，完成分型面定义后单击"确定"按钮✔，完成分型面的创建。

03 修补模型。

❶单击"IMOLD"面板"型芯/型腔设计"下拉列表中的"补孔"按钮，弹出图 14-12 所示的"补孔"属性管理器。

❷在"方法"选项下，选择"自动补孔"选项，快捷地对产品模型进行了修补，不必向 IMOLD 输入相关信息，系统利用 SOLIDWORKS 软件自身的填充曲面功能创建修补面，一般为平面。

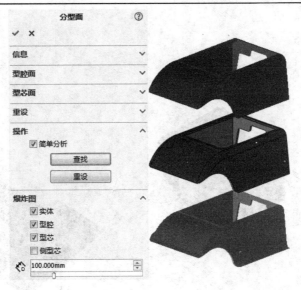

图 14-11　"分型面"属性管理器

❸单击"确定"按钮 ✓ ，IMOLD 为模型的上平面自动修补了一个平面填充面，如图 14-13 所示。

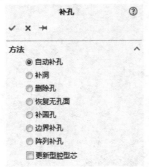

图 14-12　"补孔"属性管理器

图 14-13 模型修补

04 创建延伸曲面。为了切割用于型芯和型腔零件的毛坯，需要延伸产品模型的边缘，使其大于毛坯。用于延伸模型边缘的曲面就是延伸曲面。延伸曲面和模型表面共同创建一个单一的主分型面，它可以保证型腔和型芯间的密合，同时用于创建型腔和型芯零件。

❶单击"IMOLD"面板"型芯/型腔设计" 下拉列表中的"沿展面"按钮 ，弹出图 14-14 所示的"沿展面"属性管理器。

❷在"方法"选项下，选择"延伸面"选项。在 文本框中指定规则表面的距离值为80。"分型线工具"选项可以帮助进行放样边线的确定，它的界面如图 14-14 所示。因为分型线已经定义，单击"自动查找"按钮便找到需要放样的边线，全部分型线被选中后显示在"选择边"选项里。

❸单击"确定"按钮 ✓ ，IMOLD 为模型创建的延伸曲面如图 14-15 所示。

05 插入模坯。

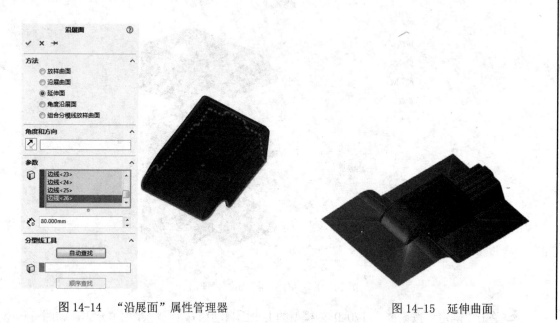

图 14-14   "沿展面"属性管理器   图 14-15   延伸曲面

❶单击"IMOLD"面板"型芯/型腔设计" 🔧 下拉列表中的"创建型芯/型腔"按钮🗐，弹出图 14-16 所示的"创建型腔/型芯"属性管理器。

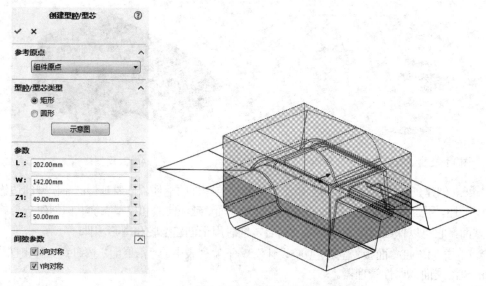

图 14-16   "创建型腔/型芯"属性管理器

❷在"参考原点"选项，选择"组件原点"。在"型腔/型芯类型"选项，选择"矩形"选项。在"参数"选项，接受 IMOLD 自动加载的模仁尺寸。展开"间隙参数"选项，选择"X 向对称"选项和"Y 向对称"选项。可以看到随着对话框参数的变化，工作区模型的变化情况。

❸单击"确定"按钮✓，IMOLD 为模型创建了的模坯如图 14-17 所示，模坯区域在创建的延伸曲面范围内。

06 复制表面。识别出的分型面还只是产品模型上的面，并没有被提取出来，而且创建的延伸曲面以及其他通孔的修补面也都存在于产品模型零件中，这些面都需要被复制到模仁零件中，来最终进行分型的切除操作，IMOLD 自动完成。

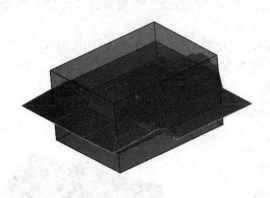

图 14-17　模坯

❶单击"IMOLD"面板"型芯/型腔设计" 下拉列表中的"复制曲面"按钮，弹出如图 14-18 所示的"拷贝曲面"属性管理器。

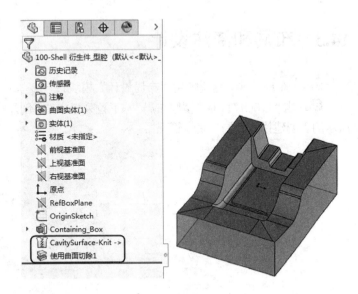

图 14-18　"拷贝曲面"属性管理器　　　　图 14-19　型腔零件

❷在"目的地"选项下，选择"型腔"表面作为目标位置。选择"面选择"下的"缝合"选项。

❸在"工具"选项下，根据需要复制的不同的对象进行选择，即选择要复制的型芯和型腔曲面，以及延伸曲面或修补面。这里选择"整加型腔面"、"整加补的钉面"是和"整加沿展面"

❹设置完成后单击"确定"按钮 ✔ 进行复制操作,操作显示模坯经过型腔面修剪后得到的型腔。同时在"100-Shell 衍生件_型芯.sldprt"零件的特征树里增加的"CavitySurface-Knit"和"使用曲面切除 1"特征,前者是创建的"复制曲面",后者由该表面切除模坯得到,结果如图 14-19 所示。

❺同样,在"目的地"选项下,选择"型芯"表面作为目标位置。在"工具"选项下选择"整加型芯面"、"整加补钉面"和"整加沿展面",结果如图 14-20 所示的型芯零件。

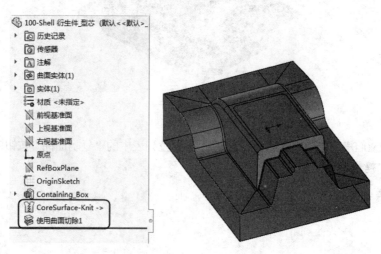

图 14-20　型芯零件

14.3　布局和浇注设计

01 布局设计。这里使用"布局设计"模块设计 2 型腔模具的型腔布局。

❶单击"IMOLD"面板"型腔布局" ⬛ 下拉列表中的"创建模腔布局"按钮 ⬛,弹出如图 14-21 所示的"创建模腔布局"属性管理器。

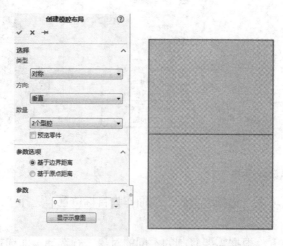

图 14-21　"创建模腔布局"属性管理器

❷在"类型"选项，选择"对称"，即每一个模组结构中的对应点到顶层装配体原点的距离是相等的。在"方向"选项，选择"垂直"选项，即模组结构按垂直方向排列。在"数量"选项，选择"2 个型腔"，其他参数按默认的值设置。

❸设置完成后单击"确定"按钮 ✓，进行布局操作，图 14-22 所示即 2 模组的模组结构。

02 进入 IMOLD 特征管理。IMOLD 特征管理提供了一个按模具系统逻辑关联的方式管理零件的工具。这里单击"IMOLD 特征管理器"图标 ▦，便进入了模具特征管理界面。这里显示了模具特征的各个组成部分，如图 14-23 所示。

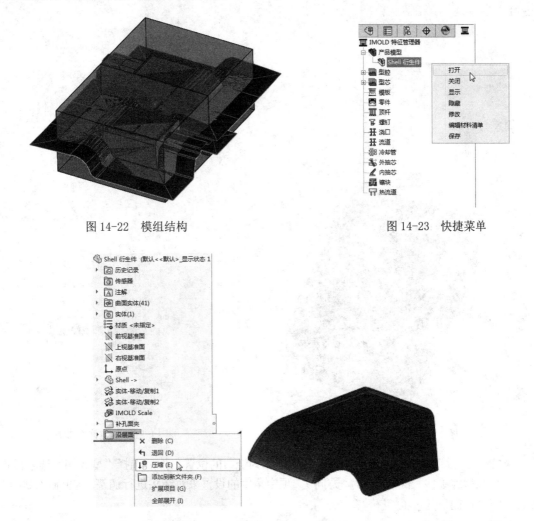

图 14-22　模组结构

图 14-23　快捷菜单

图 14-24　隐藏延伸曲面

03 隐藏延伸曲面。单击"产品模型"前面的"＋"，可以看到"Shell 衍生件"子节点，单击右键该子节点上，弹出快捷菜单，选择"打开"命令，如图 14-23 所示，进入"Shell 衍生件.sldprt"零件编辑。在"Shell 衍生件.sldprt"零件的 IMOLD 特征管理页面显示了该零件的若干模具特征，这里右键单击"沿展面夹"节点，并单击"压缩"命令，可以看到模型的延伸曲面消失了，并且看到"沿展面夹"节点前面的图标已经成为隐藏形态，图 14-24 所示为隐藏延伸曲面。

04 添加浇口。

❶单击"IMOLD"面板"浇注系统"🎯下拉列表中的"创建浇口"按钮🎯，弹出"创建浇口"属性管理器。在"位置"选项下，选取浇口的定位点。单击"创建点"按钮可以激活 IMOLD 的"智能点子"对话框，辅助进行点的创建。这里选择图 14-25 所示模型的边线，并指定为中点。

❷在"浇口类型"选项下的下拉列表中，选取使用的浇口类型为"扇形浇口"。同时选择"复制到所有型腔"选项，在加入浇口时会在所有模组结构的相同位置上创建浇口。在"参数"选项下，设置浇口尺寸，如图 14-26 所示为浇口的尺寸设置内容，这里接受 IMOLD 的默认值，而仅仅把"L"参数改为 10mm。

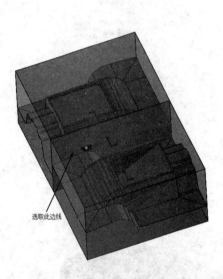

选取此边线

图 14-25 指定边线中点

图 14-26 确定浇口参数

❸在"位置"选项下，选中创建的智能点作为浇口的位置。然后选择"型腔侧"选项指定浇口创建在型腔零件一侧。通过对"方向"选项中角度的设置来对箭头进行调整，这里输入 90.00 度，选择"反向"复选框。

❹设置完成后单击"确定"按钮✔，IMOLD 添加浇口，如图 14-27 所示浇口结果。

05 添加分流道。该模具的流道由分流道和主流道构成，首先创建的是模具的分流道。

❶单击"IMOLD"面板"浇注系统"🎯下拉列表中的"创建流道"按钮🎯，弹出图 14-28 所示的"创建流道"属性管理器。在"导路类型"选项下，选取需要创建的流道类型，在❤下拉列表框中，系统提供了 5 种流道类型供选择，选择"线性"类型流道。在"截面类型"选项下，选取路径的截面形状，这里选择"圆形"类型的截面。在"截面参数"选项下，指定流道的截面尺寸，这里指定为 5mm。

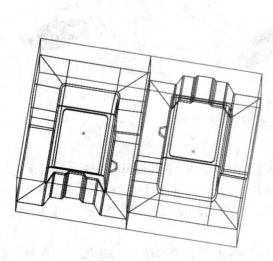

图 14-27　创建浇口

图 14-28　"创建流道"属性管理器

❷在"位置"选项下，选取分流道的定位点。同样地，单击"创建点"按钮可以激活 IMOLD 的"智能点子"对话框，辅助进行点的创建。这里选择图示浇口外部底线的中点为分流道的起始点，延 Y 轴方向移动 5mm 为分流道的终点，如图 14-29 所示。

❸其他参数按默认值设置。设置完成后单击"确定"按钮✔，IMOLD 进行添加分流道的操作，如图 14-30 所示。

图 14-29　"智能点子"对话框

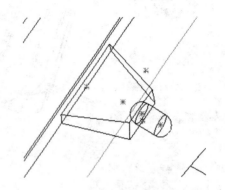

图 14-30　分流道

同理进行另一个分流道的添加。两个浇口和分流道如图 14-31 所示。

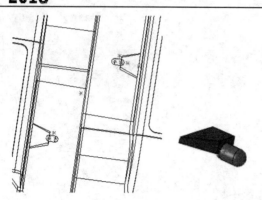

图 14-31 两个浇口和分流道

06 添加主流道。

❶单击"IMOLD"面板"浇注系统"⚒下拉列表中的"创建流道"按钮⚒，弹出图 14-32 所示的"创建流道"属性管理器。在"导路类型"选项的✎下拉列表框中，选择"水平样条"类型流道。在"截面类型"选项下选择"圆形"类型的截面。在"截面参数"选项下，指定流道的截面尺寸，这里也指定为 5mm。

❷在"位置"选项下，选择图示两个刚刚创建的分流道的外边缘的圆心分别作为起始点和终点，创建主流道的轨迹。

❸其他参数按默认值设置。设置完成后单击"确定"按钮✔，IMOLD 进行添加主流道的操作。

如图 14-32 所示上色模型显示的主流道、分流道以及浇口的连接情况。

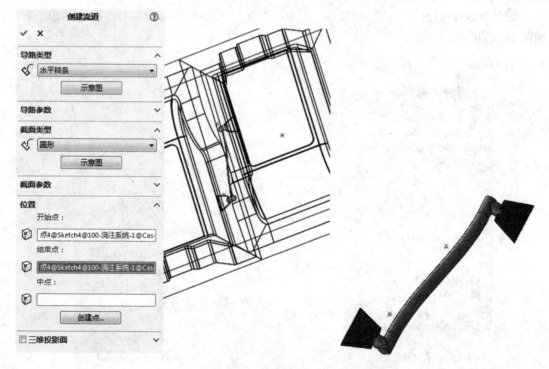

图 14-32 添加主流道

07 关闭并再次打开设计项目。

❶单击"IMOLD"面板"项目管理" 📰下拉列表中的"关闭项目"按钮📰，选择"关闭项目"命令，弹出如图14-9所示的对话框，提示关闭项目前对全部文件进行保存。这里单击"是"按钮，保存所有文件。

❷单击"IMOLD"面板"项目管理" 📰下拉列表中的"打开项目"按钮📰，弹出"打开IMOLD项目"对话框，选择已经创建的"Case Shell.imoldprj"，单击"打开"按钮，打开该项目。

14.4 模架设计

01 设置模架并添加。

❶单击"IMOLD"面板"模架设计" 📰下拉列表中的"创建模架"按钮📰，弹出"创建模架"属性管理器。

❷在"选模架"选项中，选取模架的厂家为"FUTABA"，模架单位为"Metric"，以及模架类型为"Type FC"和尺寸为3545，如图14-33所示。

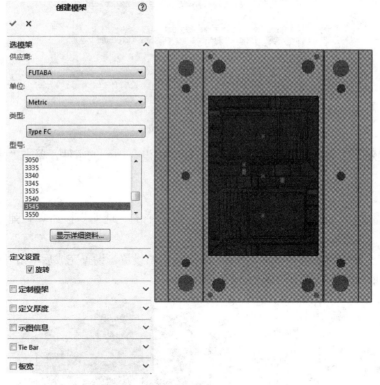

图14-33 "创建模架"属性管理器

02 定义模架设置。在"定义设置"选项中，指定选择的模架在加入到设计方案中时需要旋转，这里选择"旋转"选项，单击"确定"按钮✔，加入的模架如图14-34所示。

03 清除多余零部件。

❶单击"IMOLD"面板"模架设计" 📰下拉列表中的"清除"按钮📰，系统弹出提示框，如图14-35所示。

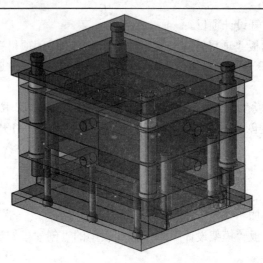

图 14-34　加入模架

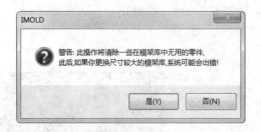

图 14-35　提示框

❷信息提示是否需要删除零厚度的模板及模架中没有用到的组件，单击"是"按钮进行删除。

04 设置模架的透明度。

❶单击"IMOLD"面板"模架设计"☰下拉列表中的"透明"按钮☰，弹出"透明度"对话框。

❷默认在"操作"选项中和在"透明色"选项中的设置。设置完成后单击"确定"按钮✔，如图 14-36 所示的模架四视图为更改透明度的结果。

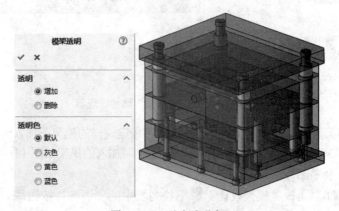

图 14-36　更改透明度

05 创建螺钉草图。IMOLD 特征管理提供了一个按模具系统逻辑关联的方式管理零件的工具。这里单击"IMOLD 特征管理器"图标![图标]，便进入了模具特征管理界面。这里显示了模具特征的各个组成部分，如图 14-37 所示，打开"100-Shell 衍生件_型芯"。

在型芯零件的前视基准平面上创建如图 14-38 所示的草图，草图为矩形，各个边距离型腔边缘的距离为 10mm。

图 14-37　打开"100-Shell 衍生件_型芯"

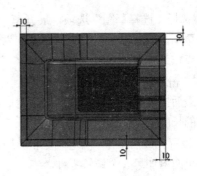

图 14-38　绘制草图

06 创建型腔模块螺钉。

❶隐藏定模固定块和 a1 板。

❷单击"IMOLD"面板"智能螺钉"![图标]下拉列表中的"增加螺钉"按钮![图标]，弹出"增加螺钉"属性管理器，如图 14-39 左图所示。

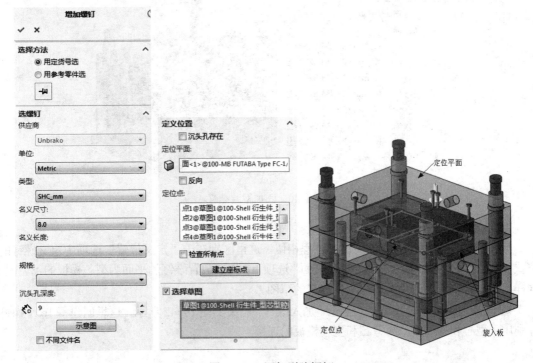

图 14-39　添加型腔螺钉

❸单击"选螺钉"选项，展开螺钉选择对话框。首先选取螺钉"单位"为"Metric"，然后设置螺钉"类型"为"SHC_mm"。

❹在"名义尺寸"下拉列表中，选取标准螺钉直径为8mm。在"名义长度"下拉列表中指定长度。如果这里不指定长度，在创建槽腔时系统将使用最小标准尺寸的长度数值。在"沉孔深度"输入框中指定从放置面到螺钉孔的距离为9mm。

❺在"定义位置"选项中定义螺钉的位置参数，在"定位平面"选项下，选取放置螺钉的平面为型腔模板的上表面。在"定位点"选项中指定螺钉的位置，这里通过选取预先定义的草图中的点实现。

❻选择"选择草图"选项，展开草绘选择框，如图 14-39 所示。选择上步中包含了螺钉位置点的草图，从而将草图中的所有点作为位置点来加入螺钉。IMOLD 于是在"定位点"自动计算出 4 个点作为"定位点"。

❼单击"旋入板"选项展开最后到达板的选择框，如图 14-39 所示的型腔模板。它是螺钉加入时最后接触到的模板类零件。指定后，IMOLD 根据它到螺钉加入参考面的距离，自动确定一个螺钉的长度值。

❽设置完成后单击"确定"按钮 ✔ 加入螺钉。结果如图 14-40 所示，可以看到在 SOLIDWORKS 特征树里面增加了 8 个螺钉零件。

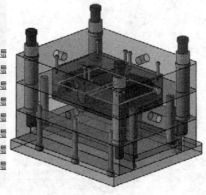

图 14-40　添加型腔螺钉

07 创建型芯模块螺钉。

❶其他设置与创建型腔模块螺钉过程相似。这里区别在于"定义位置"选项中定义螺钉的位置参数，如图 14-41 所示，在"定位平面"选项下，选取放置螺钉的平面为型芯模板的下表面。同样，在"定位点"选项中选取预先定义的草图。

❷设置完成后单击"确定"按钮 ✔ 加入螺钉。结果如图 14-42 所示，这里创建了 16 个螺钉分别用于型芯和型腔模仁同型芯和型腔模板的连接。

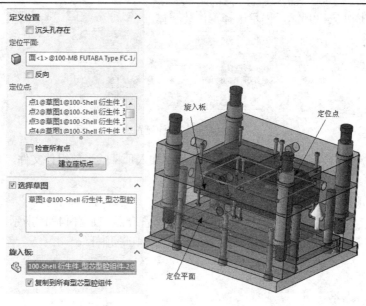

定义位置
☐ 沉头孔存在
定位平面:
[面<1>@100-MB FUTABA Type FC-1/]
☐ 反向
定位点:
点1@草图1@100-Shell 衍生件_
点2@草图1@100-Shell 衍生件_
点3@草图1@100-Shell 衍生件_
点4@草图1@100-Shell 衍生件_
☐ 检查所有点
建立座标点
☑ 选择草图
草图1@100-Shell 衍生件_型芯型腔
旋入板:
100-Shell 衍生件_型芯型腔组件-2@
☑ 复制到所有型芯型腔组件

图中标注: 旋入板 定位点 定位平面

图 14-41 添加型芯螺钉

▼ ⚙ (固定) 100-部件<1> (默认<显示状
  ▶ 🗂 Case Shell 中的配合
  ▶ 📖 历史记录
    ⓞ 传感器
  ▶ Ⓐ 注解
    ◥ 前视基准面
    ◥ 上视基准面
    ◥ 右视基准面
    ⌐ 原点
  ▶ ⚙ (-) SHC_mm<1> (M 8x50<显
  ▶ ⚙ (-) SHC_mm<2> (M 8x50<显
  ▶ ⚙ (-) SHC_mm<3> (M 8x50<显
  ▶ ⚙ (-) SHC_mm<4> (M 8x50<显
  ▶ ⚙ (-) SHC_mm<5> (M 8x50<显
  ▶ ⚙ (-) SHC_mm<6> (M 8x50<显
  ▶ ⚙ (-) SHC_mm<7> (M 8x50<显
  ▶ ⚙ (-) SHC_mm<8> (M 8x50<显
  ▶ ⚙ (-) SHC_mm<9> (M 8x50<显
  ▶ ⚙ (-) SHC_mm<10> (M 8x50<
  ▶ ⚙ (-) SHC_mm<11> (M 8x50<
  ▶ ⚙ (-) SHC_mm<12> (M 8x50<
  ▶ ⚙ (-) SHC_mm<13> (M 8x50<
  ▶ ⚙ (-) SHC_mm<14> (M 8x50<
  ▶ ⚙ (-) SHC_mm<15> (M 8x50<
  ▶ ⚙ (-) SHC_mm<16> (M 8x50<
    🔗 配合

图 14-42 螺钉

14.5 顶出设计

01 设置工作装配。

❶单击"IMOLD"面板"顶杆设计" ▥ 下拉列表中的"增加顶杆"按钮▥,系统弹出一个

信息对话框，如图 14-43 所示，提示选择工作装配体。

图 14-43 顶杆设置

❷从"选择工作装配体"对话框中，选取需要加入顶杆的当前组件文件，并单击"确认"按钮打开该文件。

02 设置顶杆参数。

❶进入工作文件后，系统弹出"增加顶杆"属性管理器，如图 14-44 所示。在"零件名称"选项中，定义将要加入到设计中的顶出零件的名称为"100-顶杆"。

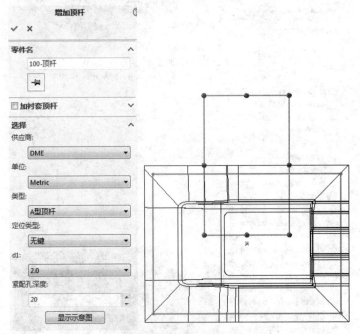

图 14-44 "增加顶杆"属性管理器

❷在"选择"栏中，选取顶杆零件的供应商、单位和类型。

03 定义顶杆位置。

❶在"定义位置"中指定加入的顶杆零件的位置。使用"创建点"功能调出智能点创建功能创建这些位置点，如图 14-45 所示。这里选择模型内侧较平的区域设置顶出点的位置，选择模型的边角点并做出适当的调整，共创建 4 个点。

❷在"顶杆平面"选项下，选取顶杆零件的放置平面，默认情况下，该平面是顶板平面（ER1）。

❸参数设置完成后，单击"确定"按钮 ✓，生成的顶杆如图 14-46 所示。

04 修剪顶杆。

❶单击"IMOLD"面板"顶杆设计" Ⅲ 下拉列表中的"裁剪顶杆"按钮 Ⅲ，弹出如图 14-47 所示"裁剪顶杆"属性管理器。

❷在"选择方式"中，选择"所有零件"，在"裁剪方法"选项中，选择"实体裁剪"。

❸参数设置完成后，单击"确定"按钮 ✓，修剪结果如图 14-47 所示。

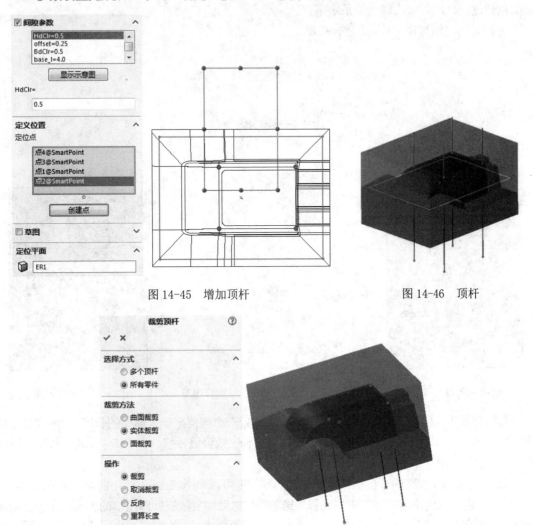

图 14-45　增加顶杆　　　　　　　　　　图 14-46　顶杆

图 14-47　修剪顶杆

14.6　冷却设计

📖 14.6.1　设计冷却回路的路线

01 定义水路出口入口点。在动模板的端面创建出口入口点的草图平面。使用"转换实体"功能转换型腔边线来创建一条直线，然后画出对称轴线。如图 14-48 所示，创建对称的出口入口点草图。

02 开启创建水路。单击"IMOLD"面板"冷却通路设计" 🔲 下拉列表中的"创建冷却通路"按钮 🔲，弹出"创建水路"属性管理器，如图 14-49 所示。

03 定义水路方向和长度。

❶如图 14-50 所示，在"入口选择"选项中选择绘图中的草图点作为水路的入口，开始水路的创建过程，然后依次创建每条水路。

方向采用"沿组件 XYZ"选项来控制。

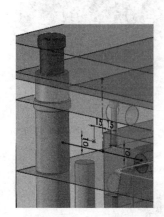

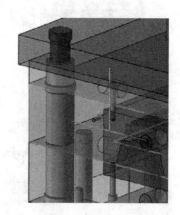

图 14-48　出口入口点草图　　　图 14-49　"创建水路"属性管理器　　　图 14-50　创建水路通道

❷在"长度"栏中，通过在 后的输入框中指定一个数值来确定回路的长度，然后单击"创建"按钮，显示出一条线段作为参考，这时可以对长度数值进行修改，单击"后退"按钮可以取消当前的回路设置。

❸在依次创建水路的过程中，水路的方向和长度可以参考表 14-1 给出的数值和方向。

04 定义水路出口。在"出口选择"选项中，选取需要放置回路出口的表面。系统自动从回路创建的最后一点向此面作垂线。这里选取创建的草图点，系统则自动将回路创建的最后一点与选择点相连接，作为回路的出口部分。选中出口草图点的结果，如图 14-51 所示。

05 定义水路参数。在"参数"选项中，为新创建的回路指定直径大小为 8mm。

06 完成水路设计。设置完成后单击"确定"按钮 ✔ 加入冷却水路。

表 14-1　水路方向和长度

步骤	是否反转方向	方向：长度	步骤	是否反转方向	方向：长度
（1）	否	X：80	（5）	是	Y：120
（2）	是	Z：45	（6）	是	X：185
（3）	否	Y：45	（7）	否	Y：45
（4）	否	X：185	（8）	否	Z：45

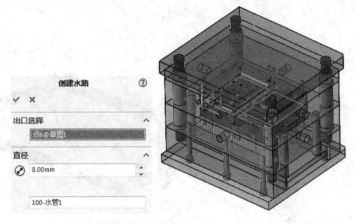

图 14-51 设置水路出口点

📖14.6.2 增加延长孔和过钻

01 增加延长孔。

❶单击"IMOLD"面板"冷却通路设计" 🔢 下拉列表中的"钻孔"按钮 ✍，弹出"钻孔"属性管理器，如图 14-52 所示。

❷在"堵塞面选择"选项中，选取需要将回路延伸到的零件表面，通常是型芯和型腔模块的侧面或底面。在"水管选择"选取需要延伸的回路段靠近延伸面的一端。

❸设置完成后单击"确定"按钮 ✓ 创建回路延伸部分，创建的延长孔结果如图 14-53 所示。注意到本例为了加工方便，对较长的水路采用对钻的方法来加工，所以对该类水路双向取延长孔。

图 14-52 "钻孔"属性管理器

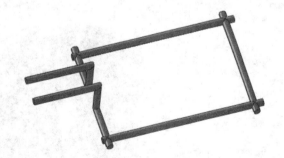

图 14-53 延长孔

02 创建过钻。

❶在 IMOLD 特征管理打开冷却回路文件"100-水管"。

❷单击"IMOLD"面板"冷却通路设计" 🔢 下拉列表中的"延伸"按钮 ➕，弹出"延伸"属性管理器，如图 14-54 所示。

❸从绘图区中选择需要创建过钻部分的冷却回路，该回路会出现在图 14-54 所示的"水管选择"选项中。

❹"参数"选项用来指定过钻的参数，在 ⤵ 后的输入框中，设置过钻部分的长度值。

❺设置完成后，单击"确定"按钮 ✓ 创建过钻特征，图 14-55 给出了过钻的结果。

图 14-54 "延伸"属性管理器   图 14-55 过钻

📖14.6.3 复制水路

01 单击 "IMOLD" 面板 "冷却通路设计" 🎛️下拉列表中的 "移动冷却管" 按钮🎛️，弹出 "变换冷却水路" 属性管理器，在 "选项" 中选择 "移动" 选项，选择 "复制" 复选框；在 "参数" 中选择 "点到点" 复选框，选取型腔 1 的左上端点为始点，选取型腔 2 的左上端点为终点，如图 14-56 所示。单击 "确定" 按钮✓，完成复制。

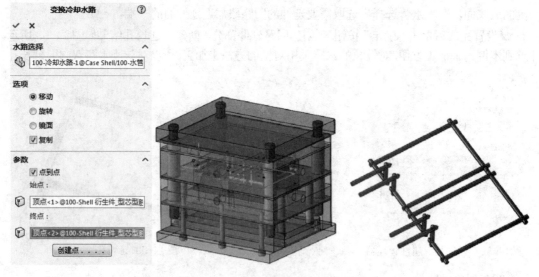

图 14-56 "点到点的复制移动" 水路

02 单击 "IMOLD" 面板 "冷却通路设计" 🎛️下拉列表中的 "移动冷却管" 按钮🎛️，弹出 "变换冷却水路" 属性管理器，在 "选项" 中选择 "旋转" 选项，在 "参数" 中选择 "绕 Z 轴旋转" 选项，输入旋转角度为 180 度，如图 14-57 所示，单击 "确定" 按钮✓，"绕 Z 轴旋转" 完成水路复制。

03 单击 "IMOLD" 面板 "冷却通路设计" 🎛️下拉列表中的 "移动冷却管" 按钮🎛️，弹出 "变换冷却水路" 属性管理器，在 "选项" 中选择 "移动" 选项，选择 "复制" 复选框；在 "参数"中选择"点到点"复选框，选取型腔的左上端点为始点，选取型腔右上端点为终点，如图14-58 所示。单击"确定"按钮 ✓，完成复制，结果如图 14-59 所示。

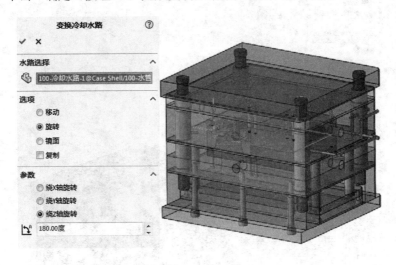

图 14-57　"绕 Z 轴旋转"水路

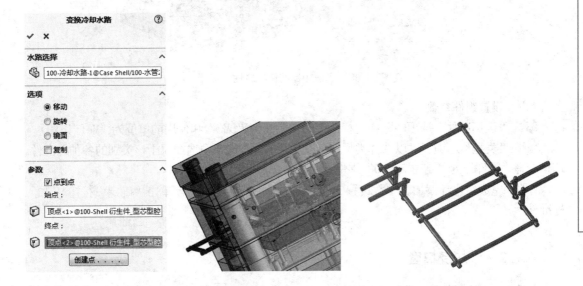

图 14-58　"点到点的移动"复制水路　　　　　　图 14-59　水路

14.7　添加标准件

本部分讲述以标准件的方式加入定位环零件、浇口套零件和管路附件。

14.7.1　添加定位环

01 进入添加组件。单击"IMOLD"面板"标准件库" 🔲 下拉列表中的"增加标准件"按钮 🔳，弹出"增加标准件"属性管理器，如图 14-60 所示。

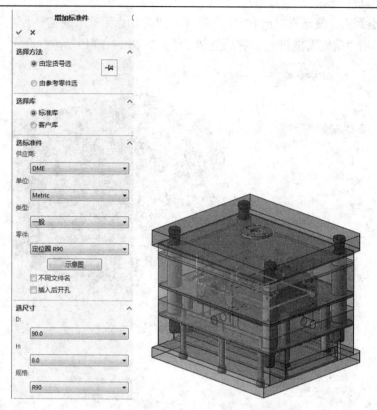

图 14-60 "增加标准件"属性管理器

02 设置组件参数。

❶在"选标准件"选项中，指定标准件的供应商为"DME"和使用的单位为"Metric"。

❷在"类型"选项下可以选择类型，可以从"零件"选项中选择属于该类别的各种标准件。这里选择"零件"为"定位圈 R90"零件。

03 完成定位环添加。参数设置完成后，选择模架的上端面，单击"确定"按钮 ✔ 加入标准件。

14.7.2 添加浇口套

01 进入添加组件。单击"IMOLD"面板"标准件库" 🔒 下拉列表中的"增加标准件"按钮 🔒，弹出"增加标准件"属性管理器，如图 14-61 所示。

02 设置组件参数。

❶在"选标准件"选项中，指定标准件的供应商为"DME"和使用的单位为"Metric"。

❷在"类型"选项下选择类型，可以从"零件"选项中选择属于该类别的各种标准件。这里选择"类型"为"一般"，选出"浇口套"零件，并且按图 14-61 所示设置浇口套的尺寸参数。这里按该参数设置尝试添加浇口套，其他参数按默认设置。

03 完成浇口套的添加。参数设置完成后，选择模架的上端面和端面的中心点作为浇口套的放置面以及位置点，单击"确定"按钮 ✔，加入标准件的浇口套，放置的结果如图 14-62 所示。添加浇口套的底端并没有同先前添加的分流道连接，需要进行改动设计。

图 14-61　添加浇口套

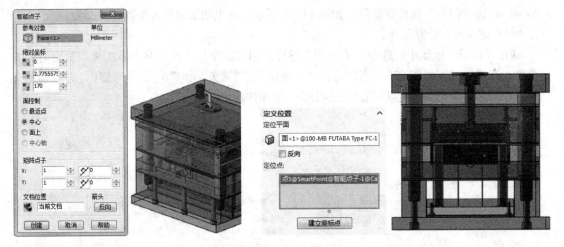

图 14-62　添加的浇口套

04 浇口套的改动设计。按图 14-63 所示的参数值进行改动设计，包括改动型芯和型腔的厚度值，浇口套的参数值，以及模架的零件固定端模板的厚度值。

图 14-64 所示为改动设计的结果，这里请注意浇口套底端和主流道的连接情况。

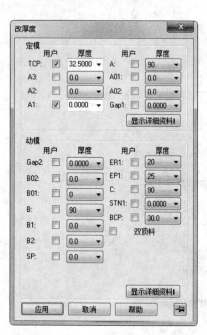

图 14-63　修改模架厚度

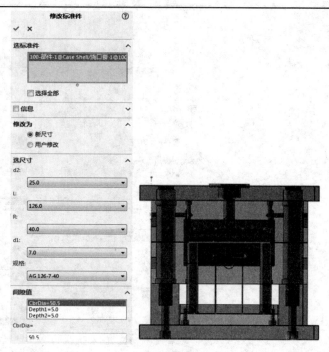

图 14-64　浇口套改动设计

📖14.7.3　添加冷却管路附件

01 开启添加管路附件。单击"IMOLD"面板"冷却通路设计"🎛下拉列表中的"附件"按钮🖊，弹出"附件"属性管理器，如图 14-65 所示，这里依次设置各个附件的参数。

02 定义冷却管路附件。

❶在"选项"区域中，选中"所有管"选项，用以在全部冷却回路上添加冷却管路附件的零部件。在"零件类型"选项里面，选择"水管接头""堵头"和"0 形圈"选项，并分别定义三种零件的尺寸，必要时可以观看零件位图显示的结构示意。

图 14-65　"附件"属性管理器

❷单击"确定"按钮 ✓ 加入冷却管路附件，添加的结果如图 14-66 所示。

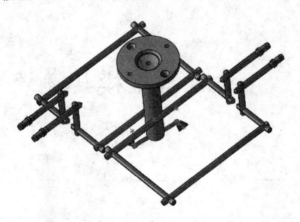

图 14-66　冷却及浇注系统

14.8　完成设计

01 进入"IMOLD 工具"。单击"IMOLD"面板"IMOLD 工具"✖️下拉列表中的"开孔管理自动"按钮🖼️，弹出"自动开孔"属性管理器，如图 14-67 所示。

02 在"开孔选择"选项组中选择"强迫开孔"选项，然后选择所有的开孔类型，单击"确定"按钮 ✓，完成开孔。

如图 14-68 所示，显示的"A 板"和"B 板"创建槽腔后的结果，这样便可以完成模具设计了。当然，也可以进一步创建模具工程图用于零件加工。

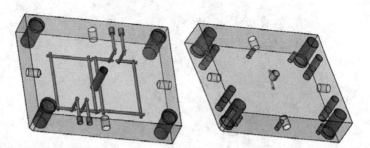

图 14-67　"自动开孔"属性管理器　　　　图 14-68　A 板和 B 板创建槽腔结果

15

播放器盖模具设计

本章导读

　　本例塑件是一种典型的板孔类零件，即主体为是平板壳体的零件表面开
有若干通孔或者是凸起凹槽结构。设计流程遵循修补/分型基本思路，其分型
线比较明晰，分型面位于最大截面处或者底部端面。。

学习要点

　　📁 初始化设计
　　📁 分型设计
　　📁 布局和浇注设计
　　📁 模架设计
　　📁 顶出设计
　　📁 冷却设计
　　📁 添加标准件
　　📁 完成设计

SOLIDWORKS 2016

15.1　初始化设计

 参见
光盘

光盘\动画演示\第 15 章\播放器盖模具设计.avi

15.1.1　数据准备

这里使用数据准备功能对零件重新定位，使其 Z 轴方向与开模方向相同。

01 认识产品零件。启动 SOLIDWORKS2016 软件，调出光盘上的 "15\ex2.sldprt" 零件文件，如图 15-1 所示，从图中可以看出，它的开模方向为 Z 轴正方向，不需要进行调整。

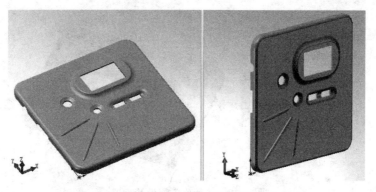

图 15-1　播放器盖实例原产品模型

02 衍生模型零件。单击 "IMOLD" 面板 "数据准备" 下拉列表中的 "数据准备" 按钮，弹出 "需衍生的零件名" 对话框，如图 15-2 所示。选择 "ex2.sldprt" 零件，单击 "打开" 按钮，将其调入，同时弹出 "衍生" 属性管理器，如图 15-3 所示。

图 15-2　"需衍生的零件名" 对话框

播放器盖模具设计

图 15-3 "衍生"属性管理器

03 衍生参数设置。

❶在"衍生"属性管理器里面,可以看到"输出"选项框 IMOLD 自动生成的装配体名称和衍生的产品模型文件名称。在"原点"选项框里面,选中"中心"作为原点。

❷保持其他设置不变,单击"确定"按钮 ✓ 进行产品模型的复制。

❸当前文件保存并关闭,文件名默认为"ex2 衍生件.sldprt",它是原产品模型零件经过坐标调整后的复制零件,并且和原模型保存在同一个文件目录下。

📖15.1.2 项目控制

这里创建一个新的设计项目,在其中设置所有的设计参数。

01 开始一个新的设计项目。单击"IMOLD"面板"项目管理" 📖下拉列表中的"新项目"按钮 📑,弹出"项目管理"对话框。

02 项目参数设置。

❶在对话框"项目名"选项中输入项目名称"Case Ex2"。单击"调入产品"按钮,弹出"选择产品"对话框,如图 15-4 所示。选择衍生零件"ex2 衍生件.sldprt"。单击"打开"按钮,此时 IMOLD 自动创建了一个装配体的结构。

❷在"选项"栏中的"代号"输入框中指定设计项目中所用到的零件名称的前缀,这里输

Chapter 15

入 200-，如图 15-5 所示。随着前缀的添加，可以发现刚才 IMOLD 生成的装配体结构会自动变化，这里添加到了型芯，型腔和组件名称的前面。

图 15-4 "项目管理"对话框

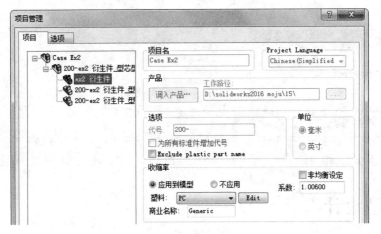

图 15-5 设置参数

❸ "单位"选项用于确定设计项目使用的单位，这里按照默认的选择为毫米。

❹ 设置塑件的收缩率。在装配体结构中选择一个 impression 结构或其下的零件 "ex2 衍生件" 时，这些参数成为可输入状态。这里选择"塑料"下拉列表为材料"PC"，此时"系数"默认的收缩率为 1.006。

03 创建项目。单击"项目管理"对话框的"同意"按钮，IMOLD 则自动创建使用命名的项目名称作为文件名的装配体，即"Case Ex2.sldasm"。并且创建的模组结构（Impression）子装备体中包含了模型零件、型芯和型腔零件。其装配树如图 15-6 所示。

04 关闭并再次打开设计项目。

❶ 单击"IMOLD"面板"项目管理" 🔲 下拉列表中的"关闭项目"按钮 🔳，弹出图 15-7 提示，提示关闭项目前对全部文件进行保存。这里单击"是"按钮，保存所有文件。

❷ 单击"IMOLD"面板"项目管理" 🔲 下拉列表中的"打开项目"按钮 🔳，弹出"打开 IMOLD 项目"对话框，如图 15-8 所示，选择已经创建的"Case Ex2.imoldprj"，单击"打开"按钮，打开该项目。

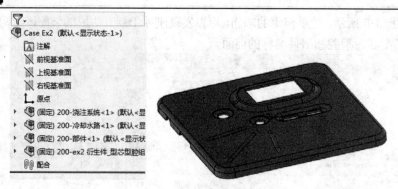

图 15-6　创建的装配树

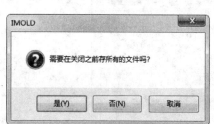

图 15-7　关闭项目

图 15-8　"打开 IMOLD 项目"对话框

15.2　分型设计

这里创建零件的型芯和型腔，即分型。

01 创建分型线。

❶设计方案创建后，单击"IMOLD"面板"型芯/型腔设计" 下拉列表中的"分型线"按钮 ，弹出"分型线"属性管理器，如图 15-9 所示。

❷在"操作"区域里，单击"自动查寻"按钮，IMOLD 自动搜索外部分型线和内部分型线，其结果如图 15-9 所指。完成定义后单击"确定"按钮 。

02 创建分型面。

❶单击"IMOLD"面板"型芯/型腔设计" 下拉列表中的"分型面"按钮 ，弹出"分型面"属性管理器。

❷因为预先定义了分型线，如图 15-10 所示，在"操作"选项中弹出了"简单分析"选项。选中该选项，这样预先定义的分型线会辅助分型面的搜索过程。

❸单击"查找"按钮，IMOLD 完成型芯和型腔表面的搜索，然后系统会将产品模型上已经找出并确定的表面渲染为型芯和型腔表面的颜色。可以通过单击"信息"选项中"得到信息"按钮弹出有关分型面的相关信息。

Chapter 15

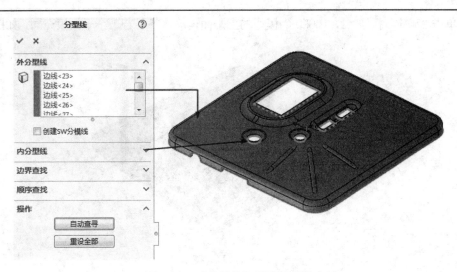

图 15-9　"分型线"属性管理器

❹设置结果如图 15-10 所示，通过选择"实体""型腔"和"型芯"选项，指定显示这些零件模型和型腔及型芯表面，拖拉滑块，设定各曲面组的偏移量为 50.000mm。最后，完成分型面定义后单击"确定"按钮 ✔ 。

03 修补模型。

❶单击"IMOLD"面板"型芯/型腔设计" 🔲 下拉列表中的"补孔"按钮 🖌 ，弹出图 15-11 所示的"补孔"属性管理器。

❷在"方法"选项下，选择"自动补孔"选项。可以快捷地对产品模型进行修补，不必向IMOLD 输入相关信息，系统利用 SOLIDWORKS 软件自身的填充曲面功能创建修补面，通常为平面。

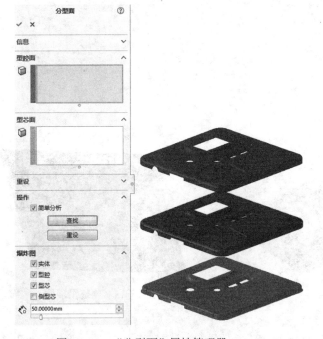

图 15-10　"分型面"属性管理器

图 15-11　"补孔"属性管理器

❸单击"确定"按钮 ✓，IMOLD 为模型的上平面自动修补了若干个平面填充面，如图 15-12 所示。

图 15-12　修补模型

04 创建延伸曲面。为了切割用于型芯和型腔零件的毛坯，需要延伸产品模型的边缘，使其大于毛坯。用于延伸模型边缘的曲面就是延伸曲面。延伸曲面和模型表面共同创建一个单一的主分型面，它可以保证型腔和型芯间的密合，同时用于创建型腔和型芯零件。

❶单击"IMOLD"面板"型芯/型腔设计" 🔧 下拉列表中的"沿展面"按钮 🔩，弹出图 15-13 所示的"沿展面"属性管理器。

❷在"方法"选项下，选择"延伸面"选项。在 🔩 文本框中指定规则表面的距离值为 60。"分型线工具"选项帮助进行放样边线的确定，它的界面如图 15-13 所示。因为分型线已经定义，单击"自动查找"按钮便找到需要放样的边线，全部分型线被选中后显示在"参数"选项里。

❸单击"确定"按钮 ✓，IMOLD 为模型创建了的沿展面，如图 15-14 所示。

图 15-13　"沿展面"属性管理器

图 15-14　创建沿展面

05 插入模坯。

❶单击"IMOLD"面板"型芯/型腔设计" 🔧 下拉列表中的"创建型芯/型腔"按钮 🗔，弹

出如图 15-15 所示的"创建型腔/型芯"属性管理器。

❷在"参考原点"选项，选择"组件原点"。在"型腔/型芯类型"选项，选择"矩形"选项。在"参数"选项，接受 IMOLD 自动加载的模仁尺寸。展开"间隙参数"选项，选中"X 向对称"选项和"Y 向对称"选项。可以看到工作区模型随着对话框参数的变化而变化的情况，如图 15-15 所示。

❸单击"确定"按钮 ✓，IMOLD 为模型创建的模坯如图 15-16 所示，模坯区域在创建的延伸曲面范围内。

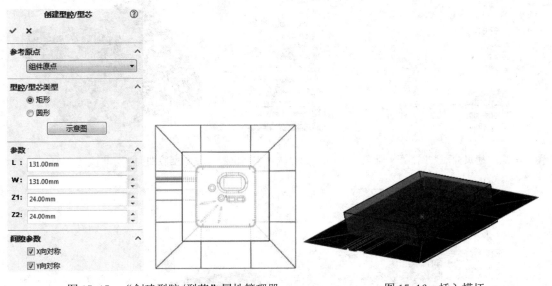

图 15-15　"创建型腔/型芯"属性管理器　　　　图 15-16　插入模坯

06 复制表面。识别出的分型面还只是产品模型上的面，并没有被提取出来，而且创建的延伸曲面及其他通孔的修补面也都存在于产品模型零件中，这些面都需要被复制到模仁零件中来最终进行分型的切除操作。IMOLD 可以自动完成。

❶单击"IMOLD"面板"型芯/型腔设计" 下拉列表中的"复制曲面"按钮 ，弹出如图 15-17 所示的"拷贝曲面"属性管理器。

❷在"目的地"选项下，选择"型腔"表面作为目标位置。选择"面选择"下的"缝合"选项。

❸在"工具"选项下，选择需要复制的对象，即选择要复制的型芯和型腔曲面，以及延伸曲面或修补面。这里选择"整加型腔面""整加补钉面"和"整加沿展面"选项。

❹设置完成后单击"确定"按钮 ✓，进行复制操作，结果如图 15-18 所示。操作显示的模坯是经过型腔面修剪后得到的型腔。同时在"200-ex2 衍生件_型腔.sldprt"零件的特征树里增加的"CavitySurface-Knit"和"使用曲面切除 1"特征，前者是创建的"复制曲面"，后者由该表面切除模坯得到。

❺同样，在"目的地"选项下，选择"型芯"表面作为目标位置。在"工具"选项下选择"整加型芯面""整加补钉面"和"整加沿展面"，即可得到如图 15-19 所示的型芯零件。

图 15-17 "拷贝曲面"属性管理器

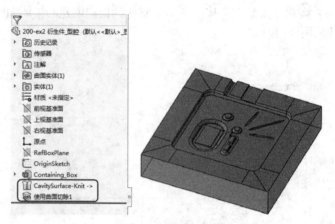

图 15-18 复制型腔曲面

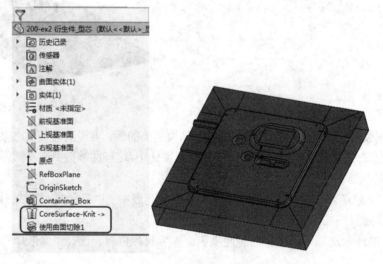

图 15-19 复制型芯曲面

15.3 布局和浇注设计

📖 15.3.1 布局设计

01 布局设计。这里使用"布局设计"模块设计 4 型腔模具的型腔布局。

❶单击"IMOLD"面板"型腔布局" ⬛下拉列表中的"创建模腔布局"按钮⬛，弹出图 15-20

所示的"创建模腔布局"属性管理器。

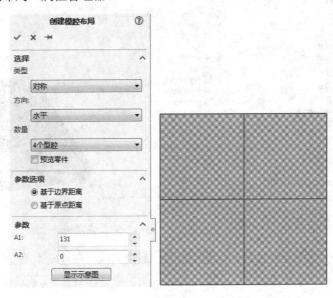

图 15-20　"创建模腔布局"属性管理器

❷在"类型"选项，选择"对称"选项，即每一个模组结构中的对应点到顶层装配体原点的距离是相等的。在"方向"选项，选择"水平"选项，即模组结构按水平方向排列。在"数量"选项，选择"4 个型腔"。其他参数按默认的值设置。

❸设置完成后单击"确定"按钮 ✔ 进行布局操作，图 15-21 所示即 4 模组的模腔结构。

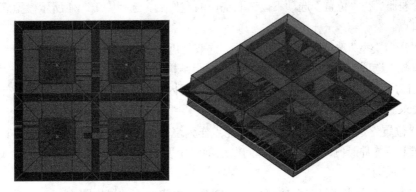

图 15-21　布局设计

02 进入 IMOLD 特征管理。IMOLD 特征管理提供了一个按模具系统逻辑关联的方式管理零件的工具。这里单击"IMOLD 特征管理器"图标 便进入了模具特征管理界面。这里显示了模具特征的各个组成部分，如图 15-22 所示。

03 隐藏延伸曲面。单击"产品模型"前面的"＋"，可以看到"ex2 衍生件"子节点，在该子节点上单击右键，选择"打开"命令，进入"ex2 衍生件.sldprt"零件编辑。在"ex2 衍生件.sldprt"零件的 IMOLD 特征管理页面显示了该零件的若干模具特征，这里右键单击"沿展面夹"节点，并单击"压缩"命令，可以看到模型的延伸曲面消失了，并且看到"沿展面夹"节点前面的图标已经成为隐藏形态，如图 15-23 所示。

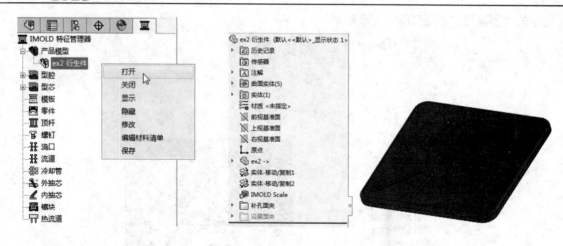

图 15-22　IMOLD 特征管理　　　　　　　　　图 15-23　隐藏延伸曲面

　　这里隐藏了分型面的延伸曲面，目的是方便在后续的操作中视觉上不受该延伸曲面的干扰。隐藏模具结构中的某些零件使得后续的操作得以方便地进行，这种方法在使用 IMOLD 进行模具设计时很常用。

15.3.2　浇注设计

　　01 添加浇口。

　　❶单击"IMOLD"面板"浇注系统" ✣ 下拉列表中的"创建浇口"按钮 ✣，弹出"创建浇口"属性管理器。在"位置"选项下，选取浇口的定位点。选择图 15-24 所示模型底边边线的中点作为浇口点。

　　❷在"浇口类型"选项下的下拉列表中，选取使用的浇口类型为"扇形浇口"。同时选择"复制到所有型腔"选项，在加入浇口时会在所有模组结构的相同位置上创建浇口。在"参数"选项下，设置浇口尺寸，图 15-25 所示为浇口的尺寸设置内容，注意图中的参数设置，使得浇口满足本零件的要求。

　　❸在"位置"选项下，选中创建的智能点作为浇口的位置。然后选择"型腔侧"选项指定浇口创建在型腔零件一侧。通过对"方向"选项中角度的设置来对箭头进行调整，这里输入 90度，并选择"反向"。

　　❹设置完成后单击"确定"按钮 ✓，IMOLD 添加浇口，结果如图 15-26 所示。注意到在浇口底部 IMOLD 自动生成了草图点，草图点位于底部边线中点。

　　02 添加分流道。该模具的流道由分流道和主流道构成，首先添加连接浇口的分流道。

　　❶单击"IMOLD"面板"浇注系统" ✣ 下拉列表中的"创建流道"按钮 ✣，弹出图 15-27所示的"创建流道"属性管理器。在"导路类型"选项下，选取需要创建的流道类型，在 ✓ 下拉列表框中，系统提供了 5 种流道类型供选择，选择"线性"类型流道。在"截面类型"选项下，选取路径的截面形状，这里选择"圆形"类型的截面。在"截面参数"选项下，指定流道的截面尺寸，这里指定为 6mm。

　　❷在"位置"选项下，确定流道的位置，选择为流道指定的"开始点"和"结束点"进行定位，如图 15-28 所示。分别选择在浇口底部 IMOLD 自动生成的草图点作为"开始点"和"结束

点"。

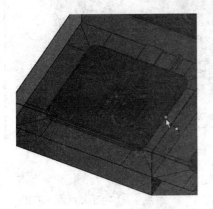

图 15-24 确定浇口点

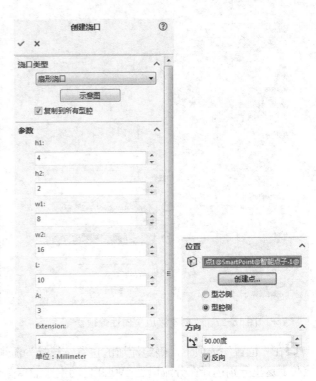

图 15-25 浇口参数

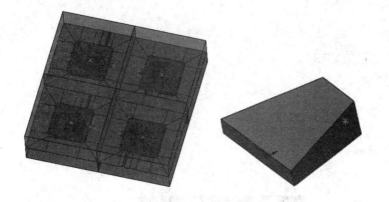

图 15-26 创建浇口

❸添加设置完成后单击"确定"按钮 ✔ ，IMOLD 进行添加分流道的操作。同样，注意到在分流道上 IMOLD 自动生成的草图点，该草图点位于分流道的中点上。

采用相同的方法，在另一侧创建分流道。

03 添加主流道。添加的是连接分流道和浇口套的主流道。

❶单击"IMOLD"面板"浇注系统" 💢 下拉列表中的"创建流道"按钮 💢 ，弹出图 15-29 所示的"创建流道"属性管理器。在"导路类型"选项下，选择"线性"类型流道。在"截面类型"选项下，选择"圆形"类型的截面。在"截面参数"选项下，指定流道的截面尺寸，这里指定为 6mm。

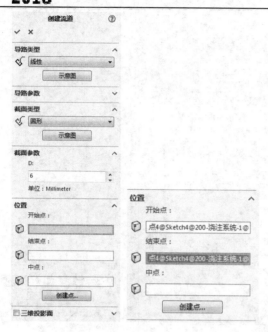

图 15-27 "创建流道"属性管理器

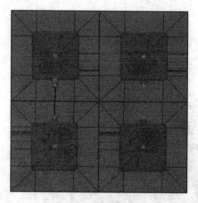

图 15-28 添加分流道定位点

❷在"位置"选项下，确定流道的位置，选择为流道指定的"开始点"和"结束点"点进行定位。这里分别选择在分流道上 IMOLD 自动生成的草图点作为"开始点"和"结束点"，如图 15-29 所示。

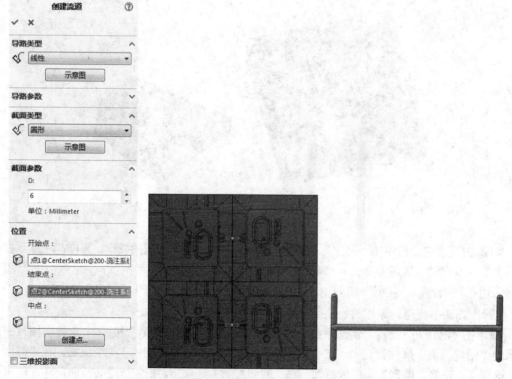

图 15-29 "创建流道"属性管理器

❸添加设置完成后单击"确定"按钮 ✓ , IMOLD 进行添加主流道的操作。图 15-29 右侧视图也给出了所创建主流道的结果。同样，注意到在分流道上 IMOLD 自动生成的草图点，该草图点位于主流道的中点。

04 关闭并再次打开设计项目。

❶单击"IMOLD"面板"项目管理"▥下拉列表中的"关闭项目"按钮▥ , 弹出提示，提示关闭项目前对全部文件进行保存。这里单击"是"按钮，保存所有文件。

❷单击"IMOLD"面板"项目管理"▥下拉列表中的"打开项目"按钮▥ , 弹出"打开 IMOLD 项目"对话框，选择已经创建的"Case Ex2.imoldprj"，单击"打开"按钮，打开该项目。

15.4 模架设计

01 设置模架并添加。

❶单击"IMOLD"面板"模架设计"☰下拉列表中的"创建模架"按钮☰ , 弹出"创建模架"属性管理器，在这里设置模架参数。

❷在"选模架"选项中，选取模架的供应商为"FUTABA"，模架单位为"Metric"，以及模架类型为"Type FC"和尺寸为 4040，单击"显示详细资料"按钮便可以查看当前选择模架的结构示意图，如图 15-30 所示。

02 定义模架设置。

❶在"定义设置"选项中，指定选择的模架在加入到设计方案中时需要旋转，这里选择"旋转"选项。

❷设置完成后单击"确定"按钮 ✓ , 加入模架，如图 15-31 所示。

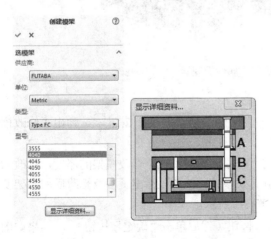

图 15-30　"创建模架"属性管理器

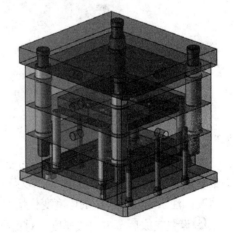

图 15-31　加入模架

03 清除多余零部件。

❶单击"IMOLD"面板"模架设计"☰下拉列表中的"清除"按钮☰ , 系统弹出如图 15-32 所示的提示框。

❷信息提示是否需要删除零厚度的模板及模架中没有用到的组件，单击"是"按钮进行删除。

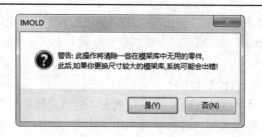

图 15-32 提示框

04 设置模架的透明度。

❶单击"IMOLD"面板"模架设计"≣下拉列表中的"透明"按钮≣，弹出"模架透明"属性管理器。

❷默认在"透明"选项中和在"透明色"选项中按默认设置。设置完成后单击"确定"按钮✓，如图 15-33 所示为更改透明度的结果。

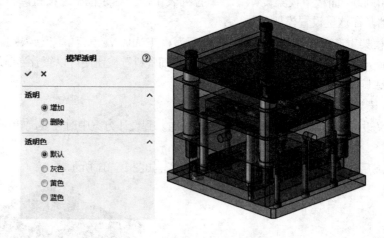

图 15-33 "模架透明"属性管理器

05 调整模架参数。

❶单击"IMOLD"面板"模架设计"≣下拉列表中的"修改厚度"按钮≣，弹出"修改模架"属性管理器。

❷单击"厚度"按钮，打开图 15-34 所示的"改厚度"对话框，修改模架的厚度，修改的参数有固定模组的 TCP/A1/A 参数，以及移动模组的 B 参数。该图还给出了参数修改后的模架变化情况，注意到几个模板的厚度变化情况，如图 15-34 所示。

❸设置完成后单击"改厚度"对话框"应用"按钮，然后单击"确定"按钮✓，结果如图 15-35 所示。

06 创建螺钉草图。IMOLD 特征管理提供了一个按模具系统逻辑关联的方式管理零件的工具。这里单击"IMOLD 特征管理器"图标≣便进入了模具特征管理界面。这里显示了模具特征的各个组成部分，如图 15-36 所示，打开"200-ex2 衍生件_型腔"型腔零件。

在型腔零件的前视基准平面上创建如图 15-37 所示的草图，草图为矩形，各个边距离型腔边缘的距离为 8mm。利用草图边角的点作为智能螺钉的插入点。

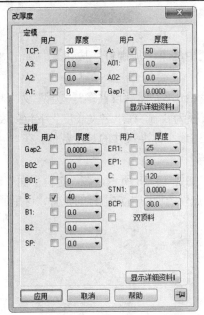

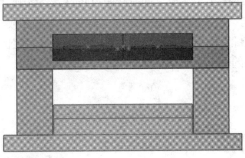

图 15-34　调整模架参数

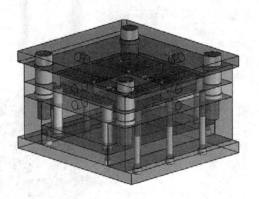

图 15-35　修改后的模架

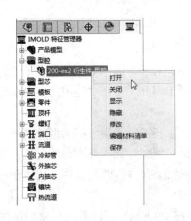

图 15-36　打开 200-ex2 衍生件_型腔

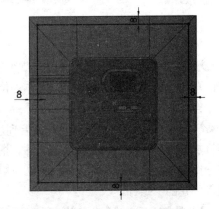

图 15-37　添加螺钉草图

07 创建型腔模块螺钉。

❶隐藏了定模固定板。

❷单击"IMOLD"面板"智能螺钉" 🔧 下拉列表中的"增加螺钉"按钮 🔧，弹出"增加螺钉"属性管理器，如图 15-38 所示。

❸在"选螺钉"选项中，首先选取螺钉"单位"为"Metric"，然后设置螺钉"类型"为"SHC_mm"。

❹在"名义尺寸"下拉列表中，选取标准螺钉直径为 6mm。在"名义长度"下拉列表中指定长度。如果这里不指定长度，在创建槽腔时系统将使用最小标准尺寸的长度数值。在"沉头孔深度"输入框中指定从放置面到螺钉孔的距离为 7mm。

❺在"定义位置"选项中定义螺钉的位置参数，如图 15-38 所示，在"定位平面"选项下，选取放置螺钉的平面为型腔模板的上表面。在"定位点"选项中指定螺钉的位置，这里通过选取预先定义的草图中的点实现。

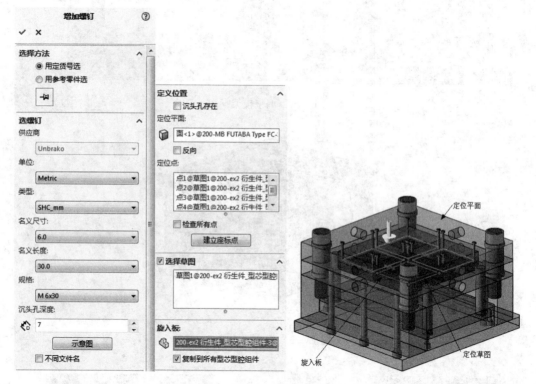

图 15-38 "添加螺钉"属性管理器

❻选择"选择草图"选项，展开草绘选择框，如图 15-38 所示。选择上步中包含了螺钉位置点的草图，从而将草图中的所有点作为位置点来加入螺钉。IMOLD 于是在"定位点"自动计算出 4 个点作为"定位点"。

❼单击"旋入板"选项，展开最后到达板的选择框，如图 15-38 箭头所指的型腔模板。它是螺钉加入时最后接触到的模板类零件。指定后，IMOLD 根据它到螺钉加入参考面的距离，自动确定一个螺钉的长度值，本例为 30.0。这里需要选择"复制到所有型芯型腔组件"从而在每个模组都创建四个螺钉。

❽设置完成后单击"确定"按钮 ✔，加入螺钉，结果如图 15-39 所示，可以看到在 SOLIDWORKS 特征树里面增加了 16 个螺钉零件。

如果认为螺钉长度不合适，可以通过调整功能调节其长度。

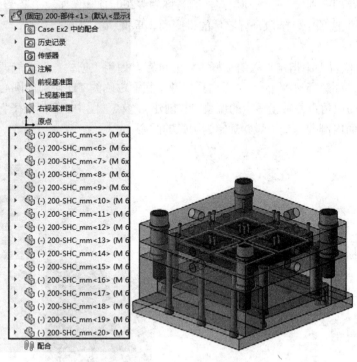

图 15-39　添加的型腔螺钉

08 创建型芯模块螺钉。

❶其他设置与创建型腔模块螺钉过程相似。这里区别在于"定义位置"选项中定义螺钉的位置参数，在"定位平面"选项下，选取放置螺钉的平面为型芯模板的下表面。同样，在"定位点"选项中选取预先定义的草图。

❷设置完成后单击"确定"按钮 ✔，加入螺钉。于是创建了总共 32 个螺钉，分别用于型芯与型腔模仁和型芯与型腔模板的连接。

15.5 顶出设计

01 设置工作装配。单击"IMOLD"面板"顶杆设计" ▥ 下拉列表中的"增加顶杆"按钮▥，系统弹出一个"顶杆设置"对话框，提示选择工作装配件。从对话框中，选取需要加入顶杆的当前组件文件，如图 15-40 所示，并单击"确认"按钮，打开该文件。

图 15-40　"顶杆设置"对话框

02 设置顶杆参数。

❶进入工作文件后，系统弹出"增加顶杆"属性管理器，如图 15-41 所示。在"零件名"选项中，定义将要加入到设计中的顶出零件的名称为"200-顶杆"。

❷在"选择"选项中，选取顶杆零件的供应商、单位和类型。

03 定义顶杆位置。

❶在"定义位置"中指定加入的顶杆零件的位置。使用"创建点"功能调出"智能点子"创建这些位置点，如图 15-42 所示。这里选择模型下底面内侧的 4 个圆弧的圆心。单击"创建点"按钮，选择模型的边角点并做出适当的调整，共创建 4 个点。图中"智能点子"对话框显示的是选中了模型下底面内侧的一个圆弧并确定为圆弧的圆心。

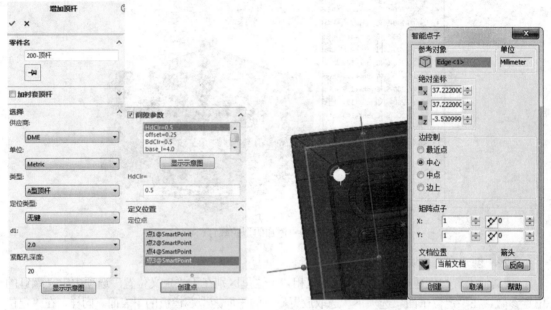

图 15-41 "增加顶杆"属性管理器   图 15-42 创建位置点

❷在"顶杆平面"选项下，选取顶杆零件的放置平面，默认情况下，该平面是顶板平面（ER1）。

❸参数设置完成后，单击"确定"按钮 ✓，结果如图 15-43 所示。

图 15-43 添加顶杆

图 15-44 "裁剪顶杆"属性管理器

04 修剪顶杆。

❶单击"IMOLD"面板"顶杆设计"Ⅲ下拉列表中的"裁剪顶杆"按钮Ⅲ，打开"裁剪顶杆"属性管理器，如图 15-44 所示。

❷在"选择方式"中，选择"所有零件"，在"裁剪方法"中，选择"实体裁剪"。

❸参数设置完成后，单击"确定"按钮✓，修剪结果如图 15-44 所示。

15.6 冷却设计

本节介绍 IMOLD 冷却水路设计的若干功能。

📖15.6.1 设计冷却回路的路线

01 开启创建水路。单击"IMOLD"面板"冷却通路设计"🔲下拉列表中的"创建冷却通路"按钮🔲，弹出"创建水路"属性管理器，如图 15-45 所示。

图 15-45 "创建水路"属性管理器

02 定义水路出口点、入口点。

❶在"入口选择"选项中，可以放置回路进口点所在的表面。也可以使用软件工具"智能点子"功能创建一个点作为回路进入点，指定后会弹出一个方向指示箭头，指向流动方向。这里创建智能点确定出口点和入口点。如图 15-46 所示，图中"智能点子"对话框显示的是选中了定模板侧面圆孔中心创建的点。

❷以上述创建的智能点为参考点创建出口点和入口点草图点，在"智能点子"对话框中适当地对点在 X 方向和 Y 方向利用参数平移即可，其参数如图 15-46 所示。

03 定义水路方向和长度。

❶在"入口选择"选项中选中绘图中的草图点作为水路的入口，开始水路的创建过程，然后依次创建每条水路，如图 15-47 所示。

❷在"长度"选项中，通过在🔲后的输入框中指定一个数值来确定回路的长度，然后单击"创建"按钮，显示出一条线段作为参考，这时可以对长度数值进行修改，单击"后退"按钮可

取消当前的回路设置。这里方向采用"沿组件 XYZ"选项控制。图 15-47 给出了水路的创建结果。

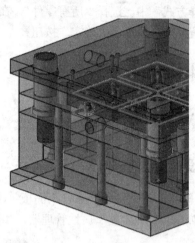

图 15-46 出口入口点草图点

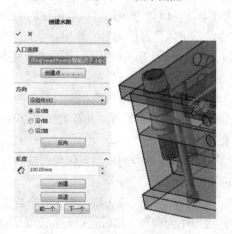

图 15-47 创建水路通道

❸在依次创建水路的过程中，水路的方向和长度可以参考表 15-1 给出的数值和方向。

表 15-1　水路的方向和长度

步骤	是否反转方向	方向：长度	步骤	是否反转方向	方向：长度
（1）	是	X：100	（4）	否	Y：220
（2）	是	Y：80	（5）	否	X：200
（3）	是	X：200	（6）	是	Y：80

04 定义水路出口。在"出口选择"选项中，选取需要放置回路出口的表面。系统自动从回路创建的最后一点向此面作垂线。这里选取创建的草图点，系统则自动将回路创建的最后一点与选择点相连接，作为回路的出口部分。选中出口草图点的结果如图 15-48 所示。

05 定义水路参数。在"直径"选项中，为新创建的回路指定直径大小为 8mm。

06 完成水路设计。设置完成后单击"确定"按钮 ✓，加入冷却水路，水路零件如图 15-48 所示。

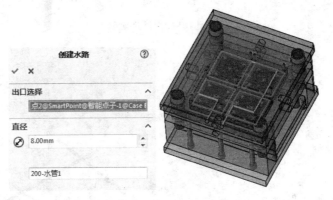

图 15-48　设置水路出口点

15.6.2　增加延长孔和过钻

01 增加延长孔。

❶单击"IMOLD"面板"冷却通路设计" ▦ 下拉列表中的"钻孔"按钮 ✎，弹出"钻孔"属性管理器。

❷在"堵塞面选择"选项中，选取需要将回路延伸到的零件表面，通常是型芯和型腔模块的侧面或底面。在"水管选择"选取需要延伸的回路靠近延伸面的一端。

❸设置完成后单击"确定"按钮 ✓，创建回路延伸部分，创建的延长孔结果如图 15-49 所示。注意到本例为了加工方便，对较长的水路采用对钻的方法来加工，所以对该类水路双向取延长孔。

02 创建延伸。

❶在模型设计树下拉列表中打开冷却回路文件"200-水管 1"。

❷单击"IMOLD"面板"冷却通路设计" ▦ 下拉列表中的"延伸"按钮 ✚，弹出"延伸"属性管理器，如图 15-50 所示。

❸从绘图区中选择需要创建过钻部分的冷却回路，该回路会出现在图 15-50 所示的"水管选择"选项中。

❹ "参数"选项用来指定过钻的参数，在 后的输入框中，设置过钻部分的长度值。

❺ 设置完成后，单击"确定"按钮 ✓，创建过钻特征，图 15-50 给出了延伸的结果。

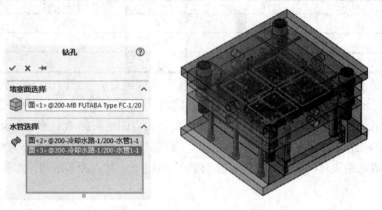

图 15-49　增加延长孔

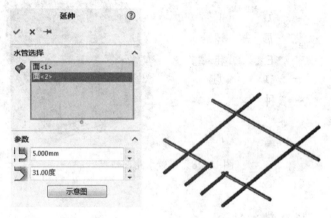

图 15-50　"延伸"属性管理器

15.7　添加标准件

本部分讲述以标准件的方式加入定位环零件、浇口套零件和管路附件。

📖15.7.1　删除螺钉

对于系统中不再需要的螺钉，需要将其删除。这里需要删除的是定模板连接型腔的 4 个螺钉，这 4 个螺钉和浇口套发生了干涉。

01　单击"IMOLD"面板"智能螺钉" 下拉列表中的"删除螺钉"按钮 ，弹出"删除螺钉"属性管理器，如图 15-51 所示。

02　从绘图区中选择和浇口套发生了干涉的 4 个螺钉，选择螺钉后对话框改变。

03　选择"信息"选项可以查看当前已选螺钉的参数信息。

04　设置完成后单击"确定"按钮 ✓ 进行修改。图 15-52 所示为删除螺钉后的结果，可以看到，模具中心的 4 个螺钉消失了。

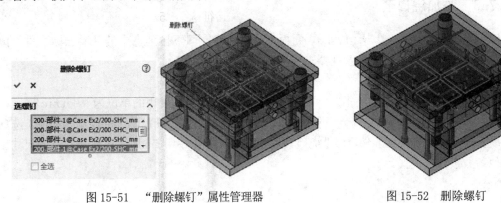

图 15-51 "删除螺钉"属性管理器　　　　　　　　　　图 15-52 删除螺钉

15.7.2 添加定位环

01 进入添加组件。单击"IMOLD"面板"标准件库" <!--图标--> 下拉列表中的"增加标准件"按钮 <!--图标-->，弹出"增加标准件"属性管理器，如图 15-53 所示。

02 设置组件参数。在"选标准件"选项中，指定标准件的供应商为"DME"，使用的单位为"Metric"。在"类型"选项下可以选择类型，这里选择"类型"为"一般"，可以从"零件"选项中选择属于该类别的各种标准件。并且按图 15-54 选出"定位圈 R6012"零件。

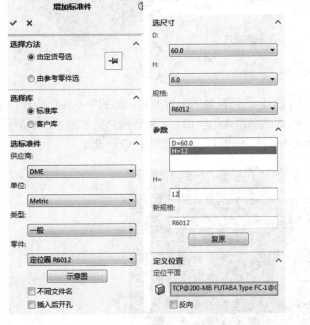

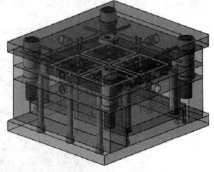

图 15-53 "增加标准件"属性管理器　　　　　　　　　图 15-54 添加定位环

03 完成定位环添加。参数设置完成后，选择模架的上端面，单击"确定"按钮 ✔ 加入标准件。

15.7.3　添加浇口套

01 进入添加组件。单击"IMOLD"面板"标准件库" 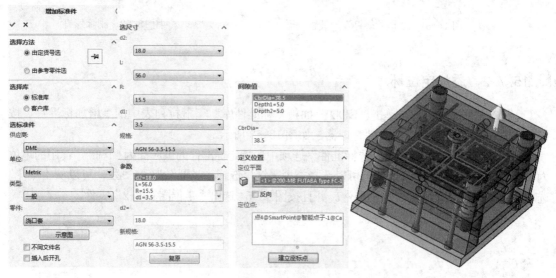 下拉列表中的"增加标准件"按钮 ，弹出"增加标准件"属性管理器。

02 设置组件参数。

❶在"选标准件"选项中，指定标准件的供应商为"DME"，使用的单位为"Metric"。

❷在"类型"选项下可以选择类型，这里选择"类型"为"一般"，选可以从"零件"选项中选择属于该类别的各种标准件。出"浇口套"零件，并且按图 15-55 所示设置浇口套的尺寸参数，其他参数按默认设置。

图 15-55　添加浇口套

03 完成浇口套的添加。参数设置完成后，选择模架的上端面和端面的中心点作为浇口套的放置面以及位置点，单击"确定"按钮 ✔ 加入标准件的浇口套，放置的结果如图 15-56 所示。这里看到添加浇口套的底端并没有同先前添加的分流道连接，需要进行改动设计。

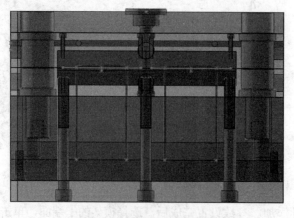

图 15-56　添加的浇口套

04 浇口套的改动设计。

❶单击"IMOLD"面板"标准件库" ⊞ 下拉列表中的"修改标准件"按钮 ⊞ ，弹出"修改标准件"属性管理器，如图 15-57 所示。从绘图区或特征树中选择需要修改的标准件，该标准件的名称会出现在图所示的选项框中。

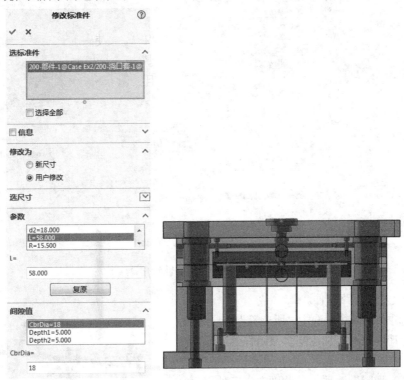

图 15-57　"修改标准件"属性管理器

❷这里定义了 L=56mm 的标准系列的浇口套后，发现不符合要求。选择浇口套，选择"信息"选项，系统会列出当前选择的标准件的详细信息。单击图中的"示意图"按钮，会弹出标准件示意图。

❸在"新尺寸"中为标准尺寸方式，把标准件的当前尺寸修改为另一种标准尺寸。使用标准尺寸方式进行修改时，在"用户修改"选项中指定标准尺寸的数值和型号，在"清除值"选项中输入创建标准件型腔的参数。如图 15-56 中得到的结果，需要进行浇口套长度的自定义设计。

❹选择"用户修改"，使用自定义尺寸方式，对标准件的参数根据设计要求进行修改，需要输入每个要改变的尺寸。在"参数"选项中选取需要修改的参数，并输入相应的数值。这里手工输入 L=58mm 的浇口套长度。

❺参数设置完成后，单击"确定"按钮 ✓ ，完成浇口套的改动设计。图 15-57 也给出了浇口套的改动设计结果，浇口套的长度满足了连接浇口和流道的设计基本要求。

📖 15.7.4　添加冷却管路附件

01 开启添加管路附件。单击"IMOLD"面板"冷却通路设计" ⊞ 下拉列表中的"附件"按钮 ⬛ ，弹出"附件"属性管理器，如图 15-58 所示，这里依次设置各个附件的参数。

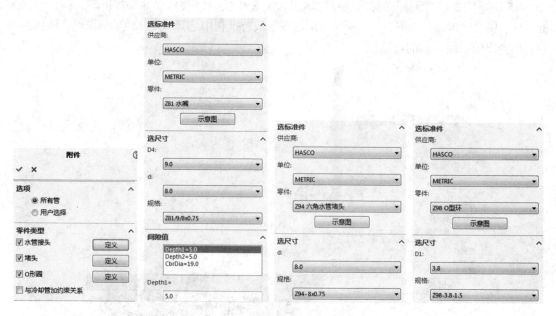

图 15-58 "附件"属性管理器

02 定义冷却管路附件。

❶在"选项"区域中，选中"所有管"选项，用以在全部冷却回路上添加冷却管路附件的零部件。在"零件类型"选项里面，选择"水管接头""堵头"和"0 形圈"选项，并分别定义三种零件的尺寸，必要时可以观看零件位图显示的结构。

❷单击"确定"按钮 ✓，加入冷却管路附件，添加的结果如图 15-59 所示。

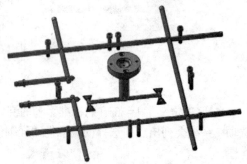

图 15-59 冷却及浇注系统

15.8 完成设计

01 进入"IMOLD 工具"。单击"IMOLD"面板"IMOLD 工具" ✗ 下拉列表中的"开孔管理选择"按钮 🔧，弹出"开孔"属性管理器，如图 15-60 所示。

02 有选择的方式创建槽腔。在"选择开孔零件"选项中选择"导套-a1""辅助干""导套 1""GuideBushing""复位杆""SHC-下""浇口套""定位圈 6012""型腔""型芯"零件，在"选择被开孔零件"选项中选择"定模固定板""a-板""b-板""推出固定板 1""推出板 1""动模固定板""c-板""c-板 2"零件，在"开孔类型"选项中选择"开旋转孔"，完成选择后，单击"确定"按钮 ✓ 开始开孔。

如图 15-61 和图 15-62 所示，显示的"a-板"和"b-板"为创建开孔后的结果，这样便可以完成模具设计了。当然，也可以进一步创建模具工程图用于零件加工。

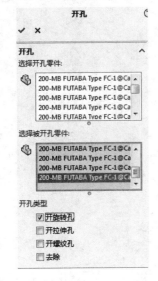

开孔

开孔 ∧

选择开孔零件:
200-MB FUTABA Type FC-1@Ca
200-MB FUTABA Type FC-1@Ca
200-MB FUTABA Type FC-1@Ca
200-MB FUTABA Type FC-1@Ca
200-MB FUTABA Type FC-1@Ca

选择被开孔零件:
200-MB FUTABA Type FC-1@Ca
200-MB FUTABA Type FC-1@Ca
200-MB FUTABA Type FC-1@Ca
200-MB FUTABA Type FC-1@Ca

开孔类型
☑ 开旋转孔
☐ 开拉伸孔
☐ 开螺纹孔
☐ 去除

图 15-60　"开孔"属性管理器

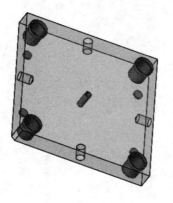

图 15-61　A 板创建开孔结果

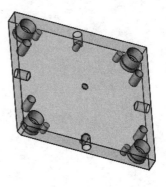

图 15-62　B 板创建开孔结果

第15章　播放器盖模具设计

307